揭秘DNA

UNRAVELING DNA:
The Most Important Molecule of Life

生命的最重要分子

Maxim
D. Frank-
Kamenetskii

著

涂泓 冯承天 译
夏志 校

（最新修订版）

Revised and
Updated Edition

高等教育出版社·北京

前　言

在我们周围的所有现象中，最令人费解的就是生命本身。我们已变得习惯于其延绵不息、无处不在，因此似乎已失去了对其感到惊讶的能力。不过，请去到一片森林里，看看那些花草树木、飞鸟蝼蚁，就好像你是第一次看到它们似的，那么你就会对生命这一伟大奥秘的存在感到敬畏。是否真的存在着某种共同元素，它将包括无论是人还是微生物在内的所有生命联系在一起？又是什么能预先确定生命的延续性和一代一代的永恒更迭？虽然这些问题如同时光一样古老，然而一直到20世纪后半叶，它们才第一次得到回答。事实上，答案看起来并不那么复杂，而且十分令人着迷。它们的实质和溯源正是本书的主题。

分子生物学这门新科学——一门用来回答"生命是什么？"这一永恒问题的科学——其核心部分是脱氧核糖核酸（deoxyribonucleic acid，缩写为DNA）分子。它是我们即将讲述的这个故事中的主角。我们从各种不同的观点来讨论DNA，其中特别强调其物理和数学方面，而这就令本书不同于其他许多关于DNA和分子生物学的书籍。

本书有着它自己的一段历史。它的首次问世是在30

多年前，是由苏联科学出版社（*Nauka* Publishers）出版的俄文版。当时是作为"量子图书馆"（Quantum Library）科普系列的组成部分出版的，书名为《最重要的分子》（*The Most Important Molecule*）。当时苏联的公众和科学界都对此书给予了热情赞誉。短时间内共售出了150000册俄文版。对现代生物学、物理学和化学感兴趣的高中生和大学生尤其欢迎此书。经过大幅度修订和更新的俄文第二版于1988年面市，销量为130000册。俄文的第二版也以斯洛伐克语、格鲁吉亚语和意大利语翻译出版。1993年，英文第一版（再次经过了广泛的修订和更新）由纽约的VCH出版社出版，书名为《揭秘DNA》（*Unraveling DNA*）。（由1993年的英语版译出的）法语版于1996年由Flammarion出版集团出版。英文第二版平装本（又一次经过了广泛的修订和更新）于1997年由美国出版商Addison-Wesley出版，目前此书还交由"Basic Books"出版社承印。

只要在可能的地方，我都设法避免使用科学术语。不过要完全摒弃它们也不太可能，因为生命的最基础部分就是由大量复杂分子构成的，而如果不对它们进行命名的话，你就不可能描述任何内容。为了帮助读者理解这些术语，本书最后提供了一张词汇表。书中各章在很大程度上是相互独立的，而这就允许读者能够随意阅读。没有耐心去研读与DNA相关的生物学及医学问题的读者，可以跳过第3、7、8、9章。

本书的每一次新版都得经过重大的修订。同样，目前的这一版也做了最为广泛的更新。在准备目前这个版本时所进行修订和更新的过程中，我最为强烈地感觉到DNA科学的发展步伐加速之迅猛，而以此为基础的DNA科技甚至更加引人注目地影响着我们的日常生活。其结果之一是，艾滋病已被确证再也不是死亡裁决，人类在对各种心脏疾病的预防方面也取得了长足的进步。DNA已完全改变了法医学。随着人类基因组测序的实现，我们已进入了后基因组时代。最近，一项真正具有革命性的、在活细胞内部进行基因组编辑的技术出现了，这项技术为完全根治许多致死率极高的疾病带来了巨大的希望，比如说疟疾，但是与此同时也为人类带来了一些潜在的危险。目前，在癌症治疗方法方面，特别是在癌症的免疫疗法领域，正在取得巨大的进展。本书的这一版涵盖了上述所有这些以及许多其他课题。

在准备俄语第一版的过程中，我已故的妻子Alla（1940—1985）给予我始终如一的支持，那一版后来构成了本书的精髓。假如没有她这样的支持，本书是不可能写成的。我要特别感谢Vera Chernikova所做出的不可估量的贡献。她是我的专职俄语编辑，教会了我科普写作的秘密。来自莫斯科科学出版社的编辑Larissa Panyushkina在我准备两个俄文版本时提供了极大的帮助。英文第一版断断续续地花费了九年的准备时间。我的翻译Lev Liapin全身心地投入到英语文本工作中，并在整个过程中表现出无限的耐心。纽约VCH出版社的编辑Charles Doering、Edmund Immergut和Christine

Irizarry在出版英文第一版时提供了大量协助。最后，我要感谢Garamond代理公司的Lisa Adams和Addison-Wesley出版公司的编辑Heather Mimnaugh。Lisa Adams在编排当前版本方面做得十分出色。

Maxim D. Frank-Kamenetskii
2016年12月，马萨诸塞州波士顿

目　录

从现代物理学到现代生物学

生物学中正在发生着一些非常值得注意的事情。我认为詹姆斯·沃森（James Watson）的一项发现也许能与1911年卢瑟福[1]的发现相提并论。

——麦克斯·德尔布吕克写给尼尔斯·玻尔的信[2]，
1953年4月14日

20世纪30年代

在20世纪的最初30多年间，最为壮观的革命性变化都发生在物理学中。相对论和量子力学的到来正从其根基上撼动这门古老的科学，从而为两个方面的进一步深入发展都提供了一种全新的、强有力的推动力，一方面是去探索自然界的普遍法则，另一方面则是横向地在各相关领域中取得更大程度的进展。

欧内斯特·卢瑟福在1911年发现了原子核，事实证明这一发现是新物理学出现的主要里程碑之一。卢瑟福的原子的高度稳定性昭示着经典物理学的消亡。取而代之的是现代量子物理学，它解释了原子的稳定性及其引人瞩目的线状光谱。

量子理论的创始人是普朗克[3]、爱因斯坦[4]和玻尔，而1926年建立的、著名的薛定谔方程（Schrödinger equation）则以一种极为清晰的形式表述了这种理论。量子力学不仅解开了原子光谱的所有谜题，还为理论化学奠定了基础。元素周期表中的原子序数之谜也终于可以揭示。量子力学解释了原子结合在一起构成分子的原因（即揭开了化学键和化合价的本质）。

到20世纪30年代初，物理学家觉得他们是无所不能的。原子的问题已经解决，分子的问题也是一样。剩下还有什么别的事情可做？哦，是啊，还有原子核需要一窥究竟，于是他们就开始着手研究这个问题了。那些先驱们推断道："好吧，原子核问题相当具有挑战性，不过还不足以让所有人都忙起来。我们必须要找出某种明显更加本质的东西。"他们凝视的目光徘徊游荡，最终停留在生命的奥秘之上，这是物理学家们以前避之不及的圣杯。现代物理学能解开这个奥秘吗？假如结果发现生命现象与量子力学格格不入，又待如何？这将意味着还有一些其他自然法则亟待发现。多么令人向往的前景啊！

大约就在那个时候，麦克斯·德尔布吕克这位崭露头角的德国物理学家正在寻找一份他自己喜欢的工作。他已尝试了量子化学，然后又尝试了核物理学——这都是相当有意思的求索，但对他而言还不够吸引人。随后，他在1932年访问哥本哈根期间，聆听了玻尔在国际光疗大会上的演讲。玻尔在这次题为"光和生命"（Light and Life）的演讲中，与听众分享了他对于生命现象的一些思考，其中将物理学中的最新突破也纳入了考虑范围。虽然德尔布吕克当时对于生物学还一无所知，但是玻尔的演讲令他大为折服，以致立即坚定地下决心要投身于生物学。回到柏林后，他十分幸运地遇见了苏联遗传学家尼古拉·蒂莫菲耶夫－莱索夫斯基[5]。

德尔布吕克开始邀请他的物理学家朋友们到他家里，其中也包括蒂莫菲耶夫－莱索夫斯基。这位苏联人会滔滔不绝地讲上几个小时，解释他的科学——遗传学。在此过程中，他会在屋子里来回踱步，就像一头被困在笼中的狮子。他会讲述格雷戈尔·孟德尔[6]的那些支配遗传的、数学上精确的定律，讲述基因，以及讲述托马斯·摩尔根[7]证明了基因在染色体——细胞核内部的微小蠕虫状形体——中呈链式排列的非凡工作。他在与物理学家齐默[8]合作研究学名为 *Drosophila* 的果蝇以及用X射线引发其发生突变（例如遗传变异）后，也谈论了这些突变（例如遗传变异）。

德尔布吕克对这些人的研究工作以及遗传学这个领域极为着迷。事实上，他发现了关于遗传学的最惹人注目的事实——它与量子力学有着令人吃惊的相似性。量子力学在物理学中引入了离散的概念——即跃迁的概念，并迫使人们认识到偶然性所起的作用。然而，生物学家们也发现了一种离散的、不可分的颗粒——基因，这种粒子可以从"基态"——遗传学家们给它的术语是**"野生型"**（*wild type*）——随机地跃迁到"激发态"或"突变态"。

基因是什么？它是由什么构成的？这些是德尔布吕克的家庭研讨会上频繁争论的主题。蒂莫菲耶夫－莱索夫斯基会争辩说，这个问题一般而言对于遗传学家没有多大意思，他们看待基因的方式就如同物理学家们看待电子一般：将它作为一种基本粒子。

有一次，当人们催促他就基因结构给出一个答案时，他说道："让我来问你，电子是由什么构成的？"大家都笑了。蒂莫菲耶夫－莱索夫斯基又继续说道："现在你明白了，当遗传学家们被问及基因由什么构成时，他们也是这样做的。基因是什么，这个问题超出了遗传学的范围，因此向遗传学家们抛出这个问题是毫无意义的。解答疑问的应该是

遗传学

基因

染色体

X射线

突变

物理学家们。"

德尔布吕克继续追问道："好吧，但至少是否存在着某些假设，即使只是纯推测性的？"这位苏联人停顿了一下，思考片刻后惊呼道："当然存在啊！举个例子来说，我的老师尼古拉·康斯坦丁诺维奇·科尔特索夫[9]就相信基因是一种聚合物分子，最大的可能是某种蛋白质分子。"又高又瘦的德尔布吕克又步步紧逼结实而强健的蒂莫菲耶夫－莱索夫斯基："这又解释了什么呢？将基因称为蛋白质就会有助于我们理解它们是如何复制的吗？这是主要问题所在，不是吗？你自己曾告诉过我们，哈布斯堡家族[10]的特殊唇形是如何一代又一代地重复了许多个世纪！这样一种基因精确复制是由什么造成的？它竟在许多个世纪中持续地发挥着作用，其背后的机理是什么？化学是否为我们提供了一些类似的例子？以我本人而言，就从未听说过任何此类的事情。不，我们需要一种全新的方法，因为事实上这是一个真正的奥秘，一个巨大的奥秘，有可能是一条新的自然法则。现在的首要问题是如何从实验上着手来研究它。"

多亏了蒂莫菲耶夫－莱索夫斯基，德尔布吕克此时对于遗传学开始有了些许理解。至少他不再对可怕的术语感到迷惑了，看来这些术语设计出来好像就是为了吓退那些外行的。他以前在聆听遗传学家们说话时，会对他们为什么需要发明出这些之乎者也感到疑惑不解。他们难道不是一帮恶棍吗？他最初是这样想的：这是一帮罪犯，他们用自己的特殊行话来向无辜群众隐瞒他们不可告人的企图。不过，在与蒂莫菲耶夫－莱索夫斯基逐渐熟识后，他就转变了想法。"只有在基因型为纯合基因时，隐性等位基因才影响表型，"遗传学家们喜欢用这句声名狼藉的话来把门外汉搞得一头雾水，而现在这句话使他深有体会：这不仅是

聚合物

蛋白质

复制

基因型

纯合

表型

等位基因

6

因为其非常清晰，还在于此新晋的简雅。他现在的想法是："我打赌不可能有比这表述得更好的了。"

噬菌体小组

德尔布吕克对于在 **基因**（*gene*）这个短短的单词中所蕴含的奥妙感到深深着迷。当一个细胞发生分裂时，基因是如何加倍，或者说复制的？尤其令德尔布吕克激动的是，他得知存在着噬菌病毒，或者叫做所谓的噬菌体（bacteriophages，字面意思就是"细菌捕食者"）。这些难以被视作活生物体的神秘颗粒在被带到细胞外时的行为就像大分子那般，甚至可以形成晶体。不过，这样一个颗粒在侵染一个细菌20分钟之后，细菌生物被膜破解，释放出100份原始病毒的精确拷贝。德尔布吕克想到，用噬菌体来研究基因复制过程，比用细菌要合适得多，更不用说用动物了。通过研究噬菌体，我们没准就能理解基因的结构。德尔布吕克想："线索就在这里。这是一种非常简单的现象，比整个细胞的分裂要简单得多。要理解它应该不会过于困难。事实上，人们只需看看各种外部因素会如何影响病毒颗粒的复制即可。我们还必须在各种不同的温度下、不同的介质中、用不同的病毒来进行实验。"

就这样，一位理论物理学家彻底蜕变成了一位生物学家和实验家。不过，他的心态和思想意识仍然是一位物理学家。最关键的是目标。由此看来，德尔布吕克似乎是当时世界上绝无仅有的一位以理解基因的物理学本质为唯一目标的病毒研究者。

德尔布吕克在1937年离开了纳粹德国，那一年在许多方面看来

病毒

细菌

都是一个里程碑。洛克菲勒基金会在那一年开始资助一些将物理学和化学的概念和方法应用于生物科学的项目。基金会经理沃伦·韦弗（Warren Weaver）来到柏林，邀请德尔布吕克前往美国，全身心地投入到噬菌体复制问题的研究中去。韦弗受的是科学教育，显然意识到了德尔布吕克正在开展的研究工作的重要性。（附带说一下，韦弗是首个将这门新科学称为**分子生物学**（*molecular biology*）的人。）德尔布吕克自然是迫不及待地接受了这份邀约，因为此时德国的生活已变得无法忍受。

在美国，德尔布吕克聚集起不多的几位热情支持者，他的这种使用噬菌体来研究遗传性的理念吸引了他们。这样就建立起了噬菌体小组（Phage Group）。几年过去了，这个小组逐渐积累起关于以下各方面的知识：噬菌体感染过程、各种外部因素对于噬菌体"后代"所产生的影响，等等。他们实施了许多引人注目的研究，尤其是在细菌和噬菌体的突变过程领域中。正是德尔布吕克在这段时间的研究工作，使他在多年后赢得了诺贝尔奖，我们将在第6章中详细讨论其中一项开创性的工作。不过，所有这些研究似乎并没有让研究者们在解决关于基因的物理本质这个主要问题的道路上推进分毫。

正如在科学中经常发生的那样，聚集在一起努力应对一项重大任务的人们，会逐渐开始不辞劳苦地致力于研究一些不那么重要的问题，并且在他们所选择的狭小研究领域中确立了他们的权威地位后，就看不见那些召唤他们的顶峰了。于是这些旅行者在靠近他们曾遥遥注视的壮观山岳的过程中，却进入了丛林密布的山麓丘陵，这些丘陵挡住了那些顶峰的景色。不仅如此，这些森林还带来了重重诱惑，比如说浆果、蘑菇和其他各种令人分心的事物。渐渐地，假如他们在丘陵地带徘徊的时间足够长的话，那么这些从远处看来充满诱惑力的、积雪覆盖的顶峰就会

8

开始变得像一片海市蜃楼。是啊，这些很可能只不过是一些云朵，只是看起来像积雪的山峦而已。而且即使它们真的是山峦，又何必匆忙？在下面这片几乎是处女地的、杳无人迹的森林里，感觉真是美好。

噬菌体小组成员们的情况正是如此。他们偏离了他们的初始目标。为了提醒这些旅行者们想起他们的初衷，需要有一位引路人发出告诫的声音。这个声音来自埃尔温·薛定谔[11]，即量子力学中那个最主要公式的创造者。

埃尔温·薛定谔

关于量子力学的创建历史，大众科学和其他文献中的描述已是文山书海。所有这些出版物的中心人物都是伟大的尼尔斯·玻尔（也理应如此）。不过，拿出任何一本关于量子力学的教科书，你就会看到贯穿这门科学始终的却是薛定谔方程。如同任何其他科学一样，量子力学是通过许多卓越科学家的努力而逐步发展起来的。显而易见，对薛定谔产生明确影响的是路易·德布罗意[12]关于物质波的这一划时代理念，但是决定性的一步仍然是薛定谔迈出的。他是集先辈之大成，表现出了超凡的知性勇气和力量。

虽然对于大众而言，薛定谔比不上爱因斯坦和玻尔那么有名，但他享有物理学家和化学家们的深厚敬意。1944年，薛定谔出版了一本小册子，书名很吸引人——《生命是什么？》(*What Is Life?*)，其中描述了现代物理学与遗传学之间的联系。一开始，这本书没能引起任何的特别关注。当时第二次世界大战仍然如火如荼，而此书的受众大多都还在忙于解决对于击败希特勒统治下的德国至关重要的那些科学和技术问题。不过，当战争结束时，许多人都不得不从零开始，物理学家们尤其如此。正是这些人发现薛定谔的书是最容易上手的。

最重要的是，这本书对遗传学的基础给出了十分清晰而简明的描述。它为物理学家们提供了专门的介绍。他们通过这位卓越同行的精彩阐述而了解到一门科学的实质。尽管这门科学有着含糊不清、令人困惑的术语，却仍然散发着一种神秘的吸引力。不仅如此，薛定谔还普及和发展了德尔布吕克和蒂莫菲耶夫-莱索夫斯基关于遗传学和量子力学之间存在联系的那些想法。由于这些想法是由物理学家们不认识的人提出和捍卫的，因此这些想法就很容易被认为不值得关注而遭到摒弃。不过，现在既然薛定谔本人也在谈论这些想法，这一切就全然不同了。

在随后几年中，所有探究基因问题的人，其中也包括那场尚未拉开帷幕的戏剧中的主要人物——詹姆斯·沃森、弗朗西斯·克里克和莫里斯·威尔金斯[13]，他们都承认自己曾在很大程度上受到过薛定谔这本书的激励。因此薛定谔实际上就是那位疾声呐喊的引路人，他号召大家重新振作："它们就在那里，那些闪耀着光辉的顶峰！它们就在你们的面前！你们还在等待什么？"

X射线晶体学

在那些响应薛定谔教导的地方，有两处注定要发挥至关重要的作用——一处是曾由卢瑟福本人领导的、大名鼎鼎的英国剑桥大学卡文迪许实验室（Cavendish Laboratory in Cambridge）；另一处是伦敦国王学院（King's College in London）。这场大戏的最后几幕在这两个地方逐渐展开，最终得以发现基因的物理本质。

之所以是这两个地方，并非偶然。当时（即20世纪50年代初），英国研究X射线晶体学的学派是全世界最好的，而且这项技术也为物理学家们探索生命奥秘提供了独一无二的工具。

X射线晶体学

量子力学为理解物质内部结构和特性提供了理论基础，如从原子和分子到一块铁和普通的食盐晶体。不过，原子能构成的结构种类实质上是无限的。单凭理论本身，在识别某种特定材料的结构方面几乎毫无助益。我们当然可以进行推测，但不能有把握地做出任何断言。这是因为单单是能想得到的变化形式就已经太多了。因此就需要一种实验技术来直接识别物质的原子结构。X射线晶体学正是这样一种技术。

人人都熟悉X射线。假如你有可能腿部骨折了，或者可能染上了肺炎，那么医生多半会让你照X光来进行确诊。X射线的物理本质与可见光或无线电波是一样的。它们都是电磁辐射的变体，唯一的区别只是波长不同。X射线的波长可短至10^{-10}米。分子和晶体中的原子之间的距离也是这个量级。这使得德国物理学家麦克思·冯·劳厄[14]推测X射线在通过一种原子规则排列的晶体时，就会生成一种衍射图样，应与可见光通过衍射晶格时所产生的图样十分相似。

1912年展开的第一批实验完全证实了劳厄的猜想：一束X射线通过晶体时，在放置于晶体后方的屏幕上生成出一种奇特而有规律的点阵（见图1）。人们很快就发现，这种衍射图样揭示出了有关晶体中原子排列的精确信息，而在由分子构成的晶体（即分子晶体）的情况下，衍射图样所提供的信息甚至能使我们确定其分子的内部结构。X射线晶体学诞生了。两位英国人——亨利·布拉格（父亲）和劳伦斯·布拉格（儿

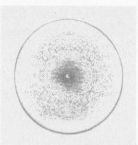

图1 一种蛋白质晶体的X射线图样

子）[15]——对这项技术的发展贡献最大。X射线晶体学使我们能够精确测定所有矿物及无数种分子的结构。

X射线晶体学家们逐步研究着越来越多的复杂结构。最终，在20世纪30年代，有些人开始转向生物分子的研究。不过，经过最初的几次尝试之后，这项挑战之艰巨令他们畏缩不前了。事实证明，获取生物分子的晶体是非常棘手的。组成每个分子的成千上万个原子或会产生非常复杂的衍射图，以至于尝试对其进行的任何解释都是徒劳。对于如此巨量的原子，要重建它们的空间位置似乎是不可能做到的。多年之后，这一难题才得以解决。

这些是卡文迪许实验室的研究者们在二战前后的那些年中努力要解决的问题。当时在劳伦斯·布拉格爵士的领导下，实验室专注于确定蛋白质的结构，这是理所当然的，因为在那些年月中，人人都确信蛋白质是活细胞中最重要的分子。确实，所有酶（即造成细胞内部各种化学反应的那些分子）总是蛋白质。蛋白质是细胞的主要组成部分。于是无怪乎人人都相信基因也是由蛋白质构成的。因此，当时人们理所当然地认为要揭示生命的一切奥秘，就必须解开蛋白质结构这一谜题。

蛋白质是一种聚合物（由较小分子连接起来而构成的一种化合物），氨基酸充当"积木块"或残基（见图2）。氨基酸残基常形成严格的线性阵列，就像一队排成一线的士兵。然而，无论是具有生物活性的蛋白质，还是加热到比如说60℃的蛋白质（在这一温度下它就失去了生物学活性），情况都是如此。由此导致的结果是，蛋白质的化学结构（即氨基酸序列）并不足以使它具有生物活性。蛋白质分子要具有

酶

氨基酸
残基

12

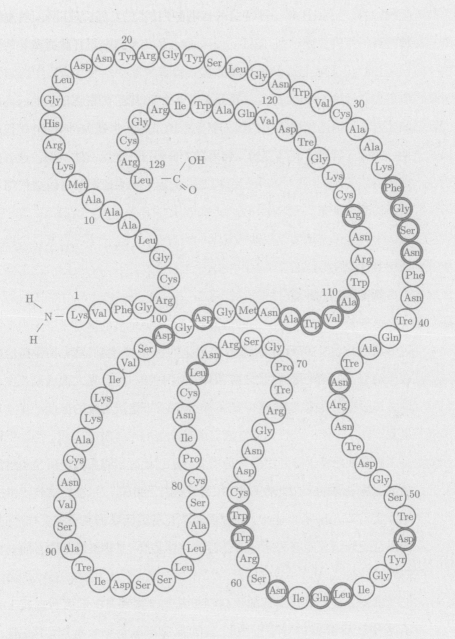

图 2 一种蛋白质（溶菌酶）的氨基酸序列

生物活性，除了具有一种特定的氨基酸序列之外，碱基还必须具有一种特殊的空间三维排列。从图2中可能会得出氨基酸是环状或球状的错误结论，但实际上每个氨基酸都有其特有的形状。卡文迪许实验室之所以坚持不懈地努力探究，正是基于人们迫切需要根据图1所示类型的X射线衍射图来确定蛋白质的特定空间结构。直到20世纪50年代中期，约翰·肯德鲁和马克斯·佩鲁茨[16]破解了首个蛋白质结构，这一目标才得以实现。（当时基因的结构已经确定。结果证明蛋白质结构与基因结构毫无关系。）

沃森和克里克

在响应薛定谔教导的那些人中，有两位特别幸运地击败其他所有人而登上顶峰。他们就是噬菌体小组中的一位后起之秀詹姆斯·沃森，以及卡文迪许实验室中虽不那么年轻却默默无闻的弗朗西斯·克里克。

沃森期盼能了解基因的物理本质，不过他确信噬菌体小组是不可能完成这项任务的，因此他在1951年设法转到欧洲，并最终来到了卡文迪许实验室，在那里遇到了同样渴望攻克基因问题的克里克。在那时，沃森已经确信，能够洞穿基因之谜的关键是确定DNA的结构，而非蛋白质的结构。

DNA

脱氧核糖核酸

事实上，脱氧核糖核酸（DNA就是这个繁琐名字的缩写形式）并不是什么新鲜事物。瑞士内科医生弗雷德里希·米歇尔（Friedrich Miescher）早在1868年就已在细胞核中发现了它。从那以后，研究证明它集中在染色体中，而这似乎表明了它可能充当着基因物质的角色。不过，20世纪20年代和30年代盛行的看法是，DNA是由严格重复的四个残基单元（腺嘌呤基、鸟嘌呤基、胸腺嘧啶基和胞嘧啶基）组成的规则聚合物，因此不能携带任何遗传信息。

当时人们认为DNA在染色体中起着某种结构性作用，并认为基因是由蛋白质构成的，而蛋白质是染色体的组成部分。那么，是什么激发沃森和克里克去质疑基因的蛋白质概念的呢？一个主要的因素是洛克菲勒研究所（Rockefeller Institute）的三位美国细菌学家于1944年在奥斯瓦尔德·艾弗里（Osvald Avery）的率领下所完成的那项研究。艾弗里多年来一直致力于转化现象的艰苦研究，这种现象最初是在肺炎双球菌（即引起肺炎的病原体）实验中发现的。在这些值得注意的实验中收集到了两种肺炎双球菌菌株，其中之一由能引起这种疾病的细胞构成，另一种则不具备这种能力。通过加热杀死致病细胞，然后将它们与活的、无害的细胞混合。结果证明，其中一些活的细胞从死的细胞中"学会了"如何诱发这种疾病。看起来这些活的细胞好像以某种方式被那些死的细胞转化了。这种现象被称为**遗传转化**（*genetic transformation*）。换言之，有某种东西由死的细菌传递给了活的细菌。不过，这种东西是什么呢？艾弗里和他的合作者们回答了这个核心问题。虽然他们的论文发表在一本医学杂志上，但对它关注更多的却是遗传学家、物理学家和化学家们，而非医生。这项研究工作毫无疑问地证明：在遗传转化过程中，能诱发疾病的物质只能是由DNA来进行传递。无论是蛋白质还是任何其他细胞成分，在转化现象中都不起任何作用。这就是为什么艾弗里的工作如今被理所当然地视为第一项决定性证据，它证明了遗传物质，即基因物质，是DNA而不是蛋白质。

胸腺嘧啶

转化

菌株

这是否就相当于断言艾弗里及其同事们击败了沃森和克里克而登上了顶峰？毫无疑问，艾弗里朝着正确的方向迈出了重要的一步，但他却没能到达最高点。爱因斯坦曾经清楚地发表过极为深刻的言论："只有理论才能指导我们该如何去进行观测。"艾弗里在理论方面无所凭依，因此他仅局限于列出不加掩饰的事实。然而他的数据已经阐明了基因的蛋白质概念中存在着十分明显的矛盾。

于是遗传学家们就面临着一个两难困境。他们要么必须否定艾弗里的数据，要么必须承认遗传物质实际上是DNA，而不是他们一直以来所认为的蛋白质。由于艾弗里的这些发现中没有任何值得怀疑的地方，因此也就绝无可能驳倒它们。另一方面，许多人对于放弃基因的本质是蛋白质这一深入人心的概念还未做好准备。其结果是，当时人们对艾弗里的发现给出了如下解释：毫无疑问，DNA中不包含任何基因，因为这是不可能的，但是它能引发突变（即改变基因，而基因是由蛋白质构成的，因为它们必定如此）。这是一个令人不安的折中，因为事实证明DNA是一种非常独特的诱变剂，可在各种实验中一再引发同样的突变。当时已知的诱变剂从未表现出这样的"专一性"。这不可能不激起

诱变剂

遗传学家们的好奇，他们早就梦想着能有诱发定向突变的诱变剂。于是基因的蛋白质理论看来似乎绝处逢生。不过在此过程中，遗传学家以及对遗传的化学（和物理）本质感兴趣的人们不得不承认，DNA理应得到密切关注。

总而言之，人们原本普遍认为DNA只不过是一种常规聚合物分子，在染色体中起到的只是纯粹的结构性作用，而艾弗里的研究工作却对这种共识提出了疑问。另外还有一点也变得清晰了，即DNA不仅仅是呈现在人们眼中的样子。不过大概也就这些了。真正给艾弗里

的观测结果一锤定音的，是沃森和克里克在1953年提出的DNA结构模型理论。

沃森和克里克自己并没有任何实验发现，因为卡文迪许实验室没人研究DNA。当时正在展开DNA研究的是伦敦国王学院的莫里斯·威尔金斯（Maurice Wilkins）和罗莎林德·富兰克林（Rosalind Franklin）。事实证明，把DNA作为X射线分析的实验对象，甚至比蛋白质更徒劳无功。它并未形成任何像样的晶体，因此产生的是如图3中所示的这种非常糟糕的X射线衍射图样。X射线分析的反演问题——即揭开这种分子的结构，就像佩鲁茨和肯德鲁曾经尝试过的那样——似乎是不可能实现的。不过，富兰克林发现还是有可能获得这种分子的一些非常重要的参数。沃森和克里克在对DNA结构的研究中不仅使用了关于DNA化学结构的详细数据，也使用了这些参数。事实上，他们的做法更像是一场游戏。他们知道不同元素（即DNA碱基）各自的结构。就像孩子们玩拼图游戏那样，他们设法拼装出一种与X射线数据一致的结构。这场"游戏"将会产生人类历史上最伟大的一项发明。

事实上，现在的整个叙述都是在给这一发现做铺垫。我将逐步描述DNA结构的所有主要特征，以及它们对理解生命现象所带来的巨大影响。不过，让我们先来考虑沃森−克里克DNA模型的本质（或者说是核心）。

根据沃森−克里克模型，DNA分子是由两条聚合物长链构成的。每条长链都包含着四类残基——即A（腺嘌呤基）、G（鸟嘌呤基）、T（胸

图3 DNA的X射线图样。首先获得这种图样的是罗莎林德·富兰克林

腺嘌呤

鸟嘌呤

腺嘧啶基）和C（胞嘧啶基）。这些碱基在一条长链中的排列顺序可能是完全随机的，但是在两条长链中的排列顺序则由于互补原理而有着很强的相互联系（见图4），从而使

A总是与T相对，

T总是与A相对，

G总是与C相对，

C总是与G相对。

这条互补原则是沃森–克里克模型的主要部分，其发现在很大程度上应归功于埃尔文·查戈夫（Erwin Chargaff）获得的DNA中不同残基（即核苷酸）出现情况的数据。

尽管在这些聚合物链的内部，原子由很强的共价键结合在一起，但是两条互补链却是通过一些很弱的力（所谓的分子间作用力）发生相互作用的。这些力与分子晶体中使分子结合在一起的力十分相似。

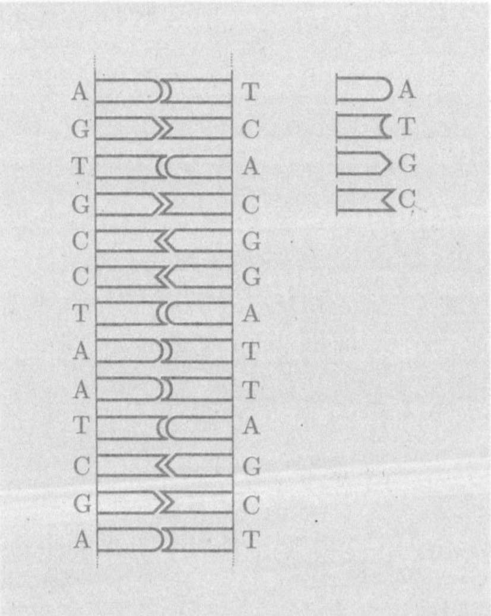

关于沃森–克里克模型，最值得注意的事情是它对于核心问题——基因复制问题——所提出的那种尤为优雅的解答。事实上，要复制DNA，只需要将它的两条长链分开，并按照互补原理为每条长链都补充一条互补链。结果就会得到两个与原始链完全相同的DNA分子（见图5）。

沃森在写给德尔布吕克的一封信中给出了关于基因结构和复制问

图4 DNA分子看起来像是一个绳梯，由两种横档构成——A·T碱基对和G·C碱基对

18

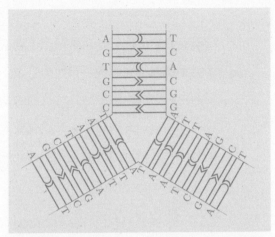

图5 根据沃森和克里克的说法，这就是DNA复制过程的发生方式。其结果是由图4中所描述的原始分子得到两个完全相同的分子

题的答案，我们可以想象德尔布吕克在收到沃森的这封信时有多么兴奋。正是在阅读了这封信之后，德尔布吕克写下了作为本章题记的那段话。

除了德尔布吕克以外，还有许多人也立即被沃森-克里克模型之美迷住了。那些仍然狂热地坚持认为蛋白质是万能灵药的遗传学家们，此时只能泛泛地争辩说，像生命这样一种复杂的事物究其根本而言就不可能如此简单。（以任何标准来判断，这都是一个站不住脚的论据。）

这样一来，DNA就被公认为是生物界的最重要分子了。当然，物理学家们确实没能在生物学中发现任何新的自然定律，但他们锲而不舍的科学探究也为这个生物学核心问题即基因结构问题，做出了解答。

在几十年后的今天，我们可以这样说：事实证明DNA结构的发现对于生物学的重要性，就相当于原子核的发现对于物理学的重要性。理解原子结构标志着量子力学的诞生，而DNA结构的发现则宣告了分子生物学的到来。然而两者的共通之处还不止于此。原子物理学中的纯基础研究开启的前景是几乎取之不竭的能源，并且借由计算机、互联网和智能手机而彻底改变了我们的日常生活。近年来分子生物学的发展以同样的方式在操纵活细胞且有目的的遗传改造等方面，开启了前所未有的可能性。这些发展已经在开始改变人们的生活，其影响范围不亚于核能的利用和互联网的传播。我们已经进入了DNA时代。

---

1 欧内斯特·卢瑟福（Ernest Rutherford, 1871—1937），英国物理学家，1908年诺贝尔化学奖获得者。他首先提出放射性半衰期的概念，并证实在原子中心存在一个原子核，从而创建了卢瑟福模型（行星模型）。如无特别说明，书中的注释均为译注。

2 麦克斯·德尔布吕克（Max Delbrück, 1906—1981），德裔美籍生物物理学家，1969年诺贝尔生理学或医学奖获得者之一。尼尔斯·玻尔（Niels Bohr, 1885—1962），丹麦物理学家，1922年诺贝尔物理学奖获得者。

3 麦克斯·普朗克（Max Planck, 1858—1947），德国物理学家，量子力学的重要创始人之一，1918年诺贝尔物理学奖获得者。

4 阿尔伯特·爱因斯坦（Albert Einstein, 1879—1955），德裔美籍理论物理学家。他创立了作为现代物理学两大支柱之一的相对论，并由于光电效应方面的贡献而荣获1921年诺贝尔物理学奖。

5 尼古拉·蒂莫菲耶夫-莱索夫斯基（Nikolai Timofeeff-Ressovsky, 1900—1981），苏联生物学家，主要研究领域包括辐射遗传学、实验群体遗传学和微观进化等。

6 格雷戈尔·孟德尔（Gregor Mendel, 1822—1884），奥地利遗传学家，遗传学奠基人。

7 托马斯·摩尔根（Thomas Morgan, 1866—1945），美国遗传学家，1933年诺贝尔生理学或医学奖获得者。

8 卡尔·齐默（Karl Zimmer, 1911—1988），德国物理学家、放射生物学家，主要研究领域是电离辐射对DNA的影响。

9 尼古拉·康斯坦丁诺维奇·科尔特索夫（Nikolai Konstantinovich Koltsov, 1872—1940），俄国生物学家，现代遗传学先驱之一。

10 哈布斯堡家族（Hapsburg family）是欧洲历史上最为显赫、统治地域最广的王室之一。哈布斯堡家族成员都具有独特的"哈布斯堡唇"（Hapsburg lip），即下颌突出，这是由一种遗传疾病引起下颌生长速度比上颌快而造成的。

11 埃尔温·薛定谔（Erwin Schrödinger, 1887—1961），奥地利物理学家，量子力学的奠基人之一，1933年诺贝尔物理学奖获得者。他晚年开始研究生物学，并开创了分子生物学。

12 路易·德布罗意（Louis de Broglie, 1892—1987），法国物理学家，1929年因发现电子的波动性以及对量子理论的研究而获得诺贝尔物理学奖。

13 詹姆斯·沃森（James Watson, 1928— ）、弗朗西斯·克里克（Francis Crick, 1916—2004）和莫里斯·威尔金斯（Maurice Wilkins, 1916—2004）三人因发现DNA双螺旋结构而共同获得1962年诺贝尔生理学或医学奖。

14 麦克思·冯·劳厄（Max von Laue, 1879—1960），德国物理学家，1912年发现了晶体的X射线衍射现象，并因此获得1914年诺贝尔物理学奖。

15 亨利·布拉格（Henry Bragg, 1862—1942）和劳伦斯·布拉格（Lawrence Bragg, 1890—1971）因发现关于X射线衍射的布拉格定律而共同获得1915年诺贝尔物理学奖。

16 约翰·肯德鲁（John Kendrew, 1917—1997）和马克斯·佩鲁茨（Max Perutz, 1914—2002）因血红蛋白和肌红蛋白结构方面的研究而共同获得1962年诺贝尔化学奖。

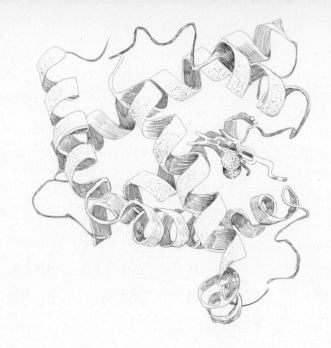

从DNA到蛋白质

蛋白质是如何制造的

　　缺乏想象力的人常常抱怨说，新理论提出的问题比它们所能回答的问题还要多。事实上也正是如此。不过，我们并不清楚这有什么不好的地方，毕竟一种新理论提出的问题越多，这种理论就越有价值。不仅如此，提出的这些问题恰好也是新的，是任何人都没有想到过的，甚至在这种新理论出现之前是不可能系统阐明的。从这方面来讲，沃森-克里克DNA模型很可能是绝对的纪录保持者。我们很难想象在科学史上还有另一种理论引发过如此多的新问题。而且其中有一些问题直击生命现象的最核心！著名的理论物理学家乔治·伽莫夫[1]在1954年提出了第一个、也是最重要的问题。

　　有趣的是，伽莫夫与德尔布吕克的生平十分相似。他是苏联人，在1928年因提出 α 衰变理论而成名。1934年，在好几次不成功的尝试之后，他终于离开苏联前往美国，并且余生都在美国度过。斯大林统治下的苏联到那时已变得令人无法忍受。他的两位最亲密的朋友、杰出的物理学家马特维·伯恩斯坦（Matvei Bernstein）和列夫·朗道（Lev Landau）都在1937—1938年斯大林大清洗[2]期间被捕。伯恩斯坦被处决，而朗道则被当做"德国间谍"（他是犹太人！）在内务人民委员部[3]关押一年之后，奇迹般地逃脱了死刑。朗道被释放是由于另一位伟大物理学家彼得·卡皮查（Pyotr Kapitsa）进行了史无前例的、勇敢无畏的干预，他设法说服那些谋杀者"赦免"了他们的受害者。（卡皮查和朗道后来都被授予诺贝尔物理学奖。）如果伽莫夫没有逃离他的故土，那么他无疑也会成为大清洗的受害者。

1948年，伽莫夫提出了这样一种想法：宇宙是由大约150亿年前发生的大爆炸（Big Bang）而形成的。他声称这一事件必定以无线电波的形式留下了痕迹，这些无线电波仍然在太空中四处游荡，他还预言了这种辐射的波谱。伽莫夫的大爆炸理论乍看起来似乎太夸张了。然而在1965年，两位美国无线电工程师威尔逊（Wilson）和彭齐亚斯（Penzias）偶然发现了这种辐射痕迹，于是这种理论得到了很好的证实。自那时起，大爆炸理论便赢得了普遍的认可。

1954年，伽莫夫又提出了一种新的想法，这一次是在生物学领域。伽莫夫的推测是，有一些蛋白质是细胞的主要作用分子。它们负责细胞内部的所有化学转化。细胞的几乎所有组分本质上也都是蛋白质。甚至染色体也是由一半DNA和一半蛋白质构成的。其结果是，细胞的功能取决于其中的蛋白质组。

单个蛋白质分子可能包含数十到数百个残基。但是，假如将细胞中的所有蛋白质都分成单个残基，那么就只有20种氨基酸。作为化合物的氨基酸种类可以有无限多，化学家们原则上也可以合成出任何氨基酸。然而生物界却只使用20种相当确切的氨基酸，因此这些氨基酸就被奉为自然的或典型的。这20种氨基酸对于地球上的一切生物都是完全相同的。无论你去研究一只小虫子还是一只大虫子，你都会发现它们包含着相同的氨基酸。那么，这两者之间有什么区别呢？区别就在于蛋白质中的氨基酸残基的序列。

蛋白质序列又是由什么确定的？经典遗传学对于这个问题的回答非常正式：这些序列是由基因预先确定的。是如何确定的呢？在回答这个问题方面，经典遗传学无法提供任何明白易懂的解释。

而在沃森和克里克的工作发表以后，伽莫夫断言这个根本性的问题已经一劳永逸地得到了解答。所有细胞蛋白质的氨基酸序列都是由两条互补 DNA 链中的一条的残基序列所决定的。正如在前一章中提到过的，这些被称为**核苷酸**的 DNA 残基可以有四种类型（A、T、G、C）。这样，关于这20种氨基酸残基序列的信息就作为四种核苷酸的序列而存在于 DNA 的遗传密码之中。由此伽莫夫宣称，细胞必定有一本"词典"来将这种"四个字母"的 DNA 文本翻译成"二十个字母"的蛋白质文本！遗传密码的概念就是这样应运而生的。

这就立即引出了一大堆问题。这种密码是如何实现的——也就是说，DNA 文本是在细胞中的何处以及通过哪些方式被翻译成蛋白质语言的？DNA 的长核苷酸文本最终如何恰好产生出相对较短的那些蛋白质链？DNA 文本是否有可能是由一些单独的"句子"构成的，其中每个句子都对应一个蛋白质？而这些"句子"是否就是经典遗传学中确切的基因？这些"句子"之间存在着什么？充当分隔"句子"的"句号"角色的是什么？换言之，基因之间的空间在物理上和化学上（即从分子意义上来说）有什么区别？最后，遗传密码这本活细胞词典是什么样子的？

翻译

25

有一小撮矢志不渝的科学家散布在世界各地的实验室中，他们开始向新的顶峰发起了猛攻。领导着这些无形军团的是弗朗西斯·克里克，他是当时分子生物学家中公认的领袖人物。在1954年到1967年期间，所有的主要问题都得到了解答。这些答案随后为分子生物学的中心法则奠定了基础。最初看来，这些答案都已经是一劳永逸地确立起来的真理，但它们并没有全都经受住"轰轰烈烈的"20世纪70年代的种种考验。这些答案虽然如今已不再是一种法则，但它们至今仍是整个分子生物学大厦的基石。

首要的是，DNA的化学结构没能揭示出任何可以将其中某些片段与其他片段区分开来的特征。整个DNA分子是四种类型的核苷酸（A、T、G、C）排列成的连续序列。从这种意义上来讲，DNA文本不同于单词之间有句号、逗号和间隔的印刷文本。DNA文本是一种不间断的字母序列，其中的字母也充当着标点符号的角色。这些标点符号就是位于各片段之间的特殊核苷酸序列，而这些片段本身的序列编码了蛋白质中的氨基酸序列。一个这种类型的单独片段就被称为一个**基因**。

因此一个基因就是包含着关于蛋白质氨基酸序列信息的一部分DNA文本。德尔布吕克与蒂莫菲耶夫–莱索夫斯基曾如此热烈争论过的"基本"遗传颗粒，已呈现出一种非常具体的分子、原子意义。结果证明，基因不是一种"不可分割的颗粒"，而是由一个聚合物DNA分子的数百个有序排列的核苷酸构成的，而这些核苷酸才是遗传物质的基本颗粒。

基因是如何导致蛋白质产生的？这个过程分为两个阶段。在被称为"转录"（transcription）的第一阶段中，一种特殊的酶辨识出了夹在基因之间的核苷酸序列（这个DNA片段被称为"启动子"（promoter）），

转录

启动子

26

并沿着该基因移动，从而制造出一个以 RNA 分子形式出现的副本。

核糖核酸（这就是 RNA 所表示的意思）分子的化学结构与 DNA 分子的化学结构十分相似。它也是一条由核苷酸构成的聚合物长链，但是与 DNA 不同的是，RNA 是一条单链。与 DNA 相同的是，RNA 也是由四种类型的核苷酸所构成的。图 6 中给出了它们的化学式——我们必须承认，它们看起来十分令人生畏。RNA 的核苷酸与 DNA 的核苷酸在哪方面不同？对于 C、A 和 G，差异实际上在于：在它们的每一个之中，最底层的、最右端的氢氧基（OH）转变成了 DNA 中的氢基（H）（因此就有了"脱氧"这一前缀）。尿苷酸（U）的情况比较复杂，因为其过渡到 DNA 的过程中，不仅伴随着氢氧基被氢基取代，还有最上方的碳氢基（CH）中的氢（H）被含氮碱基中的甲基（CH_3）取代。这就解释了 RNA 核苷酸（尿苷）与 DNA 核苷酸（胸苷）这两个名字之间的差别，尽管它们彼此极为相似：在构成互补对的过程中，它们均与 A 互补。

基因复制遵循着与 DNA 复制相同的互补原则，唯一的区别在于 DNA 中 T 的角色由 RNA 中的 U 来扮演。RNA 的合成在两条互补 DNA 基因链中的一条上进行。负责这种合成（即转录过程）的酶被称为 RNA 聚合酶。

因此，RNA 聚合酶就制造出一个基因 DNA 的信使 RNA（messenger RNA，缩写为 mRNA）副本。在随后的蛋白质合成第二阶段（这个过程被称为"翻译"（translation））中会用到这个副本。这个阶段是至关重要的，因为遗传密码正是在这一阶段中开始发挥作用。

翻译是一个复杂的过程，其中主角众多。最主要的一个是核糖体（细胞中发挥蛋白质合成功能的小体）。核糖体是一架极其复杂的机器，

RNA

核糖核酸

甲基

RNA 聚合酶

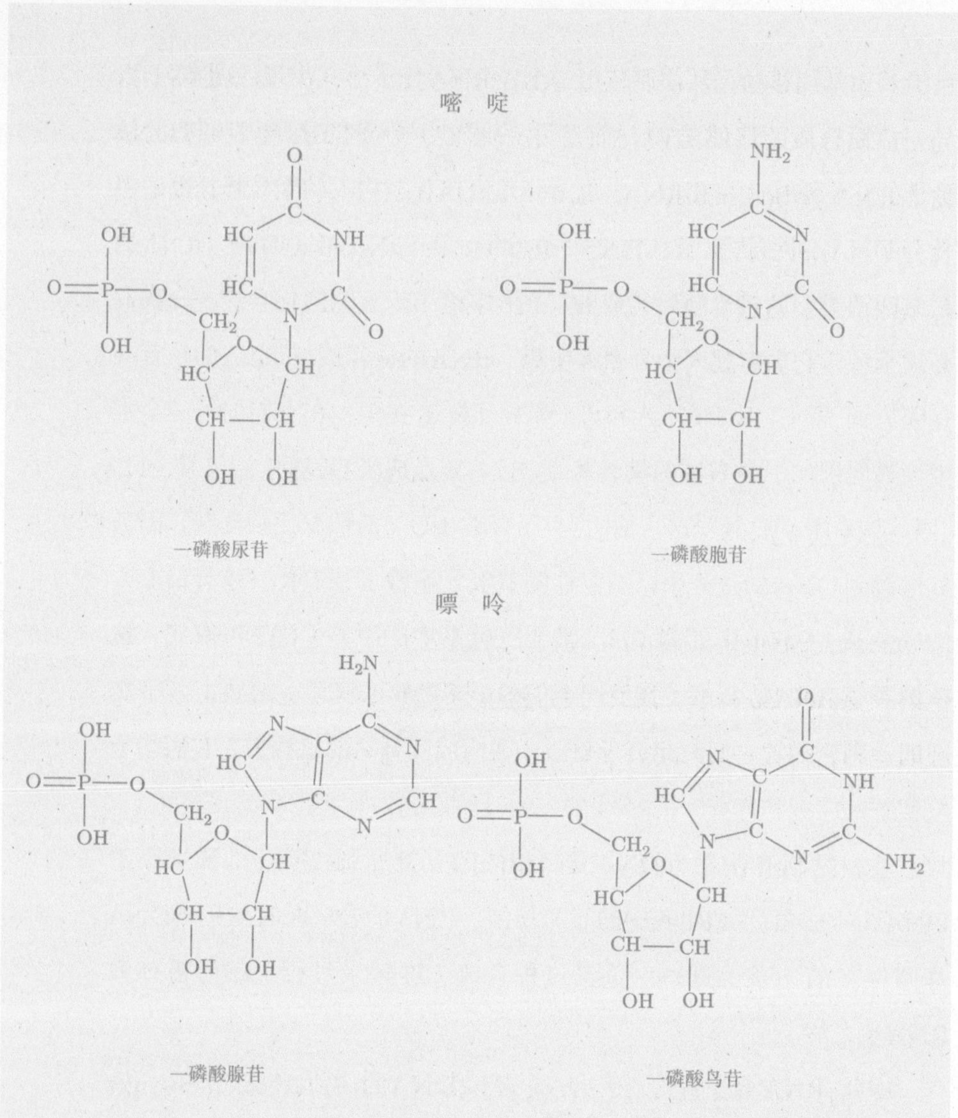

图 6 四种 RNA 核苷酸的化学式（也称为一磷酸核苷，或缩写为 NMP）。上排是嘧啶核苷酸：尿苷和胞苷（U 和 C）；下排是嘌呤核苷酸：腺苷和鸟苷（A 和 G）。DNA 中的核苷酸的不同之处在于，它们的右下方不是 OH 基团，而是只有 H，这就是它们为什么被称为一磷酸**脱氧**核糖核苷，或缩写为 dNMP。此外，DNA 没有尿嘧啶含氮碱基，而是包含胸腺嘧啶碱基（环上方的 C–H 基团被 C–CH₃ 基团代替）

由大约50种不同的蛋白质和一个RNA分子构成——这不是核糖体上指导蛋白质合成的那种RNA，而是另一种作为核糖体必要组成部分的核糖体RNA（ribosomal RNA，缩写为rRNA）。核糖体的作用就像是一台分子计算机，将文本从DNA和RNA的核苷酸语言翻译成蛋白质的氨基酸语言。这种专业特化性很强的"计算机"只按照一个程序运行，而这个程序的名字就叫做"遗传密码"（genetic code）。

遗传密码

20世纪50年代末和60年代初，弗朗西斯·克里克、西德尼·布伦纳（Sidney Brenner）及其同事们确定了遗传密码的主要特征。事实证明这种密码是一种三联体密码，其中每个氨基酸都与RNA上的一个三核苷酸序列相匹配。mRNA的三核苷酸序列被称为密码子（codon）。 密码子

封装在mRNA中的文本从某个起始密码子开始，根据以下方案一个密 起始密码子
码子接一个密码子地被相继翻译：

mRNA: ⋯AAGAAUGGAUUAUCCAACCGCCCCGUAU⋯

蛋白质： a_0- a_1- a_2- a_3- a_4- a_5- a_6- $a_7\cdots$

在这种方案中，a_0, a_1,⋯表示蛋白质的氨基酸残基。应当记得，或存在20种氨基酸残基。那么有多少种密码子呢？根据当前信息，我们可以很容易计算出共有4^3=64种不同的密码子。于是我们就可以进一步假设，并不是所有密码子都有一个氨基酸与之配对。

不过，这类没有匹配的无意义密码子数量极少，而且它们出现在蛋白质链的尾端，特地充当终止信号。这就是为什么它们也被称为"终止 终止密码子

密码子"（*stop codon*）。此外，每个特定的氨基酸残基都有好几种密码子与之对应，这就相当于说这种密码是简并的。

到1961年，人们已经开始清楚地知道，这种密码是一种三联体密码，它是简并的，以及不重叠的（即阅读过程是一个密码子接着一个密码子顺次进行的），并且其中含有起始密码子和终止密码子。下一步是要确定每种氨基酸残基与特定密码子之间的对应关系，并找出指示蛋白质链合成的开始和结束的那些密码子。这一过程的进行方式相当清晰。我们"只"需要以一种平行的方式来阅读这两种文本：基因的DNA（或RNA）文本和对应于这一特定基因的蛋白质的氨基酸文本。然后就只需将这两种文本作一下比较——于是大功告成！

我们可以回想起，古埃及文稿正是利用这种技术得以破解的。不过，这种情况下的障碍在于，尽管到20世纪60年代，生化学家们已经知道如何破译蛋白质序列，但他们仍然缺少一种阅读DNA或RNA序列的技术。这就是为什么必须要采取另一种处理方式。

现在来想象一下，假如在拿破仑征服埃及期间挖掘出的不是罗塞塔石碑[4]（这块石碑上用古埃及象形文字和希腊语刻着同样的铭文），而是一个活的古埃及人。在这种情况下，不需要商博良的天才就能编撰出一本法语–古埃及语词典。人们只需要向这个古埃及人展示不同的事物，并请他提供对应的象形文字即可。

美国生化学家和遗传学家、国家健康研究所（National Institutes of Health）的马歇尔·尼伦伯格（Marshall Nirenberg）和他的生化专业德国博士后海因里希·马特伊（Heinrich Matthaei）利用了这一概念来破译遗传密码。

事实上，细胞确实知道密码！因此我们只需要求它们能识别出不同的核苷酸序列。不过，我们还必须对这些序列是什么有一个清晰的概念。那时，研究者们已经知道如何合成一些（但绝不是任何！）人工RNA。尼伦伯格和马特伊没有选择活细胞，而是选择了保留着合成蛋白质能力的细胞提取物。细胞能做到的其他许多事情，这些提取物都做不到，但它们能够做到的一件重要的事，即根据一个"外源"RNA的指令来合成蛋白质。这样的提取物被命名为"无细胞"系统。

尼伦伯格和马特伊在一种肠道杆菌提取物中添加了一种仅包含尿嘧啶的人工RNA。对这个无细胞系统提出的第一个问题是，与UUU密码子匹配的是哪种氨基酸？答案很明确：苯丙氨酸。尼伦伯格在1961年向莫斯科国际生物化学大会（Moscow International Biochemical Congress）报告了这一发现，结果引起了轰动。通往破解密码的道路已经扫清！

研究者们很快就为许多氨基酸建立了类似的对应关系。然而，事实证明人工mRNA中的核苷酸序列很难确定。当时还没有人能合成预定序列，哪怕很短的片段也不行。研究人员只能从某些特定的单体混合物中获得具有随机序列的多聚核苷酸，因此他们开始思考其他破译密码子的技术。然而，由于一个令人意外的突破性进展，形势发生了巨变。

单体

我们已经看到，遗传密码问题首先是由一位物理学家提出的，并且密码的一般属性是由遗传学技术进行阐释的，然后就由生化学家们接手了。当合成化学家们加入到生化学家们的工作中后，这个问题最终得到了解决。他们的领袖人物是印度裔美国化学家哈尔·葛宾·科拉纳（Har Gobind Khorana）。

1965年时，科拉纳已经知道如何合成短的预定序列RNA片段——首先构成二联体（二核苷酸），然后再构成三联体（三核苷酸）。在酶的

31

帮助下，这样的二联体和三联体被合成为长的多聚核苷酸，其中二联体和三联体重复出现多次。在此之后，具有确切已知序列的多聚核苷酸被加入无细胞系统，以确定它们与蛋白质链之间的对应关系。

到1967年，遗传密码的破译（见图7）终于完成。如同终止密码子一样，对应于20种氨基酸中的每一种的所有密码子都得到了确认。那么关于起始密码子的情况又如何呢？事实是，专门提供起始功能的密码子并不存在。在某些特定的条件下，它们的功能由AUG密码子来承担，而AUG密码子通常对应着蛋氨酸。

即使只是粗略地看一眼图7，也足以察觉到一种显著的规则性。遗传密码的简并性显然并不是偶然的：每种氨基酸都有一个明确的密码子与之匹配，而这个密码子主要是由前两个核苷酸决定的。第三个核苷酸是什么则几乎是无关紧要的。换言之，尽管遗传密码是三联体，但携带主要信息的是位于密码子开头处的二联体。因此我们可以说这种密码是准二联体。

遗传密码的这种特征在其破解过程的最初阶段就被注意到了。你当然不可能用二联体来对全部20种氨基酸进行编码，因为不同二联体的总数只能有 $4^2=16$ 种。这就是为什么我们必须假设一个密码子中的第三个核苷酸会有一种特定的作用要发挥。

不过，遗传密码几乎不折不扣地遵循着一条法则。为了阐明这条法则，我们必须先回顾一下，四种核苷酸根据其化学本质分属两个不同的类别：嘧啶（U和C）和嘌呤（A和G）。由此，遗传密码的简并法则可以阐述如下：如果两个密码子的前两个核苷酸是相同的，而它们的第三个核苷酸属于同一类别（同属嘌呤或同属嘧啶），那么它们编码的就是同一种氨基酸。

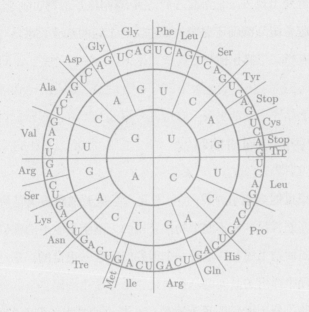

图7 遗传密码。密码子的第一个字母位于中心的圆内，第二个字母在第一个圆环，第三个字母在第二个圆环。外圈写的是各种氨基酸的缩写名称。（请注意，有三种氨基酸——精氨酸（Arg）、亮氨酸（Leu）和丝氨酸（Ser）——是重复的，这是因为它们与起始于不同核苷酸的密码子相匹配。）图中的"Stop"表示终止或终止密码子

再来看一下那张密码表，你就会发现其中相当严格地遵循着这条法则，但是有两个例外。假如完全严格地遵循这条法则，那么AUA密码子就会对应着蛋氨酸而不是异亮氨酸，而UGA密码子则会与色氨酸匹配而不是充当一个终止信号。

异亮氨酸
色氨酸

这种密码是通用的吗？

读者很可能会表示异议："对不起，但是无细胞系统是从特定生物体获得的。能否保证从不同生物体获得的无细胞系统上的密码破译实验会产生相同的结果呢？"这是一个很好的问题。很自然，它是在密码破译研究过程中提出的。

大肠杆菌

一开始，研究者们明确表明他们在谈论的是大肠杆菌的遗传密码，而不是一般意义上的遗传密码。第一个无细胞系统就是由这种细菌获得的，因此这个系统就是前文所描述的那些研究的对象。不过，一切似乎都在暗示，其他生物体的遗传密码与大肠杆菌并无任何不同之处。

尼伦伯格和马特伊用取自一只蟾蜍和一只豚鼠的无细胞系统重复了他们的实验。这些实验没能探测到任何与大肠杆菌遗传密码的差别。因此，这种密码看起来无疑是通用的。

一些大肠杆菌的突变体确实展示出与这种密码存在着差别：有些无意义密码子被误读为有意义的（即对应着明确的氨基酸）。这种现象被称为"抑制"（*suppression*）。不过当时已经清楚地知道，遗传密码的结构在进化过程中必须具有高度的保守性和防错性。

让我们来想象一下这种密码遭受了一次突然的、尽管十分微小的变化，比如说其中的一个密码子变向对应上了另一种氨基酸。

不过，该密码子并非只存在于一个基因中，而是出现在许多基因中。所有这些基因都会开始用一种氨基酸取代另一种氨基酸来合成蛋白质。尽管这种取代对于某些保持其功能的蛋白质而言不会有任何不良后果，但我们也不至于认为任何情况下都不会对一种重要的蛋白质造成损害。替换单个蛋白质中的一种氨基酸，就相当于破坏了整个系统的运作，从而导致整个生物体死亡，这已经是一个确定了的事实。

一个相关的典型实例是，镰状细胞性贫血（sickle-cell disease，缩写为 SCD）是一种非常严重的遗传疾病，是由单个血红蛋白中的单个氨基酸被取代而导致的。血红蛋白分子由分子间作用力结合在一起的四条多聚氨基酸链构成——两条完全一样的 α 链和两条完全一样的 β 链。数条链结合在一起的结果是常会产生一种功能性蛋白。我们在讨论的这种突变在于，正常血红蛋白 β 链中的第六个氨基酸——谷氨酸（Glu）——被缬氨酸（Val）取代了。根据图 7 中的遗传密码表我们可以推断出，在与 β 链的第六个氨基酸匹配的密码子中，镰状细胞性贫血患者的 DNA 序列中第二个位置上的 A 被 T 所取代。

这种替代改变了血红蛋白的结构，从而极大程度地降低了其在身体中携氧的能力。我们会在第 12 章中对于镰状细胞性障碍进行更多讨论，而这种疾病的名称就来源于这样一个事实：发生在分子水平上的变化使携氧细胞（红血球）从圆形变成了镰刀形。

类似这样的一些例子使我们清楚地知道，密码在进化过程中必须保持不变，而这转而又意味着它应该对于一切生物都是通用的。

血红蛋白

缬氨酸

1 乔治·伽莫夫（George Gamow，1904—1968），美籍俄裔物理学家、天文学家、科普作家，热大爆炸宇宙学模型的创立者。

2 大清洗也译为"大整肃""大清扫"，是指20世纪30年代斯大林执政期间，苏联爆发的一场政治镇压和迫害运动。

3 内务人民委员部（Narodnyy Komissariat Vnutrennikh Del，缩写为NKVD）是斯大林时代的苏联主要政治警察机构，也是20世纪30年代苏联大清洗的主要实行机关。内务人民委员部所下辖的国家安全总局是克格勃的前身。

4 罗塞塔石碑（Rosetta Stone）是一块刻有埃及国王托勒密五世（Ptolemy V）诏书的石碑，制作于公元前196年，1799年在埃及港湾城市罗塞塔被发现。法国学者让-弗朗索瓦·商博良（Jean-François Champollion，1790—1832）对这块石碑的研究为解读所有埃及象形文字提供了关键线索。

认识最重要的分子

我们相信基因——或许整个染色体纤维——是一种非周期性固体。

——埃尔温·薛定谔，《生命是什么？》，1944 年

它像……一个开瓶器

我们每个人将会长成什么样子，这张蓝图出现在我们父母双方的配子融为一体的那一瞬间，我们将之称为合子或受精卵。全部信息都被封装在这单个细胞核中——更精确地说是在其 DNA 分子中。这个分子携带的信息有关我们的眼睛和头发的颜色、有关我们的身材、鼻子的形状、我们是否会成为一位技艺精湛的音乐家，以及许多其他情况。当然，我们的未来并不仅仅依赖于 DNA，还有赖于生活中的那些不可预知的无常变化。不过，我们个人命运中许许多多的事情都取决于我们出生之时的那些内在品性，取决于我们的基因——也就是说取决于我们的 DNA 分子中的核苷酸序列。

DNA 在每次细胞分裂时都自我复制，从而每个细胞中都封装着关于整个生物体的信息。这就好像一座建筑物的每块砖里都储存着整幢建筑物的一份微缩图样。假如建筑师们在整个历史进程中都遵循这一准

39

则，结果将会如何？即使帕加马[1]的宙斯祭坛只剩下一块石头，如今的修复者们也不必为弄清它的原始面貌而绞尽脑汁了。

英国生物学家约翰·格登（John Gurdon）早在20世纪50年代末就令人瞩目地用实验证明了这样一个事实：一个特化的细胞确实知道整个生物体是如何形成的。他从一只青蛙身上提取出一个细胞核，然后使用一种精密的外科技术将它植入另一只青蛙的卵子中，而后者本身的细胞核已被摘除。由这颗融合卵细胞会生长出一只正常的蝌蚪，甚至是一只正常的青蛙，并且这只蝌蚪或青蛙与细胞核供体一模一样。自然界本身有时候也会创造出这样的克隆[2]——同卵双生子（或者也称为纯合双生子）的情况就是如此。当两个细胞在受精卵第一次分裂后发生了分离并各自发育成个体时，就会出现这样的情况。由于每个个体的DNA分子都是完全相同的，因此同卵双生子彼此非常相像。

克隆　就在20世纪行将结束的时候，英国动物学家们取得了一项重大突破：他们设法做到了将格登的技术用于哺乳动物，并克隆出了一只名叫多利（Dolly）的绵羊。从某一只作为供体的绵羊的一个乳腺细胞中提取出细胞核，并将它转移到另一只绵羊的受精卵中，而这颗受精卵本身的细胞核已被摘除。然后将这颗如此得到的杂种合子再放回原处。多利羊由此诞生，它是提取乳腺细胞核的那只绵羊的完美复制品。这标志着克隆时代的到来。多利在六年后死去。自从多利羊的第一次成功以来，科学家们已克隆出各种各样的家养动物，而且全球各地不时流传着关于克隆人的说法。不过，这些说法迄今无一得到证实，究其源头，无外乎是那些江湖骗子。

不管怎么说，成功克隆出了各种纷繁复杂的生物，这就毫无疑义地证明了细胞核的DNA完全决定了单个细胞经过个体发育结果会长成什么。我们将在第11章中进一步讨论克隆和细胞重编程的相关问题。

堪称活细胞精髓的DNA，其结构是什么样的？人们在看到图4之后可能会认为它就像一个简单的绳梯，但其实并非如此。这个绳梯被扭曲成一个右螺旋。这让我们想起开瓶器——双螺旋开瓶器（虽然很罕见，但我们确实看到过这样的开瓶器）。每条DNA链形成一条向右扭曲的螺旋线，正如开瓶器的样子（见图8）。四种含氮碱基的序列编码了遗传信息，它们为那根开瓶器状的绳索提供了某种填充物，而绳索的外表面由组成DNA的两种磷酸糖聚合物链构成。组成DNA的碱基与组成RNA的碱基非常相似，后者的化学结构已在图6中给出。这就是为什么我们不是再次画出所有四种核苷酸，而是仅限于展示T看起来是什么样子的（见图9），它似乎与U（与之对应的RNA）的区别最大。要注意，最上方的环被称为含氮碱基，而五元环则被称为糖，磷酸基团在左边。

DNA的主要参数有哪些？双螺旋的直径为2纳米，沿着螺旋线的相邻碱基对之间的距离为0.34纳米。这条双螺旋每十对碱基绕一整圈。DNA长度取决于它所属的生物体。简单病毒的DNA仅包含几千个碱基；细菌的DNA包含几百万个碱基；而高等生物的DNA则包含数十亿个碱基。

倘若人类的一个细胞中的所有DNA分子被拉直成一条线，那么结果就会得到一条长度约7英尺（相当于2.13米）的细线。因此，这条细线

螺旋

碱基

糖

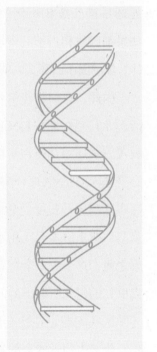

图8 DNA是一个被扭曲成右螺旋的绳梯

的长度将超过其直径的十亿倍。为了更好地理解这意味着什么，想象一下DNA的直径是图8中的两倍，也就是说大约2英寸（相当于5.08厘米）。如果DNA是这样的粗细，那么取自单个人体细胞的DNA长度就会足以沿赤道环绕地球一圈。按此比例，如果细胞核相当于一个

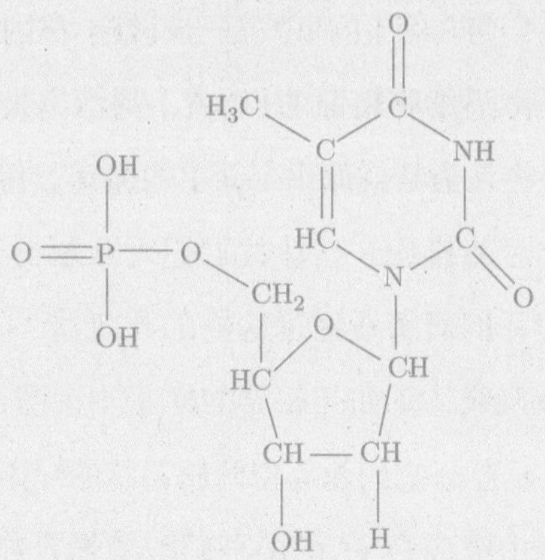

图9 一磷酸胸苷是一种作为DNA组成部分的胸腺嘧啶核苷酸。剩下的三种DNA核苷酸具有相似的结构，但分别有一个自己的含氮碱基（最上方的基团）。这三种碱基（腺嘌呤、鸟嘌呤和胞嘧啶）在DNA和RNA中是相似的（见图6）。右上方的环是含氮碱基，底部的五元环是糖，左手边的PO₄基团被称为磷酸基团

体育场的大小，那么人就相当于地球的大小。

因此，在细胞核中放置这种分子就绝非易事了，这一点是可以理解的，尤其是在那些DNA分子特别长的多细胞生物中。不仅如此，它的放置方式还得让蛋白可随意触碰到DNA的任意地方。例如，得让转录必需基因的RNA聚合酶碰得到。

复制这种长度的分子还带来了另一个问题。事实上，随着DNA的复制，两条原本多次相互缠绕的互补链就必须分开。这意味着在复制结束之前，这个分子会绕着它的轴旋转数百万次。这些事实表明，沃森和克里克的研究所提出的问题绝不仅限于遗传密码及相关问题。

这些问题也往往会引起疑问。沃森-克里克模型实际上是正确的吗？分子生物学的全部发现所依赖的基石有多可靠？由于沃森和克里克模型非常具体、非常详细，因此也就很容易遭受攻击。假如研究人员发

密码

42

图9 一磷酸胸苷……左手边的PO_4基团被称为磷酸基团

现有一个令人信服的事实是与模型不符的，那就足以从根本上推翻双螺旋。因此，物理学家们开始着手揭示出该模型中的弱点。

有些人推断，如果每个DNA分子确实是由两条聚合物链组成的，并且这两条链是由一些弱的非共价力彼此结合在一起的，那么用一个实验就可以清楚地显示，它们在加热的DNA溶液中会分离开。另一些人则认为，如果DNA中的含氮碱基确实相互组成氢键，那么这一点 氢键就可以通过测量红外范围内的DNA光谱或研究普通氢（轻氢）与重氢（氘）之间的交换速度来对其加以验证。还有人认为，如果含氮碱基的反应基确实被埋在双螺旋内部，那么DNA能对仅与这些基团发生反应的物质做出反应吗？人们开展了一些实验，以期回答这些以及许多其他问题。到20世纪50年代末，局势已变得明朗，该模型经受住了第一轮的考验。试图推翻它的企图一再落空。

它像一块窗玻璃

想要验证沃森-克里克模型并不是促使物理学家们转而进行分子研究的唯一动机。其实分子本身就具有足够的吸引力。

薛定谔的《生命是什么？》一书中包含着一个预言式的陈述（即本章题记）。DNA看起来确实像是固体。其中的碱基对排列形式与晶体中相同。不过，这是一种线性的、一维的晶体，其中每个碱基对的两侧只有两个相邻碱基。DNA晶体是非周期性的，因为碱基对序列就像连续的印刷文本中的字母序列一样不规则。正如印刷文本中的字母那样，A·T碱基对和G·C碱基对的宽度和高度都相似。

因此，一维的DNA晶体作为一种全新的晶体引起了物理学家们的极大兴趣，这并不足为奇。它可能是一种半导体？或者甚至可能是一种超导体——而且还是常温超导体？对DNA进行了另一项研究，结果判定它不是半导体，更不是超导体。原来它只是一种相当平淡无奇的绝缘体，就像一块窗玻璃，而且像玻璃一样透明。DNA的水溶液（它很好地溶于水）只是一种透明液体。与玻璃的类比还不止于此。包括窗玻璃在内的普通玻璃对可见光是可透的，对于紫外线（UV）辐射则是一种强吸收剂。DNA也是这一光谱区域的吸收剂。然而与不受紫外线损害的玻璃不同的是，DNA会遭到紫外线的严重损害。

一个光子（紫外辐射量）在穿透DNA的过程中，将它的能量传递给含氮碱基，从而使它被激发。激发态可以按不同的方式自行消除。

嘌呤　如果光子被嘌呤（腺嘌呤或鸟嘌呤）吸收，就不会发生什么特别的事情——被吸收的能量会迅速转化为热（就像窗玻璃的情况一样），使

嘧啶　DNA完好无损。如果光子被嘧啶（胸腺嘧啶或胞嘧啶）吸收，而且恰好是与链上另一个嘧啶相邻的一个嘧啶，那么情况就会完全不同。在这种情况下，在被吸收的能量有机会转化为热之前，这两个相邻的嘧啶就开始了一种化学反应。在两个胸腺嘧啶的位置相邻时，这个过程的效率特别高。其结果是产生一种被称为光二聚胸腺嘧啶的新化合物，T◇T（见图10）。

这种二聚物的结构实属异类。事实上，碳的结构通常要么是四面体，要么是三角形。当它与相邻原子的连接从四面体的中心指向各顶点时就构成四面体；当所有键位于一个平面上并且从等边三角形的中心指

光二聚物　向各顶点时就构成三角形。然而，在光二聚物中，参与胸腺嘧啶结合的各碳原子的两个C–C键构成了一个直角！不仅如此，全部四个碳原子

44

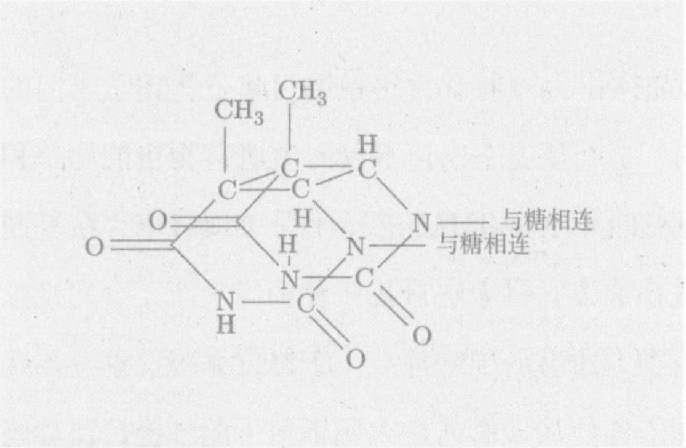

图 10 光二聚胸腺嘧啶

共同形成了一个四边形（称为环丁烷）。

由此可见，光子对DNA造成了损伤：在两个胸腺嘧啶的地方，出现了一种全新的化合物，它中止了酶对DNA进一步发挥作用。由于酶"所受的训练"是只认得A、T、G、C这几个字母，因此对于它们不认识的这位新来乍到的神秘来客T◇T畏缩不前。假如不将这个瑕疵从"文本"中删去，酶就会无法转录DNA的信息并合成RNA。该细胞中的所有生命都将停滞，于是它就会死亡。

事实上，紫外线对DNA分子的致命性之高，以至于在进化过程中，细胞发展出一个特殊的体系来应对它们所造成的损伤。这一过程由修复系统的一些酶来启动。首先，紫外线内切核酸酶识别出胸腺嘧啶二聚体，并将其所在位置处的磷酸糖主链切割开。随后另一种酶继续扩大缺口。其结果导致在一条DNA链中的胸腺嘧啶二聚体的形成点周围出现了由数千个核苷酸形成的巨大缺口。胸腺嘧啶二聚体在此过程中被去除，同时被去除的还有许多正常核苷酸，只是为了以防万一。这预示着不会出现疾病，因为另一条保持完整无缺的互补链充当了模板的作用，而还有另一种酶（DNA聚合酶I）利用这一模板重建第二链，从而将

修复

内切核酸酶

模板

45

双螺旋结构恢复到正常状态——与受损伤之前的DNA完全相同。

这是DNA双链的另一项重要功能！它不仅产生遗传物质的两个相同副本，而且保证了编码在DNA中信息的安全性。如果DNA在复制周期之间只由一条链构成，那么它将无法自我修复。

从单细胞生物体到人类，所有的细胞都有一个修复系统。这并不奇怪：毕竟，生命无处不在。即使从未暴露在太阳辐射下的细胞，比如肠道细胞，它们的修复系统也应该是活跃的，这看起来也许很奇怪。G. M. 巴伦博伊姆（G. M. Barenboim）就此提出了一个巧妙的解释，他认为DNA要保护自身免受因放射性同位素天然丰度下降而在细胞中产生的切伦科夫紫外辐射。

由于突变而导致的修复系统失活是一场灾难。天生具有一种被称为着色性干皮病缺陷的孩子对日光高度敏感：他们的皮肤会长疮，并逐步长成恶性肿瘤。纵使极为小心地避免这些孩子受到太阳辐射，他们还是难逃噩运。（附带说一下，直接在动物身上进行的实验证明，胸腺嘧啶二聚体会导致癌症。）

这就意味着躺在阳光下可能并不是一种完全无害的消遣。当然，我们不可能克制自己不去享受这种乐趣，但应该小心不要让我们的修复系统超负荷。此外，修复过程本身也不是无害的。在一个系统中起关键作用的酶，即DNA聚合酶I，被认为常会犯错，因此修复可能会导致突变。就其本身而言，体细胞突变（那些发生在人体细胞中的突变）现在被认为是引起组织恶性转化的主要因素（参见第11章）。

体细胞突变

有许多麻烦都源自DNA对紫外线辐射敏感这一简单的原因！而且只有一小部分紫外线到达地球表面就导致了这一事实，因为大部分紫外线都被大气吸收了。因此，正如普通窗玻璃一样，DNA对可见光也是可透的，我们有必要对此感到遗憾吗？

它解链，但不像冰

有些人期望DNA具有某些非同寻常的物理性质，他们最终如愿以偿。当DNA解链时，DNA晶体的一维和非周期性质就完全显现出来了。虽然DNA的结晶状态看起来是非常清楚的，但我们又怎能想象出它是如何进入液体状态的呢？一维DNA晶体解链后会呈现什么形状？

在开始认真阐明这一点之前，让我们先来回顾一下普通的冰为何会融化。冰是一种由水分子构成的晶体。水分子通过尽可能多的所谓氢键（H键）结合在一起：HO-H…OH₂，而完美的秩序支配着这些水分子的排列。它们都是在互补对A·T和G·C内部形成（参见第9章）的相同氢键。其中有些连接断开了，另一些则在液态水中被扭曲。是什么令水在0℃时保持液态？水分子通过失去了其中的一些键并削弱了其他的键，从而在移动和旋转方面获得了大得多的自由度，这种运动方式随着温度的升高而变得越来越"有益"。随着进一步的升温，水分子为获得更大的自由度而牺牲了最后剩余的键，于是经历了从液态变到气态的过程。这是一个普遍的趋势：随着温度升高，物质趋于表现出为了增加熵而牺牲分子间键的能量的倾向。

熵

这对于DNA也成立：上升的温度不利于双螺旋的存在。维持着两条分子互补链结合在一起的分子间键发生断裂，其结果是变成了两条单链（见图11）。从熵的观点来看（即在获得更大自由度的意义上），这似乎是有利的，因为每一条链都不再依附于它的互补链，于是获得了大

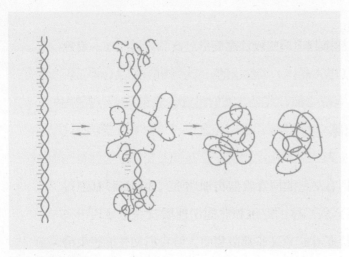

图 11 DNA 解链

得多的自由，可在空间中呈现出多得多的构型。

你不可能通过简单加热来破坏DNA单链：将核苷酸连接成链状的**核酸酶**那些键是如此牢固，以至于它们只能被强酸破坏，或者被称为核酸酶的酶给切断。

尽管DNA解链与冰的融化有某种相似之处，但它们之间还是存在着很大的差异。显著的区别在于，DNA解链发生在一个很大的温度范围之中（这个范围有好几度），而冰的融化只发生在温标上的某一确定的点——即所谓的相变点。在这一转变过程中，物质的相态随着温度突然发生改变——从固态变为液态，从液态变为气态。

相变我们每天用水壶烧水时都在目睹相变。在沸腾过程中，水和水蒸气构成的系统就正好处于相变点——只要水壶里还有水，它的温度绝不会超过100℃。在加热冰或雪的过程中也会再现这种模式。温度会上升到0℃并停留在这一温度，等到所有冰全都融化后才再次开始上升。

与相变系统不同的是，DNA的温度是持续上升的，并且随着其温度的不断升高，分子的越来越多新区域从螺旋形过渡到解链状态。有趣的事情是，这种差异是 DNA 晶体一维性质的一个直接结果。

即使在第二次世界大战之前，甚至在人们还没有想到 DNA 或任何其他真正的一维晶体之前，物理学家们就已经意识到，物质可能会有这种表现。那个时候，建立起一种健全的真实三维晶体相变理论仍然是一项棘手的任务（直到很久以后的 20 世纪 70 年代才终于得以实现）。科学家们开始考虑是否有可能实现一维或二维晶体的相变。结果证明第一种变化形式很容易分析，但也出现了一个阻碍：无法获得相变。伟大的苏联理论物理学家列夫·朗道（我们在第 2 章中已经提到过他）理解了这一失败的深刻含义。他与 E. 利夫希茨（E. Lifshits）在 1938 年写道："在任何一维系统中都不可能存在相，因为它们彼此很容易互相混杂。"在很长的一段时间里，这种被全世界物理学家们称为"朗道定理"的说法被视为纯粹的否定，仅仅意味着就相变问题的理论分析而言，一维系统是一种完全没有任何价值的模型。

朗道很可能从未想过有一天会发现可以应用他的这一说法的真实系统。不过，DNA 就非常接近于这样一个系统。这里使用**接近**一词是因为朗道定理只适用于严格均匀的一维晶体，而我们记得 DNA 是由两种基团——碱基对 A·T 和 G·C——组成的非周期晶体，这两种基团的稳定性不同。A·T 对与 G·C 对相比更容易被破坏。这就揭示了如果一个 DNA 的 A·T/G·C 比值要比另一个 DNA 的这一比值大，那么它会在较低的温度下解链。

在一种严格均匀的晶体中有多少种碱基对，是两种还是一种，这有关系吗？是的，确实有关系。这是一个非常有趣的问题，它与 DNA 解链的问题直接相关，许多研究者都对此进行过探究。我与世界各地的许多人都对这个问题进行了广泛的研究，这些人包括M. 阿兹贝尔（M. Azbel）、D. 克罗瑟斯（D. Crothers）、A. 迪恩（A. Dykhne）、M. 菲克斯曼（M. Fixman）、I. 利夫希茨（I. Lifshits）、E. 蒙特利尔（E. Montroll）、D. 波兰德（D. Poland）和A. 维德诺夫（A. Vedenov）等。

那么所有这些研究发现了什么？朗道的结论得到了确认。从原则上来说，这也是由于系统的一维性质，但其背后的原因却不同于在严格均匀晶体中起作用的那些原因。相不存在，不过这并不是因为它们会像朗道所宣称的那样容易相互混杂，而是因为富含A·T对的DNA区域比富含G·C对的区域解链温度低。因此，在气温上升的情况下，转变成一种新状态不是突然发生的，而是逐个阶段、逐个区域地发生。

如果画出表明DNA分子溶液吸热对温度依赖关系的图线，那么它显示的不是代表冰融化的一个无限窄的峰，而是会展示出对应于一个分子中各不同区域解链的众多峰。根据这一理论，每个峰的宽度所对应的必定是大约0.5℃。实验充分证实了这一预测。图12中显示了含有约

质粒

6500个碱基对的（质粒ColE1的）DNA逐步解链的过程。

没有人能测出单个分子的吸热，这是合情合理的。人们通常得处理由数十亿个DNA分子组成的样本，但这些DNA分子全都具有完全相同的核苷酸序列。在所有的分子中，同一温度打开同样的一些区域。这就是为什么对许多相似分子产生影响的研究，就可以让我们对每个单独的分子发生了什么有所了解。

来自莫斯科分子遗传学研究所（Institute of Molecular Genetics）的一个团队的成员们（阿纳托尔·波罗维克（Anatol Borovik）和他的同事们）确实亲眼看见了DNA的逐步解链过程。在一个实验中，他们采用一种为此目的而特别选定的化学试剂，来记录分子的开放区域。实

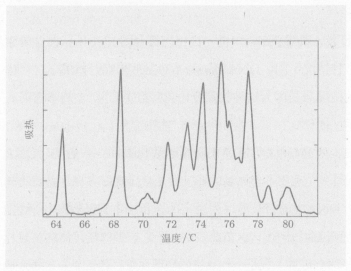

图12 DNA吸热对温度的依赖关系。这条曲线通常称为**微分解链曲线**。给出这
条曲线的DNA的代号为ColEl，它包含大约6500个核苷酸对

验进行过程如下。将一种DNA溶液在解链范围内加热到一定温度。分
子的各个区域在此过程中打开——这些区域中的互补链分开，于是含氮
碱基暴露在溶液中。在此溶液中添加一种能与裸露的碱基发生反应的物
质，但不能与掩埋在双螺旋内部的碱基进行反应。反应完成后，将样品
冷却到室温，经过化学修饰的区域就无法再次闭合而形成双螺旋。

在电子显微镜下检查经过如此处理的DNA分子。图13显示的是
由此获得的一张图片。在拍摄了许多在不同温度下打开的分子照片后，
研究人员构建了最终结果图（见图14）。图中水平轴所标绘的是沿着
DNA链的碱基对。这一给定碱基对的开合概率标绘在竖直轴上。温度
沿着第三根轴进行标绘。与吸热对于温度（左上轴）依赖关系的曲线进
行比较，结果揭示了每个峰实际上都与一个确定的DNA区域的解链相
匹配。该图使我们大致了解了在解链范围内每个温度下的DNA分子形
状。例如，我们注意到在72℃时，分子的两端以及与左端隔开分子总

长度80%的那个区域都必定会解链。这相当符合图13中的状况。请注意，与现在这种情况不同，DNA解链并不总是从末端开始的。这个特例出现这样的情况只是因为这种特定分子（ColE1 DNA）的两端都富含A·T对。

可以看出，研究DNA解链要比研究冰融化更加令人着迷。DNA解链呈现的不是一个宽度不可测量的峰，而是会出现许多峰，它们的位置和宽度是由DNA中的核苷酸序列决定的。每一个DNA都有一幅完全属于自己的解链曲线图形，这条曲线取决于它携带的遗传信息。

不过，DNA解链远不只是一种独特的物理现象。这是一个在细胞中不断起作用的过程。请读者自己判断一下：在DNA复制和转录这两个过程中，互补链都必须分开，从而使这两条链（在复制的情况下）或其中一条链（在转录的情况下）可以充当DNA或RNA合成的模板。

这些链是如何分开的？是什么担任着解链DNA片段的"加热器"角色？这个角色被分配给专门的蛋白质，其中之一是RNA聚合酶。这种酶牢固地附着在DNA上，不是以随机的方式，而是附着于一个明确的核苷酸序列——即位于基因之间的启动子。随后RNA聚合酶解链启动子（打开约十个核苷酸）并开始沿着基因移动，沿途打开新的区域并合成mRNA分子。当合成的mRNA分子垂悬至溶液中时，被聚合酶"碾过"后留下的基因部分再次关闭。一个核糖体游到mRNA分子上，开始根据遗传密码的规律合成蛋白质。所有

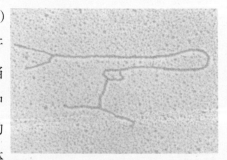

图13 ColE1 DNA的照片（在它的状态被固定在72℃这一温度后电子显微镜照片）。我们可以清楚地看到三处打开的、已解链的片段——两端的两段和中间的一段

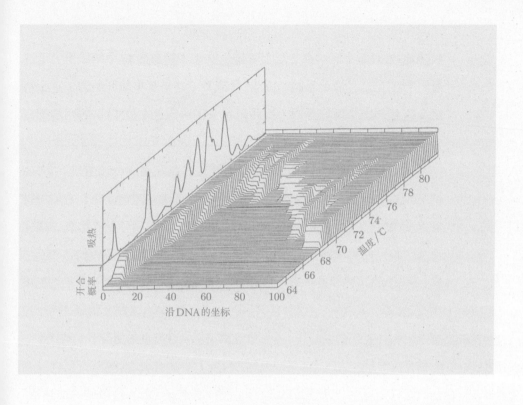

图 14 ColE1 DNA解链过程的全貌。由大量如图13所示的这类电子显微镜照片通过计算机处理而得到

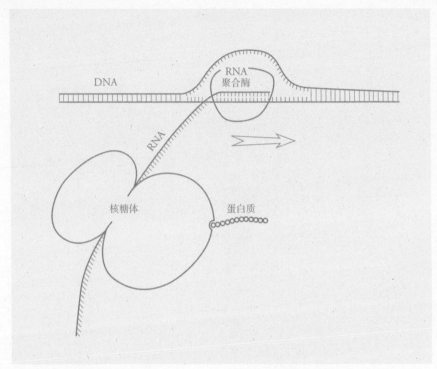

图15 RNA聚合酶沿着DNA爬行，合成mRNA。核糖体按照遗传密码通过合成蛋白质的过程从mRNA复制信息

这些都以简写形式显示在图15中。

DNA链分离和再退火的能力被广泛地应用于生物技术和遗传工程。足智多谋的遗传工程师们发明了一种真正神奇的装置，聚合酶链式反应（PCR）机器，其本质是一种周期性加热和冷却DNA样本的热循环仪。通过这种方式，这架机器进行聚合酶链式反应，从而将单个DNA分子在体外扩增至想要达到的延展程度。你可以真正从单一的DNA分子开始，在经过PCR仪的n个循环之后，你的试管里会有2^n个分子。于是就在试管中完成了一个生命的奇迹，即它的自我复制。

不过我们的叙述已经超前得太多了。在接下去的几章中，特别是在第10章中，我们会谈到很多关于基因工程的出现，及其取得的那些令人叹为观止的成就，以及更为令人赞叹不已的前景。现在，让我们继续讨论那个最重要的分子。

它像一个迷失在树林中的人留下的足迹

为什么在多云的天气里，一个试图在森林里径直向前走的人一定会迷路？为什么他注定会一再回到他出发的地方？关于这一点存在着好几种臆想的说法。有些人认为，我们绕圈子是因为一条腿略短于另一条腿。而根据其他人的说法，是因为走路时一步长一步短。所有这些都是胡说八道。原因全然不是如此。一个人试图径直向前走，但没有远处的参考点来引导他，那么迟早他总是会偏离直线。随着森林越来越密集、越来越毫无变化，对于初始方向的记忆也只会丧失得越来越快。这个人留下的足迹并不是呈现圆周运动的形式，而是呈现出一种无法预测的随机模式。

为了得到这样一条足迹的图像，让我们把一张纸放在桌子上，用铅笔尖把它按住。然后闭上眼睛，并转动纸，用这支铅笔描出一条短线。将这个过程重复六次之后你睁开眼睛，你就会看到一条断裂的线，很可能至少与自身有一次交叉。这会让你大致了解一个人在森林中徘徊的情形，这条线的交叉点表明他回到了他曾经到过的地方。

这个人当然只能是逐渐地偏离他所选定的方向。除非是喝醉了，否则的话他不会曲曲折折地前进。事实上，一个醉汉的行走路线看起来确实像一条之字形的折线。这就是为什么随机游走有时被描述为醉汉的行走。（顺便说一句，即使我们的这位徒步者恰好是滴酒不沾的（这个假设并非没有可能），如果没有遥远的参考点来引导他，那么他在森林中留下的足迹也如出一辙，最终看起来会像一次随机游走。）

现在的问题变成了求相应之字形折线的每一直线段长度。让我们用字母 b 来标注这个长度。对于一个醉汉而言，b 会与一跨步相等。下一段直线几乎肯定会朝着一个不同的方向。这位禁酒主义者无疑会煞费苦心地使 b 的值尽可能大，但如果没有遥远的参考点，那么 b 的值仍然会远小于总移动距离，当然前提是后者足够长。

这种情况不仅仅发生在迷路的人身上。我们知道溶液中的分子也是"到处乱走"的：它们努力在一条直线上移动，但由于与其他分子发生碰撞而偏离了自己的路径。这就是著名的布朗运动。

布朗运动

随机游走理论是爱因斯坦提出的。他在1905年发表的三篇文章决定了物理学在20世纪的发展历程，这是其中一篇的主题（另外两篇论文是关于相对论和光量子的）。根据爱因斯坦的理论，如果一个粒子走过了一段路径 L，那么它偏离初始点的距离就是 $r=\sqrt{Lb}$，这意味着什么？

让我们回来讨论在一个多云的日子里，身处密林的那个人。在这种情况下，b 的值（直线路段的长度）几乎不会超过100英尺（约305米）。他的前进速率很可能可达到大约每小时2英里（约3.2千米）。这意味着在9小时后（即这位步行者筋疲力尽因而无法继续前进时），这个人离开他的出发点只有半英里的距离[3]！毫无意外，在这段时间里他的路径会多次与自己走过的路交叉，徒劳无功地想要走出森林。避免迷路的唯一方法是不惜任何代价设法增大 b 的值。

但这一切与DNA有什么关系呢？相信我，其中的联系是十分直接的。就像树林里的人和溶液中的颗粒一样，DNA分子努力拉直成线状，因为这个状态对应着最小弯曲能。然而，这种自然的驱策力受到了热运动的阻碍。由于受到周围水分子的频繁轰击，因此DNA分子开始像一条蠕虫那样扭动，将其自身卷曲成一个不断变化的聚合物线团。

卷曲

这就是为什么足够长的双螺旋DNA在溶液中多半看起来像是一个线团，而非一根编织针。爱因斯坦的公式$r=\sqrt{Lb}$也描述了这个线团的大小，其中L是分子的长度，b由此DNA分子抗拒热运动的程度决定（即由双螺旋的弯曲刚度决定）。可靠的DNA测量显示$b=100$纳米。

双螺旋的弯曲能力是不小的生物学壮举。事实是，假如DNA分子像编织针一样坚硬，那么它就永远不会挤进一个细胞，更不用说细胞核了。事实上，细胞中含有大量的DNA，在高等生物体中尤其如此，它们主要集中在细胞核中。如果我们假设一个人类细胞中的全部DNA是一个分子，那么它的长度L大约是2米，这相当于核直径的一百万倍以上。那么它是如何设法挤进细胞核中去的呢？

热运动足以使DNA在细胞核中堆积吗？要回答这个问题，让我们先用$L=2$米来估算聚合物线团的直径。假设$b=100$纳米，那么我们很容易看出$r=0.5$毫米。这只会占分子全长的千分之一，但仍比核的直径大1000倍。可见，热运动还不足以将DNA挤进如此小的一个空间中去。

为了克服这个困难，高等生物体的细胞装备有一种强制弯曲双螺旋的特殊机制。就像线轴上的一条线那样，分子缠绕在一组特殊的核蛋白质——组蛋白上。分子绕着一个"线轴"缠两圈，然后再转移到下一个，以此类推。缠绕着DNA的"线轴"被称为**核小体**；高等生物体细胞核中的DNA就像一串核小体项链。这条项链完全没有形成直线，而是被整齐地装进一些被称为染色体的小物体中。正是通过这种巧妙的策

组蛋白

略，细胞才得以难以置信地将直径0.5毫米的聚合物线团成功地挤进一个直径小于1微米的细胞核中去。

1　帕加马（Pergamum）是一座古希腊城市，位于现在的土耳其境内。

2　克隆（clone）是指利用生物技术通过无性生殖得到与原个体有完全相同基因组的后代。

3　1英里 = 5280 英尺，因此根据作者所给的数据可以算出

$$r=\sqrt{Lb}=\sqrt{2 \times 9 \times \frac{100}{5280}}$$

≈0.58 英里 ≈933 米。

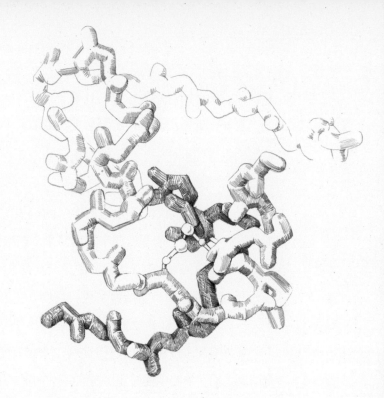

在DNA的标志下

分子生物学危机

通常被称为常识的基础是所谓的奥卡姆剃刀（Occam's razor）原理，根据这一原理，在所有可能的解释之中，最简单的那种就是首选。所有头脑清醒的人都有意无意地接受这条原则：不管是丢了眼镜的祖母、侦破罪案的侦探，还是研究自然现象的科学家。诚然，一个在我们看来最简单的解释，可能并不是正确的。而且尽管我们经常认识到，我们所选择的最简单解释，结果很可能被证明是错误的，但我们就是别无选择——最简单的解释优先于其余解释，这是因为它是最容易反驳的，从而需要首先加以检验。

我们可以断言，对世界的科学描述是一组（对于当前知识水平而言）最简单的解释。然而，这些解释在多大程度上是正确的，这是一个超出今天科学范围的问题。事实上，最能激发科学的，正是认识到我们现有知识的不完善。然而，要向前迈进一步，仅凭这种认识是不够的：

我们还必须证明，一个在我们看来非常自然的旧观念其实是不正确的或不完整的。真正的科学所具有的不朽魅力和永恒青春，恰恰在于科学所提供的世界图景处于一种不断变化的状态。对于像分子生物学这样的一门年轻科学来说，情况尤其如此。

20世纪50年代，即分子生物学的诞生之初，DNA分子在细胞中如何发挥功能这个问题看起来轻而易举。归根结底，有什么需要解释的呢？好吧，首先是DNA如何复制，其次是RNA如何在DNA的基础上进行合成。或者用科学语言来说，这两个主要过程——DNA复制和转录——在细胞中是如何发生的？

DNA聚合酶

如果有两个过程，那么它们必定需要两种酶：DNA聚合酶和RNA聚合酶。人们在细胞中搜寻并找到了这些蛋白质。所以一切还算顺利。而真实情况是，许多年后人们发现，已找到的DNA聚合酶（它被命名为科恩

载体

伯格（Kornberg）DNA聚合酶或DNA聚合酶I）并不是复制的主要载体。事实证明，DNA聚合酶I在细胞中的作用是修复DNA中在复制和修复期间形成的缺口，而负责DNA复制过程的则是另一些完全不同的酶。

幸运的是，RNA聚合酶没有发生这样的混淆情况。最终证明它确实是负责细胞内转录的酶。然而，这种酶的发现还不足以为RNA合成中所牵涉的所有问题提供答案。事实是，每当复制一个RNA时，它并不是由整个DNA复制而来的，而是由其一小段复制所得，这一小段中包含一个或几个基因。那么其他基因会发生什么呢？假如它们保持不露形迹，那又是为什么呢？是否有可能是因为职责为"读取"各自基因的RNA聚合酶有很多个，而不是一个？也许还可能存在着阻止RNA聚合酶到达并读取这些沉默基因的其他蛋白质（让我们将它们称为**阻遏物**）。我们应该接受这两种解释中的哪一种呢？

我们不要白费脑筋了。在对于生命本质的研究中，两种甚至更多解释共存并适用于不同情况是很常见的。这就是在转录调节问题上所发生的事情——结果证明这两种假设都同样有效。

在大肠杆菌中发现了一种阻遏蛋白，它很牢固地附着在 DNA 上某一特定基因的最开始处，位于启动子与起始密码子之间，于是阻止了 RNA 聚合酶转录该基因。这是法国科学家 F. 雅各布（F. Jacob）和 J. 莫诺（J. Monod）提出的一种可能的具体解释。

接下来是第二种解释。当大肠杆菌被噬菌体感染时，噬菌体 DNA 的一些基因首先被"宿主"RNA 聚合酶转录。然后，一个完全不同的噬菌体 RNA 聚合酶登场并开始阅读噬菌体 DNA 其余的所谓晚期基因。因此，在受感染的细胞中发生了"权力"转手——入侵者噬菌体的 DNA 从合法统治者大肠杆菌的 DNA 那里夺取了权力。苏联科学家罗曼·凯森（Roman Khesin）和他的同事们在 20 世纪 50 年代末首先发现了 RNA 合成从早期基因切换到晚期基因的事实。DNA 到 RNA 的转录，以及与之密切相关的蛋白质在 RNA 指挥下在核糖体上合成的问题，是 20 世纪 50 年代和 60 年代分子生物学的核心问题。当时，人们认为复制的过程是一清二楚的。关于 DNA，其他还有什么需要弄明白的呢？

核糖体

因此，在 20 世纪 60 年代接近尾声时，分子生物学家开始声称，既然 DNA 已经处理已毕——应当承认蛋白质合成的情况也是如此（当时遗传密码已被破译）——那么是切换到一些新问题的时候了，比如说大脑高级神经活动的问题。顺便说一下，有些人正是这样做的。接着，借助事后观察，人们得以对这段时间做出重新评估。得到的结论是：当时旧的思想和方法早已失去了存在的理由，而新的却尚未出现。不过对于许多人来说，似乎没有任何问题需要研究了。那些最为简洁的答案已被提升到了绝对真理的高度。顺便说一句，所有这些都到很久以后才逐渐清晰起来（不过是事后诸葛亮），而在那个时期却没有人能猜想得到，20世纪70年代、80年代甚至90年代会在DNA的标志下度过，而21世纪的前十年更是如此。

应该记得，当时被认为无懈可击的分子生物学基本原理可以简要概括如下。地球上一切生物体合成蛋白质的关键细胞构件都具有完全相同的结构。其结构是这样的：遗传信息以核苷酸序列的形式存储在线性DNA分子中。DNA可以分为一些连续的片段（基因），每个片段都编码一个蛋白质的氨基酸序列。基因被那些吸引RNA聚合酶和阻遏蛋白的控制区域分隔开来。它们不能重叠，也不能被其他一些序列打断。从基因的"起始"位点转录一个RNA副本，然后根据通用遗传密码将其用于在核糖体上合成蛋白质。因此，细胞中存在严格的单向信息流：DNA→RNA→蛋白质。

这种方案，或者更确切地说是分子生物学的中心法则，其各条原理在不同的对象上得到了证明，但著名的大肠杆菌当然是主要"测试场所"。然而，这种方案是如此简单和自然，并且似乎对所有遗传数据都给出了很好的解释，因此在所有人心目中对其普遍适用于所有生物这一点都没有产生过丝毫疑问。当然，人们预期在对高等生物体的研究中会产生一些差异。因此，当时假设对于高等生物体，DNA的较大部分将由"管理装置"构成（即基因的控制区域会比细菌中的控制区域要长得多）。

理性的读者会明智地得出结论："结局好就一切都好。科学家们已经做得很好了，他们通过共同努力澄清了所有的主要问题——从DNA分子的结构一直到它在细胞中如何运作。现在是他们为了努力解决应用问题而再次携手的时候了。如若无法在其预想的改变中取得巨大的成功，就无法在深刻理解生命过程方面取得长足的进步。"

更真实的话始终没有说。麻烦在于，虽然从原则上讲一切似乎都很清楚，但是眼前这些积累的知识还未见到任何实际应用。对基因移植和基因工程的猜想自然并不缺乏。然而事情并未在此基础上更进一步。由于缺乏必要的技术来将 DNA 切割成碎片，再将这些碎片进行调整，并重新拼接在一起以适应实验者的设计，因此无法进行一些实用性的尝试。没有这些技术，任何关于基因工程的话题都将是纯粹的玛尼洛夫主义（意思是"自以为是、无所事事以及徒劳的白日梦"；这个词来自果戈理（Gogol）的《死魂灵》（*Dead Souls*）中的一个名叫玛尼洛夫（Manilov）的角色）。

基因工程

把 DNA 分子分割成碎片其实是很容易的。事实上，要避免这种情况反而要困难得多，尤其是在它特别长的时候。然而，偶然的断裂并不是一个实验物理学家所追求的。必须要学会精准地在同一分子的选定位点诱导断裂，其精准度不超过一个核苷酸的大小。但要做到这一点，就得有一把能够切割分子的手术刀，其精度高达十亿分之一米！这就像是试图用这一不可思议的高精度来切一根香肠，从而使全世界的每一位居民都能分到一片。因此，精确地分割 DNA 分子看似是一项无望的任务。

物理学家和化学家开始彻底调查他们的武器库，试图解决这个问题。有一个建议是："如果我们用一束激光射击它会怎样？"另一个建议是："我们是否可以将它解链，但只是轻微解链，然后应用一种仅裂解 DNA 单链的酶？因为事实上所有具有相同序列的分子都应该在同一个地方解链。"这个想法看起来似乎很合理，因此他们就开始动手了。结果证明虽然 DNA 可以用这种方式切割，但是不同的分子常常具有不同的长度，尽管差异不大。这种差异相当于几十个核苷酸的长度，因此所设计的方法无法解决这个问题，从而不足以满足基因工程的严格要求。

由此看来，基因工程黄金时代的到来似乎被无限期推迟了。而且这不仅仅是基因工程的问题。将DNA切割成碎片的问题阻碍了另一个问题的解决——确定核苷酸序列的问题。尽管关于启动子和其他调控区域、基因等的夸夸其谈不少，但事实上这些DNA片段无一完成测序。因此，遗传密码仍然只不过相当于挂在实验室墙上的一幅吸引眼球的诱人画作。这种密码是将DNA的核苷酸语言文本翻译成蛋白质的氨基酸语言的词典。但无法获得的正是DNA文本！

测序

像蛋白质这样相对较短的聚合物已经完成测序，但DNA的序列仍然难以确定，这首先是因为它的长度。如果能将它分成由100个或200个核苷酸构成的较短片段，那么就有可能以某种方式读取其中的序列。但是你怎么能用一种明确的方式来将一条长链分割成小段呢？又陷入同一个怪圈！我们还是必须达到单核苷酸这样异乎寻常的高精度！我们可以由此看出，分子生物学被困在一条死胡同里了。

20世纪60年代末和70年代初，世界上只有少数的怪人认为结束对DNA的基础研究还为时过早，认为当前的种种概念尽管表面上是富有逻辑且完整的，但其实并非问题的核心内容，并认为自然是无比复杂和迷人的。没有人听他们的话，也没有人认真对待他们。那些充耳不闻的人反对说："看在老天的份上，你们究竟还想看到为这座已经几乎完美的大厦添加什么别的东西？当然，有些无足轻重的细节还没有得到澄清，但原则上不会再增加什么新内容。好吧，那么如果你坚持要浪费你的时间，你可以继续忙于这些琐事。然而，我们应该把时间花在设法找到更重要的事情上面。至于DNA的剖析，这当然是一个有价值但显然不可能完成的任务。拿头去撞墙也没有用。"

突破

在这种背景下发生了一件事，它迅速改变了当时的主流思想。这一标志着分子生物学新纪元到来的事件是 1970 年发现了逆转录酶——这是一种由 RNA 合成 DNA 的酶（有点像是一种逆向转录）。由于以前在没有这种酶的情况下一切似乎都恰到好处，因此人们倾向于否定它的实际存在。然而，后来的事实证明它是真实存在的。

逆转录酶

细胞中是否可能发生信息逆向流动（即从 RNA 到 DNA）？这个发现引起了相当大的轰动，由此激发了下述一些话题：分子生物学基石的崩塌、在蛋白质基础上合成 RNA 的可能性、后天特征的遗传以及天晓得其他什么乱七八糟的。此外，由于在能诱发动物癌症的病毒中发现了逆转录酶，因此从逆转录的发现看来，我们距离解决癌症问题只有一步之遥了。

然而多年过去了，喧嚣声渐渐平息；逆转录酶在其他酶中占据着自己适当的位置。不，细胞内不存在信息的反向流动。只是有些病毒（包括艾滋病的诱导病毒 HIV）的遗传物质是 RNA，而不是 DNA。这些病毒带有逆转录酶，从而在穿透细胞后有可能在细胞内合成病毒 DNA。

艾滋病

HIV

事实证明逆转录酶确实必不可少的领域是基因工程。正是在这种酶的帮助下，科学家们得以凭借从人类细胞中分离出来的 RNA 得到了 DNA，目的是为了将该 DNA 插入一个细菌细胞或酵母细胞，并刺激它产生比如说干扰素或医学上需要的其他蛋白质。但是这一点我们将在下文中详细说明。

干扰素

虽然逆转录酶的发现很重要，但它带来的心理冲击却更为重要，因为这一发现表明分子生物学的法则并不像大多数人原以为的那样不可违反。很快就开始出现了新的情况。在20世纪70年代，人们发现了对DNA起作用的一些全新类型的酶，而之前甚至没人怀疑过它们的存在。这些酶为生物学家们干扰遗传过程带来了前所未有的可能性，因为它们为一些新技术提供了基础。正是由于这些新技术的缺乏，才使分子生物学的发展被拖延至20世纪60年代末。现在，随着关于病毒和高等生物体（细菌是唯一的幸存者）基因结构的那些看似不可动摇的观念崩塌，我们已经向前迈出了一大步。基因工程——分子生物学的一个应用分支——应运而生。

对遗传学新革命做出最大贡献的酶被称为**限制性内切酶**。与逆转录酶的情况一样，在20世纪60年代末已经建成的逻辑上完整的分子生物学体系大厦之中，找不到这些新发现的酶的容身之地。的确，在其犄角旮旯DNA甲基化作用这个模糊的问题还是隐约可见的。这种修改主要是给核苷酸添加了一个甲基（CH_3）。但当时没有人说所有的收尾工作均已到位，碎石瓦砾也已移除。只是没有人愿意去做探究其余琐碎细节那样费力不讨好的事情。而且即使找到了这样的人，又有谁愿意去资助一个只能打发无聊的项目呢？事实是，为了能够进行一项科学研究，你就应该事先说明你打算发现什么以及什么时候发现。已故的霍华德·特明（Howard Temin）在威斯康星大学麦迪逊分校发现了逆转录酶，并最终由于这一发现而获得了诺贝尔奖（与麻省理工学院的戴维·巴尔的摩（David Baltimore）分享）。据说他在完成对该酶的长期探索之前遭遇了许多麻烦。他勉强获得了一段"宽限期"。但是如果当时他的工作被耽搁了，结果会如何？

我们假设有人承诺在比如说三年五载内阐明甲基化在DNA中的作

用。这样的一项研究显然无法承诺会取得什么重大的基础发现，但是为了获得必要的财政支持，就必须至少在比如说农业或医药领域中产生一些最终的附带收益。但这荒谬至极，因为从噬菌体DNA甲基化的研究中我们能指望获得什么实际的应用呢？

不过令人高兴的是，科学家的好奇心是永不止息的。虽然甲基化问题居于次要位置，但仍然提供了足够发人深思的东西。人们发现，DNA中的某些核苷酸在复制完成后发生了化学修饰。

有意思的事情是，DNA中只有极少量被甲基化的基团——千分之一。这意味着负责这一过程的酶——甲基化酶——必定能识别出某些特定的核苷酸序列。另一个有趣的事实是，如果甲基化酶已经（通过突变）失效了，那么细菌中成熟的噬菌体将变成非传染性的。这种噬菌体会附着在细菌壁上，但它注入细菌的DNA会在细胞中发生类似"溶解"的过程。

甲基化酶

这是什么原因呢？结果发现，细菌使用甲基化酶来"标记"已在其中成熟的细菌噬菌体的DNA——正如一个牧羊人标记他的羊那样。不过，与牧羊人的不同之处在于，细菌这样做对其自身是有损伤的。事实上，一个"标记过的"噬菌体绝不是一只温顺的羊。一旦进入细胞，它就会转变成致命的杀手。我们还不太清楚是什么使得细菌参与标记。然而，假如没有标记的话，噬菌体必定会经历一段艰难的时期。就像一位几乎不会允许带有错误标记的羊或根本没有标记的羊留在他的羊群里的牧羊人那样，细菌也会立即消灭"不速之客"。细菌利用某些像甲基化酶那样能识别相同序列的酶来作为其"摧毁武器"。如果结果发现这个序列是非甲基化的，细胞酶接下去就会将这个DNA分子撕成碎片，从而致使其失去生物活性。

正是探索细菌如何消灭入侵病毒这一问题的答案，才导致了限制性内切酶的发现。限制性内切酶是大自然本身似乎有意为基因工程准备的一种工具。由于不同的细菌具有不同的方法来标记其自身DNA，因此识别出最多样的核苷酸序列的酶被分离了出来。这些酶的分离使我们有可能将DNA切割成所需的片段，然后再以适合实验者设计的方式将它们拼接起来。这样得到的就是一些由不同的生物体中分离出来的DNA片段构成的嵌合（也称为重组或杂合）分子。将这些片段结合在一起的是DNA连接酶，这是一种非特异性酶，能够复原链中的断裂。随着限制酶的发现，基因工程和生物技术的新时代开始了。

连接酶

人类的古老梦想

在公元前10000年到公元前5000年之间的这段时间里，人类开始了最早的家畜饲养和农作物种植。这也许是人类历史上最重要的时期，并决定了文明的进一步发展。正是家畜和农作物使人们不必再每日搜寻食物，并导致人们过渡到定居的生活方式，随之而来的还有所有社会、经济和文化方面的影响。

几乎没有任何信息告诉我们，贯穿这么多世纪的选择过程是如何运作的。我们可以假设，选择的专门知识是在不断改进并代代相传的。我们只知道，即使是今天，在我们这个繁忙的时代，假如一个人要开发新品种的话，那么他/她的工作仍需要极大的耐心和顽强的毅力。经过几十年日复一日的艰苦工作后，他/她一般而言会有所获，但通常已是垂暮之年。许多人都没能活到他们的努力开始结出果实的那天！

到人类开始干涉生命的本质时，它已经走过了一条漫长的进化之路，生命之树的各个分支早已向着不同的方向分开，在看似彼此完全独立的状态下发展起来。大自然务必保证这些不同分支（物种）没有相互交织在一起：不同物种之间的杂交要么不可能，要么无法生育出具有繁殖能力的后代。因此，你不能将猫和狗进行杂交，而骡子——驴和马杂交的后代——虽然是一种生物，但无法繁殖。

物种

这种"禁忌"对选择过程造成了严重的制约。本质上，植物和家畜育种者被迫在重组相同基因时只能稍作修改。想象你走进一家商店去买一副扑克牌，结果发现店里出售的每副牌中的所有牌都一样（一副全部由黑桃 7 组成，另一副全部由梅花 Q 组成，以此类推）。因此每副牌中的差异只能归结为其中有些牌相对其他的印刷更清晰，有些牌上有轻微的污渍，等等。最重要的是，每副牌的背面都有各自的花纹，所以你不能将两副不同的牌混合起来。这就类似于本质上必须重组相同基因的那些育种者们的处境。因此，对于他们在如此严格的限制下能够取得的显著成果，我们只能感到钦佩。

如果物种之间不存在这些屏障，育种者们的创造性工作会自由得多！无数的业余育种工作者进行了许多尝试来克服这些屏障，从而创造出引人注目的新型杂交品种。有一种这样的杂交植物，它下面长的是马铃薯块茎、顶端长的是西红柿，而这种植物只存在于狂热爱好者们的炽烈想象之中。这些诱人的项目一度在斯大林领导下的苏联非常流行。甚至有报道称已经培育出一种卷心菜和小红萝卜的杂交品种。关于它的一切都很好，它包含一组染色体，并具有繁殖能力。唯一的问题在于，这种植物的根像卷心菜、顶端像小红萝卜。这个事例为讽刺和幽默作家们提供了多年的素材。

因此，基因重组对于人类而言，就相当于想将某些物质转变成其他物质（炼金术士们的哲人之石[1]），同样如同"帽子里的蜜蜂"一般萦绕不去。童话和神话中充满了人类变成动物又变回原形的故事，还有些地方挤满了像半人马、半人半羊的农牧神，生有双翼的飞马、美人鱼、人首鸟身的海妖塞壬（siren）之类的混合生物，这并不是巧合。

今日科学的真正魔力在于，它越来越有能力使古老的童话和神话成为现实。核物理学使我们有可能将某些化学元素转化为另一些化学元素。分子生物学克服了物种间杂交的禁忌。现在我们实质上已经拥有了产生能源的无限可能性，并且具有讽刺意味的是，还拥有了摧毁地球上所有生命的可怕潜力，这是由于我们已获得了在核反应堆和炸弹中将一些元素转化为另一些元素的能力。相比之下，炼金术士的黄金梦就令我们觉得过时和幼稚了。同样，与基因工程——正在我们眼前发展起来的一种新技术——为人类所提供的锐器相比，半人马和美人鱼在我们看来也不在话下了。这使我们有可能对那些在进化过程中彼此无限远离的生物体进行基因重组（比如说人和细菌）。

从逻辑上讲，基因工程是从整个DNA科学发展而来的。不过，限制酶的发现证明是直接开启基因重组的突破口。限制酶能识别出短的核苷酸序列，并紧接着在该位置切割DNA分子。这样的序列在任何DNA中都可能会遇到。这就是为什么假如我们用相同的限制酶同时处理比如说苍蝇和大象的DNA，那么结果很可能引发苍蝇和大象基因的意外重组。为了获得这些杂合的、嵌合的或者也被称为重组的分子，我们只需要添加连接DNA片段的DNA连接酶。

嵌合DNA　　然而，创造出一个体外的嵌合DNA分子是一回事，而要使其具有生物活性，并能在活细胞中繁殖，此外还要改变其遗传特性，这又是另一回事了。基因工程的首要问题就在这里。我们必须立即强调的是，这个问题还远没有找到其最终解决方案。不仅如此，基因工程的进展还由于一些全新的难题而备受困扰，而在这项工作开始之初，甚至没有人曾怀疑过会出现这些问题。不过，自然界不仅为基因工程师们准备了这些困难，还准备了一份非同寻常的礼物，那就是被称为质粒的这一非常特殊的生物体。基因工程迄今为止所取得的大部分成就都与质粒有关。

质粒

当约书亚·莱德博格（Joshua Lederberg）在 20 世纪 50 年代初发现质粒时，似乎没有什么迹象表明它们注定会有一个了不起的未来。一般而言，莱德伯格偶然发现的只是除了通常不改变细胞的主要 DNA 之外，大肠杆菌碰巧还包含着细菌细胞似乎非常愿意交换的其他小 DNA 分子（他将它们称为质粒）。在细菌中发现质粒最初并没有引起任何特别的兴趣，因为高等生物体除了它们的主要核 DNA 之外，其细胞质中也有比较小的 DNA（在线粒体内部）。

细胞质

线粒体

具有讽刺意味的是，最先发现质粒重要性的是医生，而不是分子生物学家。1959 年，日本的医生们发现，使用抗生素治疗痢疾对于一些患者无效是因为患者感染的细菌携带着一种质粒，而这种质粒含有好几种对不同抗生素具有抗药性的基因。人们发现，对于抗生素具有抗药性的基因（这些基因在过去几十年中令许多试图控制细菌感染的努力连连受挫）几乎总是由质粒所携带的。由于携带这种基因的质粒能够在细菌

抗生素

间自由移动，因此一旦某种抗生素开始广泛应用，这些质粒就立即在细菌之间迅速传播。葡萄球菌感染如今是外科临床学上的一个名副其实的祸害，它那恶魔般的抗药性也是由质粒造成的。

如此的恶名使质粒成了医生和分子生物学家们都密切关注的对象。对质粒仔细研究后得出的结论是，这些质粒是一种完全特殊类型的独立生物体。以前，人们认为生物界最简单的对象是病毒。病毒通常由封装在蛋白质外壳中的核酸（通常是DNA，有时是RNA）构成。在细胞外，病毒只是复杂分子之间的联系。因此，一个孤立的病毒颗粒更像是一个无生命的物体，而不是一个活的生物（顺便提一下，早在第二次世界大战之前就已从病毒中长出晶体，从而明显地证明了这一点）。然而，病毒侵入细胞后就会"活"起来，成为狡猾且非常危险的捕食者。它开始积极干扰细胞的功能。病毒通过重新分配细胞资源来满足其自身的需要，从而最终摧毁细胞，并在此过程中繁殖百倍。我们会想，还有比这更完美同时又更简单的吗？

在细胞的外面，质粒只不过是一个DNA分子。而在细胞的里面，它就会很"智能"地存在着，在繁殖过程中利用细胞的一部分资源，但是又小心翼翼地管束着它自己的贪婪以保持细胞存活。从这方面来说，质粒的行为比病毒更明智，因为病毒导致细胞死亡，因此是在给自己帮倒忙。而另一方面，质粒则是伴随着宿主细胞繁殖的。如果我们可以将病毒比作贪得无厌的捕食者，那么质粒更像是家养动物，尤其像宠物狗。

正如一个人可能拥有一条或几条狗，有时也可能一条都没有，一个细菌也可能有一个或多个质粒，或者一个都没有。在有利的外部环境中，所有这些细胞都大致相等，但拥有质粒则会增加一些负担。它们就

核酸

像狗一样必须得到喂食。如果条件突然发生变化，把细胞放入敌对环境中，比如说一个有青霉素的环境，那么质粒就会像忠实的狗那样扑向敌人。青霉素酶是由质粒产生的酶，它会通过破坏青霉素来确保细胞存活。这就是为什么质粒和细菌细胞的共存是一个基于互利（按照生物学家的术语叫做共生）的联盟。

青霉素

青霉素酶

共生

　　主人可以把他的一条狗交给一位朋友。同样，细菌之间也可以互换质粒。质粒有"滥交"的倾向，这对医生来说是一件很麻烦的事。事实证明这对于遗传工程师而言却大有裨益。从细菌中提取质粒，在其中插入外源DNA，然后将由此得到的杂交质粒与细菌细胞混合，这个过程至少使部分杂交后代有机会成功地在细菌中繁殖。换句话说，由于质粒的结构极其简单，因此事实证明它们很好地接受插入其中的外源基因。更复杂的生物体对于这种手术式介入的反应要痛苦得多，即使病毒也是如此。

　　限制性内切酶用于从任何生物中获得含有DNA片段的杂合质粒。然后将杂合质粒与宿主细菌一起繁殖，这样就可以将插入的外来DNA片段复制许多倍。这个过程叫做**克隆**（*cloning*）。在质粒的帮助下，分子生物学家们得以克隆任何DNA片段。这项技术为他们提供了独一无二的机会，不仅可以操纵细菌和病毒的基因，而且可以操纵高等生物的基因。这为一些全新的、非凡的发现铺平了道路，这些发现将成为下面几章的主题。不过，基因工程的主要目标是学会在一个物种的细胞中获得另一个物种的基因的最终产物（即蛋白质）。

微生物产生我们所需的化合物

我们可以向质粒中植入从任何供体中提取的一个DNA片段——比如说一个人类基因，这个质粒一旦进入细菌体内，就开始产生与人类基因相对应的蛋白质。这是遗传工程师们学会的一个花招，要以杂耍者般的灵敏来完成，其中要用到现有的几种技术中的一种。

第一种技术流行于20世纪70年代中期基因工程发端之时，当时受体 质粒主要用作大肠杆菌或其他细菌基因的受体。这项技术相当简单。DNA被随机分解为碎片，其基因之一被导入一个质粒。在这一过程中甚至不需要使用限制性内切酶。然后将随机片段化的DNA与通过限制性内切酶切割的质粒混合，并加入DNA连接酶。不同的质粒分子捕获不同的DNA碎片，从而产生大量不同的质粒。这种混合物被引入细菌细胞。

这种方法的主要问题在于选择携带具有所需基因的质粒的合适菌株。假如这样的选择有一个恰当的标准，那么该技术就可以产生很好的结果。然而，尽管这种方法给实验者们提供了一些宝贵的、生产特定细菌蛋白的菌株，但也为它赢得了"霰弹枪"技术的名声。事实上，它令人想起闭着一只眼睛射击霰弹枪。这种早期的基因工程技术为偶然性事件分配了一个非常重要的角色——随机碎片化、随机插入。企图用这种技术来获取生产高等生物体蛋白菌株的尝试遭遇了惨败。

这就是为什么最近采用的两种特殊技术产生了一些引起媒体高度关注的结果。其中的第一种方法是从细胞中提取出与一种特定蛋白质相对应的mRNA。通过逆转录酶的介导，从mRNA转录出一种被称为cDNA的DNA副本（即所需的基因）。然后利用一些化学技术将所需的控制区域（起始密码子和终止密码子）缝合到该基因上，并将由此得到的基因插入一个质粒的确定位点。在这个过程中使用的是为基因工程的特定目的而设计的一个质粒。这种质粒具有确保其存在于细菌细胞中的一切所需条件，还包含一个完整的启动子区。RNA聚合酶可以在启动子后的转录区域立即开始转录任何基因。这就是所需基因插入的位点。

还有另一种技术，即基于DNA核苷酸序列（它被认为与某种特定的蛋白质相对应）的、直接化学合成基因的技术。考虑到密码简并性，可能会有许多不同的序列，以供实验者自由选择。合成的基因与控制区域缝合在一起，插入到质粒中。

携带人工基因的质粒被加入细菌或其他微生物中，经常使用的是酵母。具有必要质粒的细菌是通过以下过程选出来的。将所需的基因与对一种抗生素具有抗药性的基因，甚至是对几种抗生素具有抗药性的全部基因同时插入到质粒中。细胞在含有此类抗生素的培养基中生长。这种技术确保了选出所需的细菌，并使它们能够保留住人工构建的质粒。还存在着一些技术，它们能使每个细胞不是存储一两个而是数千个质粒副本。这些技术使整合基因编码的蛋白质产量十分惊人。据报道，在有些情况下，蛋白质的质量几乎达到细胞蛋白质的一半。

一项使细菌细胞大量产生任何蛋白质的技术的发展标志着科学技术革命的新阶段——生物技术时代。然而最重要的是，这项新技术彻底改变了分子生物学研究本身。通常，细胞产生少量的特定蛋白质，有时每个细胞只产生一个或两个分子。其结果是，产生某项特定研究所需要的蛋白质成了一项艰巨而昂贵的任务。为了获得几毫克蛋白质，人们必须对几十千克甚至几吨的生物量进行加工。即使如此小的量，也无法保证此时得到的蛋白质达到必要的纯度。因此，许多蛋白制品的成本过高，

密码简并

而且纯度不达标。

基因工程使情况发生了根本变化。目前存在的一些基因工程菌株——许多符合高纯度标准的蛋白质的超级制造者——是以前连做梦都想不到的。分子生物学供应商大大扩展了酶和其他蛋白制品的生产品种，并降低了这些产品的价格。分子生物学由此获得了新的强大动力，从而导致科学研究步伐产生了前所未闻的加速。

最后，基因工程技术为分子生物学的一个新的应用分支——合成生物学——铺平了道路。这些研究开始将从不同物种借来的编码不同酶的整个基因簇插入到微生物的基因组中。选择酶的方式应使其能够对引入微生物的培养基的初始化合物进行一系列转化。这种方法使我们有可能大量合成非常复杂的化合物。

这方面的最重要工作或许是由伯克利的杰伊·基斯林（Jay Keasling）完成的。他的小组研发了一种转基因酵母菌株，这种菌株是非常有效的抗疟疾药物青蒿素的超级生产者。从植物青蒿中提取的这种药物被中医用于治疗疟疾已有数千年的历史了。中国的女研究员、2015年诺贝尔生理学或医学奖得主屠呦呦，在20世纪70年代从这种提取物中提纯了药理活性化合物青蒿素。然而在此之前，尤其是在青蒿歉收的几年里，经常会出现严重的药物短缺。从2013年开始，青蒿素的供应问题已经得到解决：目前实现青蒿素工业规模生产的是意大利的一家工厂，使用的就是由基斯林开发的那种酵母菌株。

基因组

1　哲人之石（Philosopher's stone）是传说能将一般金属变成黄金或制造长生不老灵药、医治百病的神奇物质。

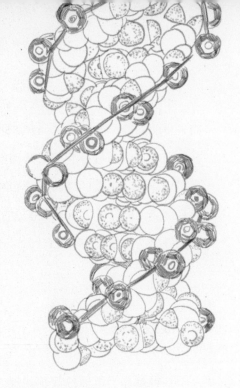

DNA 文本

关于危机的更多内容

20世纪60年代后期，分子生物学中已显现出一种自相矛盾的状况。识别蛋白质中氨基酸序列的技术当时已经发展得很好了（第一个被测序的是蛋白质胰岛素，是弗雷德里克·桑格（Frederick Sanger）在20世纪50年代初进行的）。一些更新的文本也在被添加到蛋白质序列数据库中。遗传密码（将DNA文本翻译成蛋白质语言的词典）已经破译。然而具有讽刺意味的是，生物学家未能阅读单个DNA文本！

胰岛素

当然，人们可以通过所谓的反向阅读来读取一个文本的各部分，这要依靠蛋白质序列作为起点。但是这种重建却由于密码的简并性而会造成歧义。更重要的是，人们仍然无法知道基因之间的区段是什么。而令分子生物学家们感兴趣的正是这些基因间的DNA片段，因为它们必须要为RNA聚合酶、阻遏蛋白以及其他对DNA起作用的蛋白质携带基因表达调控信号。

基因表达

事实上，由于缺少DNA测序方法，无法解决分子生物学中所有悬而未决的问题。如前所述，事实证明限制酶正是那根使分子生物学脱离其停滞状态的魔杖。它们为基因重组和确定DNA中的核苷酸序列都带来了可能性。主要的绊脚石是DNA分子具有惊人的长度。限制酶使我们有可能将长分子切割成足够短的片段。现在尚待解决的只有两个问题：学会分离这些片段并确定它们各自的序列。

凝胶电泳

电泳　　　　一种被称为电泳的简单物理方法拯救了生物学家。DNA分子带负电荷，其电量与链的长度成正比。这是因为脱氧核糖核酸就像任何酸一样，离解成一个带负电的基团和一个氢离子。不过与通常的酸相反，这种情况发生在DNA聚合链的每个单体单元中。如图9左侧所示，氢在磷酸基团中离解。DNA的磷酸基团中没有第二个氢，因为它在聚合物链的组合过程中与核苷酸分离。在此过程中，相邻的核苷酸失去了糖的OH基团（见图9中的化学式底部）。因此，核苷酸与DNA聚合链末端结合就导致了一个水分子被消除。

当然，DNA磷酸基团的每个负电荷都与一个正离子电荷彼此结合。这通常是一个钠离子而不是氢离子，因为尽管DNA被称为一种酸，但它实际上总是一种盐。因此，DNA这个著名的缩写中的字母A表示**酸**，这是一个极其严重的用词不当。（例如，没有人会把普通的盐（NaCl）称为盐酸（HCl）！）然而，DNA这个名字却沿用下来了。

大多数正离子不是停留在DNA上，而是单独漂浮在溶液中，在

DNA分子周围形成一团相当松散的云状物。因此，如果将DNA溶液放入电容器中，DNA负离子就会漂向电源正极。分子越长，电荷越大，作用力就越大——介质阻力的相应增加也就越大。如果阻力与动力以不同的速率随着长度而增大，那么速度取决于长度。

因此，将由不同长度DNA片段构成的混合物放置在电场中，并在一段时间后关闭该电场，就会发现这种混合物已分解成若干条带，每一条带都有着长度严格一致的分子。会发生这种现象的原因是，在给定的时间段内，不同长度的片段会在电场中从出发点移动不同的距离，而相同长度的那些片段将移动相同的距离。然而，假如我们真的设法去做这一切，结果也不能实现将分子根据其长度分开，因为在溶液中，静电力和阻力都取决于分子的长度，且方式几乎相同。这就是为何当时盛行的看法是，电泳在分离DNA方面是一种毫无价值的技术。不过，人们找到了一个摆脱这一困境的办法，而这将导致重大的方法学上的突破，从而引起DNA基础研究及其无数应用的爆发式发展。

我们从日常经验中得知，一些物质，比如说明胶和果冻，虽然它们看起来像是液体，却可以维持赋予它们的形状。科学中的类似物质被称为凝胶。什么是凝胶？又是什么决定着它的性质？

凝胶是一种聚合物溶液，其中的聚合物分子急剧地缠结在一起，并且在某些场合中通过化学键相互连接。因此凝胶表现为一整个三维网络，其网格充满了溶剂。这个网络的作用相当于一个框架，为整个结构赋予一种在液体中很不常见的刚性。这种聚合物的骨架材料仅占凝胶的百分之几，因此凝胶主要由溶剂构成。能呈现凝胶状形式是大分子的一个令人惊异的特性。这种特性尚未被全面研究和技术应用。

生物界广泛利用凝胶的这些非凡特性。角膜和填满眼睛内部的玻璃

凝胶

83

状材料都是凝胶。聚合物成分由蛋白质构成，溶剂自然是水。人们长期

胶原

以来一直在食品加工中使用凝胶。明胶和果冻含有胶原——连接组织的
蛋白质——作为聚合物成分。另一种更为常见的蛋白质凝胶是全熟的或
半熟的蛋白。蜜饯果冻也是一种凝胶。

　　使用凝胶作为电泳介质解决了DNA分子的分离问题。像一条被渔网
困住的蛇那样，蠕虫状的DNA分子非常缓慢地爬到阳极，难以通过网格

蠕动

的网孔挤压。这种蛇形运动或**蠕动**导致的结果是，阻力随着DNA长度的
增长比电场力增长得更快，因此不同长度的DNA分子就通过凝胶中的电
泳很好地被分开了。网状聚合物中的聚合物分子蠕动的想法为通过凝胶电
泳分离DNA提供了理论依据。提出这一思想的是杰出法国物理学家P.-J.
德热纳（P.-J. de Gennes），他获得了1991年诺贝尔物理学奖。

　　事实证明凝胶电泳的分辨率非常高，对于长度适中的DNA片段，
即使仅相差一个碱基，也能够被清晰地区分为界限清晰的条带。

如何读取DNA文本

　　因此，我们可以利用限制酶来将DNA切割成大量片段。凝胶电泳
又使我们有可能分离出每个片段。这个过程相当简单：当电场被关闭
时，凝胶被普通刀片切割成片段，每个片段都含有一条或一段长度严格
一致的DNA片段。我们只需要读取每个片段的序列。但是这件事情该
怎么着手去做呢？

　　人们多年来一直在努力解决这个问题。许多想法经过尝试后又被放
弃。例如，有一个建议是给每个特定类型的核苷酸（比如说腺嘌呤）都

绑定一种含有铀原子的化合物，并通过电子显微镜（我们原则上可以在其中看到重原子）来观察这些标记是如何沿着 DNA 单链分布的。然后可以再将这种含有铀原子的化合物与比如说胸腺嘧啶核苷酸绑定。然而，尽管经过了坚持不懈的努力，但这种方法从未奏效过。最后，在 20 世纪 70 年代中期，这个问题通过化学和生物化学方法得到了解决。虽然这两种方法一开始差不多是并驾齐驱的，但最终弗雷德里克·桑格的生化方法完全排挤掉了马克萨姆·吉尔伯特（Maxam Gilbert）的化学方法。（正是这位桑格还发现了如何阅读蛋白质序列。他是有史以来唯一两次获得诺贝尔化学奖的人。）事实证明桑格的方法非常便于进行各种各样的改进，包括纳入机器人。基于这种方法，已经建立起包括人类基因组测序在内的整个机器人基因组测序工厂。桑格的方法的操作方式如下。

两条 DNA 链中的一条按正常方式进行读取。要开始阅读 DNA 文本，你首先需要知道一个短序列，比如说在未知文本前面的 DNA 链 5′端[1]处的一个长度为二十个核苷酸的序列。这种已知序列的片段总是附于 DNA 的末端（我们将在本章的最后一节更详细地讨论这个问题）。合成一种与该已知序列互补的寡核苷酸。这种低聚物被称为**引物**，它的作用是启动根据 DNA 单链模板合成互补 DNA 链的过程。这种合成叫做引物延伸反应。引物被添加到 DNA 中，连同 DNA 聚合酶一起读取。四种脱氧核苷三磷酸（缩写为 dNTP，包括 dATP、dCTP、dGTP 和 dTTP）也加入到混合物中，因为它们担任着按照 DNA 模板来合成 DNA 的聚合反应单体的角色。因此，引物延伸反应从两个引物末端之一开始，只要 DNA 模板可用就一直继续下去。一般而言，引物延伸反应只会导致按照单链模板来合成双链 DNA。

桑格利用这种著名的引物延伸反应研发出了他所谓的双脱氧链终

低聚物

引物

引物延伸反应

止法 DNA 测序。样本分为四部分。在每个部分中加入少量终止引物延伸反应的物质。这些毒物分子与正常的 dNTP 非常相似。它们与正常 dNTP 的不同之处仅在于糖环上的一个原子。正如我们在第 3 章中已经得知的，脱氧核糖核苷与图 6 所示的核糖核苷之间的区别在于糖最右边的 OH 基团中缺失了氧原子。有毒的双脱氧核苷 OH 基团中的两个氧都缺失了。双脱氧核苷三磷酸被命名为 ddNTP。当双脱氧核苷被加入正在延伸的 DNA 链时，该链的进一步增长就终止了，这是因为图 6 中最左边的 OH 基团对于通过 DNA 聚合酶来添加下一个核苷酸是绝对必要的。因此，当在四部分样品的第一部分中加入少量 ddATP 时（请记住 A 与 T 配对），从统计上来说这条生长的链就会终止在模板链上所有胸腺嘧啶所在位置。ddTTP/dATP 的比例越高，链终止的概率也越高。因此，在这种毒物不存在的情况下得到的是清一色的全长链，而在 ddTTP 存在的情况下，除了全长链以外，还会出现终止在模板链所有 T 处的短链。同理，在加入 ddTTP、ddCTP 和 ddGTP 的情况下，链统计上就分别终止于腺嘌呤、鸟嘌呤和胞嘧啶。这里需要注意的是，引物的另一端（与开始延伸反应的那一端相对）带有荧光标记，在激光束照射下会发出明亮的光。因此，在引物延伸反应终止并对 DNA 链进行凝胶电泳分离后，我们将在每一个部分中都有带有荧光标记的、不同长度的 DNA 链的混合物。其结果是，在用激光辐射电泳完的凝胶后，就出现了如图 16 所示的模式。对于一个给定的字母，这些条带的各位置就对应于该核苷酸出现在 DNA 序列中的顺序号。当然，在现代测序仪（这是用于读取 DNA 文本的机器的名字）中，一切都是自动完成的，这种机器会给出由 A、T、G、C 这四个字母构成的最终文本。

虽然桑格在 40 多年前就发明了他的方法，但是这种方法这么多年以来从未受到过挑战。直到最近，人们才开发出一些新的测序方法，能成功地与基于桑格的双脱氧链终止原理的那些技术一较高下。我们将在本章的后面讨论这些最新的发展。

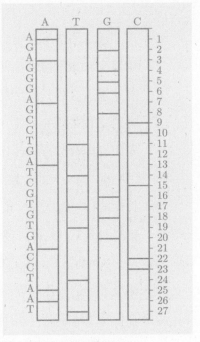

图16 桑格的方法（概要图）

最初的惊喜

正如任何探索过程一样，人们在科学中常常会获得一些他们所寻求的东西以外的发现。每个人都在等待第一个序列，以提供有关基因之间区域结构的可靠证据。关于这个结构存在着许多猜测。然而结果令人失望。事实上并没有发现什么特别之处。人们的期望是，通过对同一RNA聚合酶识别的几个启动子进行测序，就会立即阐明这种识别的机制。可惜的是，并没有发生这样的事情：虽然结果证明这些序列在某些方面相似，但并不清楚这一相似之处位于何处。

然而，最出乎意料的倒是发现了基因本身的一些令人惊奇的事。事实上，密码似乎已经彻底地确立起来了，并且人们已经确切地知道，每个蛋白质都与一个特定的DNA区域（确切地说是一个基因）匹配。事实上，人们恢复了对分子生物学中心法则无懈可击的虔诚信念。发现逆转录酶所造成的冲击到20世纪70年代中期已经烟消云散。第一个DNA，即大肠杆菌病毒的DNA（代号 ϕX174）已经完成测序。然而，此时又出现了惊人的发现：同一个DNA区域编码了两种蛋白质的信息！

87

这真的有可能吗？想象你得到了一本单词之间没有空格的书，而用箭头来指示可以如何划分单词——有些箭头在各行文字的上方，还有些箭头在各行文字的下方。用上方的箭头来将文本分成单词，你就会读出比如说查尔斯·狄更斯（Charles Dickens）的《大卫·科波菲尔》（*David Copperfield*），而用下方的箭头，你就会读出马里奥·普佐（Mario Puzo）的《教父》（*The Godfather*）。你会对我说："这根本是不可能的！"而据我所知，这么长的文本确实不存在。但我仍然很清楚地记得我童年时的那首傻乎乎的俄语顺口溜：

NA↑POLE↑ON↓KOSIL↓TRAVU↑POLYA↓KI↑PELI↓SOLOVYAMI

用上方的箭头作间隔，这句话的意义如下："拿破仑正在割草；灯杆正在夜莺般地歌唱。"用下方的箭头作间隔，这句话读起来是："在田野里他正在割草；田野里到处都是夜莺。"

φX174也发生了同样的情况（见图17）。我们可以看到基因 E 的序列完全锁定在基因 D 的序列内。尽管如此，蛋白质 E 和 D 的氨基酸序列彼此没有任何共同之处，因为它们是用一个移位读框读取的。在这方面，DNA φX174的情况比先前那首傻乎乎的顺口溜更加令人惊讶和着迷。因此，在同一 DNA 区域对三种蛋白质的信息进行最大程度上的编码在理论上的可能性出现了，而且是显而易见的。这种三个完整基因的重叠就发生在 G4 噬菌体中，尽管其延伸的范围很小。

读框

尽管基因重叠现象早在1977年就发现了，但人们迄今为止尚未对这样的一种现象在进化过程中是如何发生的提供一种解释。不过，除了这个令人惊讶的现象之外，我们大可以说，第一批病毒 DNA 测序的其余工作只是证实了先前已确立的事实。人们对 DNA 序列与蛋白质序列进行了直接的比较，以检验遗传密码是否已得到正确破译。检验结果显

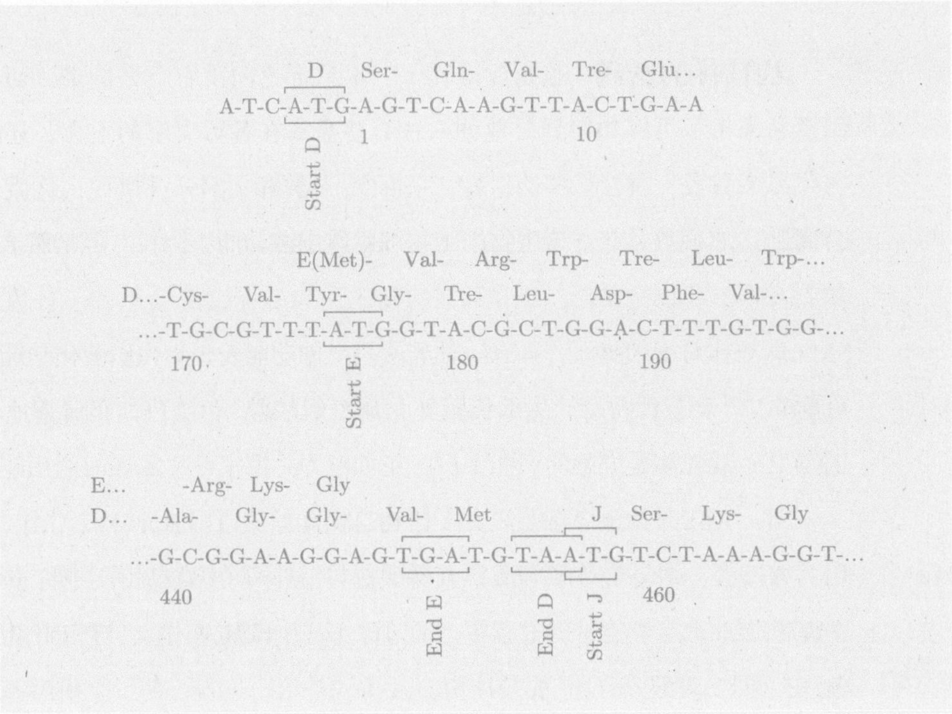

```
                    D   Ser- Gln- Val- Tre- Glu...
                  A-T-C-A-T-G-A-G-T-C-A-A-G-T-T-A-C-T-G-A-A
                        |_|     1                10
                      Start D


                        E(Met)- Val- Arg- Trp- Tre- Leu- Trp-...
      D...-Cys- Val- Tyr- Gly- Tre- Leu- Asp- Phe- Val-...
      ...-T-G-C-G-T-T-T-A-T-G-G-T-A-C-G-C-T-G-G-A-C-T-T-T-G-T-G-G-...
            170        |_|   180               190
                     Start E


      E...      -Arg- Lys- Gly
      D...  -Ala- Gly- Gly- Val- Met        J  Ser- Lys- Gly
      ...-G-C-G-G-A-A-G-G-A-G-T-G-A-T-G-T-A-A-T-G-T-C-T-A-A-A-G-G-T-...
            440             |_|   |_____|_|  460
                         End E  End D Start J
```

图17 一个φX174的DNA片段和在它基础上合成的几种蛋白质链

示，密码已被破译，没有任何错误。

关于密码通用性这一论题经受了一项至关重要的新考验。事实上，作为遗传工程基础的基本思想——即将基因从一种生物体转移到另一种生物体的可能性——就假设了密码是通用的。据披露，由最多样化的细菌转移到大肠杆菌的基因似乎在那里表现得很完美，合成了与原始供体细菌完全相同的蛋白质。在逆转录酶的帮助下，从包括人类在内的动物身上获得的RNA被用来合成一种基因。当这种基因被引入一个细菌时，后者产生的蛋白质与直接从动物细胞获得的蛋白质具有完全相同的氨基酸序列。还需要什么证据来表明密码是通用的？然而，随后却发现了线粒体具有不同的密码。

线粒体的密码

线粒体是一种什么样的生物？它们既不是细菌也不是病毒，还不是单细胞。它们只是在真核生物细胞的细胞质中游动的小微粒。但是就这么简单吗？不完全是。

线粒体对于细胞而言具有一种非常重要的功能——氧化磷酸化功能（即将"燃烧"食物所产生的能量转化成三磷酸腺苷（ATP）的能量）。换言之，线粒体是细胞的产能工厂。正如电力是家家户户需要的通用能源一样，ATP是为整个细胞内分子机构提供能量的通用能源。

ATP是一种腺嘌呤核苷酸，其磷酸盐与另外两个磷酸基团连接。蛋白质机器在取走其能量的过程中，通过除去一个磷酸基团将ATP转化为ADP（即二磷酸腺苷）。线粒体中会发生"补给"过程，即一个磷酸基团重新连接到ADP上。不过，这种现象与我们的叙述有所关联。我们关心的是另一个问题——线粒体拥有自己的DNA。不仅如此，它们还拥有自己的RNA聚合酶，它从线粒体的DNA中复制RNA！这还不是全部。线粒体拥有自己的核糖体和蛋白质合成机构。这是非常奇特的，因为就是在这同一细胞质中含有大量的正常细胞核糖体。但是正常的细胞核糖体只利用细胞核DNA的RNA副本来作为合成蛋白质的模板。出于其自身的神秘原因，线粒体不使用细胞核的mRNA。

关于线粒体的一切都是"超小尺寸"的——微型核糖体、微型RNA聚合酶和微型DNA。这可能是非常自然的，因为线粒体实际上比细胞小得多。然而，合成自身蛋白质的能力丝毫不意味着线粒体是细胞中独立于细胞核DNA以外的自主部分。线粒体的DNA太小了（它们只包含大约1.5万个碱基对），以至于无法携带蛋白质分子为了独立存在而需要的

真核生物

ATP

磷酸盐

所有信息。大部分信息都在细胞核内（也就是以核苷酸序列的形式写在细胞核 DNA 中）。因此人们发现线粒体组的这些奇特性质与另一种特性是互补的，这是最令人惊讶的——线粒体拥有自己的遗传密码。

这一切显然都是偶然发现的。英国剑桥分子生物学实验室的 B. 巴雷尔（B. Barrell）和他的同事们当时正在试图为人类线粒体 DNA 测序。（顺便说一下，他也是首先发现基因能够一个一个接上去的。）他们将编码细胞色素氧化酶亚基之一的基因序列与细胞色素氧化酶的氨基酸序列进行了比较——尽管是公牛的，而不是人类的。不过，事实表明测定公牛样本与精确测定人类线粒体密码之间并无不可逾越的鸿沟。这种密码如图 18 所示。

我们可以看到，人类线粒体密码总体上看起来就像我们在第 2 章中已经讨论过的"通用"密码。不过，有四个密码子改变了它们的意义：UGA 现在匹配的是色氨酸；AUA 现在匹配的是甲硫氨酸；而 AGA 和 AGG 密码子已经变成了终止信号。然而，奇迹并没有就此结束。对酵母线粒体中的 DNA 和蛋白质序列进行比较还有另一个意外惊喜：它们的编码与普通线粒体和人类线粒体的编码都不同。除了在人类线粒体密码中发现的差异之外，还确定了另一个不同——即以 CU 开始的四个亮氨酸密码子全都传递到苏氨酸。现在有八个密码子与苏氨酸呈对应关系！亮氨酸只剩下两个——即 UUA 和 UUG。此外，AUA 密码子又"恢复"到异亮氨酸，与通用密码中相同。

该如何解释这些发现？很自然，我们可以提供各种不同的解释。例如，我们可以说并没有发生什么不同寻常的事情。如果在破译过程中，从一开始就发现密码中有细微的变化，它们就不会这么令人惊奇了。的确，多年来人们对密码的态度发生了显著的变化。在 1967 到 1977 年的

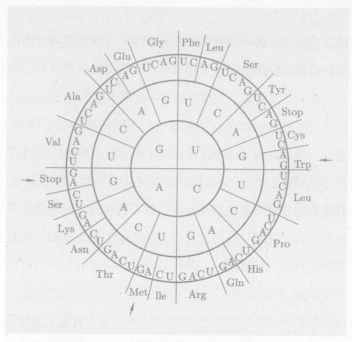

图18 线粒体的遗传密码。人类的线粒体具有这样的密码。箭头显示的是人类线粒体密码不同于图7所示的"通用"密码之处。在酵母的线粒体（未显示）中，从CU开始的密码子编码苏氨酸，而AGA和AGG则对应着精氨酸

十年间，人们已经逐渐习惯于把密码视为绝对通用的。事实上，遗传密码非通用性的发现引起了一番大惊小怪。确实，在一个细胞——而且是一个人类细胞——中发现存在着两种完整的密码，这可不是一件可以一笑置之的事情。新密码的发现，其重要性不容小觑。因为这是证明密码发生进化的第一个切实证据，而且它花了很长一段时间才成为我们今天所觉察到的东西。

读者可能还记得，我们在第2章中讨论遗传密码时阐述过一条规则，通用密码几乎严格地遵循着这条规则：两个嘌呤碱基中的哪个和两个嘧啶中的哪个在密码子中的第三位并不重要。所有这些密码子对都会编码同一种氨基酸或同一终止信号。现在请看图18。人类线粒体的密

码正是这样一种"理想的"密码，它严格遵守这条规则！顺便说一下，酵母在这方面的情况也一样。

有一种反复表达的观点认为，线粒体是与一种很久以前的真核细胞构成共生关系的细菌的残余物。线粒体甚至具有不同的密码，这是支持这样一种假设的又一重要论据。很可能所有细胞过去都具有一种与现今人类线粒体相同的密码，但是随后这种密码发生了细微的变化。很可能并不是地球上所有生物都起源于已经修改过的密码。有些物种可能是具有线粒体"理想"密码的古细胞的直系后代。或者也可能有些物种是由"理想"密码的其他微小变异产生的细胞进化而来的？

不过，还有一种不同的观点似乎更为合理。线粒体密码并不比基本代码更古老，而是有可能更年轻，它们在大部分线粒体基因已经进入细胞核时出现。因此留给线粒体 DNA 的基因如此之少，以至于密码修改对于线粒体和整个细胞不再必然致命。这种由蛋白质合成机制突变引起的变化触发了结构基因的突变，从而弥补了密码中的突变。在此之后，基因蜂拥离开线粒体去往细胞核的过程就结束了，这是因为合成线粒体蛋白质的机制不能再由细胞核来取代了。这一假说的吸引力在于它提供了一个解释，说明基因从线粒体到细胞核的转移为何在过程中途就停止了。

DNA 序列的时代

桑格在 20 世纪 70 年代中期发____DNA 测序方法，是建立各种生物体 DNA 序列数____重要里程碑。但是，就创建这样的数据库而言，这____际上仍为时过早。当时互联网几乎还不存在，而在没有互联网的情况下，DNA数据库的创建和利用实际上是不可能的。所以桑格发明这种方法后的前十年，DNA序列数据积累方面的进展相当缓慢也就不足为奇了。另一项关键发明极大地加速了基因组测序数据的收集，即聚合酶链式反应（PCR）。PCR使我们有可能扩增基因组的任何选定部分。（我们将在第10章中对PCR方法进行更详细描述，因为正是这项发明在20世纪80年代中期掀起了整个生物技术革命。）

桑格的方法使我们有可能对由大约1000个碱基对（bp）构成的DNA片段进行测序，但是这些片段当然都比整个基因组DNA要短得多。那么，如何才可能为由30亿个碱基对构成的人类完整基因组测序呢？显然，我们必须把长DNA切成短片段，而且幸运的是我们确实有一把如此精密的刀可供使用。利用一个限制酶或一对限制酶（如果我们想要这些片段被切得更短的话），我们就可以将一条长的DNA链切割成片段（见图19），并采用桑格的方法来对每个片段进行测序。使用桑格方法需要一个引物，而且即使我们对于这些片段的序列一无所知，也需要知道该使用哪种引物。

正如我们从第4章中所知道的，限制酶使DNA片段具有"黏性末端"。例如，在EcoRI酶的情况下，形成了两种互补的突出端：

–G   AATTC-

–CTTAA   G-

这两端实际上是完全相同的。如果我们现在在DNA合成仪上制造出如下分子，那么它将附着到由限制酶切割后形成的两端：

ATTGCCGATTTGGGCCTTAAG

TAACGGCTAAACCCGGAATTCTTAA

在这两种情况下，在合成分子（这种合成分子被称为衔接体）与仍然

94

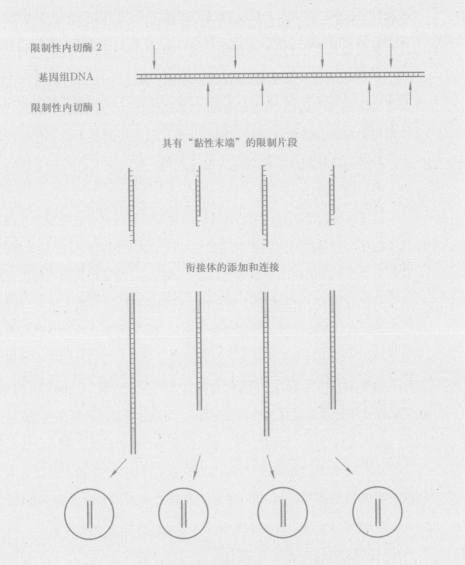

限制性内切酶 2

基因组DNA

限制性内切酶 1

具有"黏性末端"的限制片段

衔接体的添加和连接

片段的测序以及它们组合成完整的基因组

…ATTGCTATCATTGTTCATGCAGTTTAGCCTT…

完整的基因组

图19 基因组测序。整个基因组DNA通过限制性内切酶被消化成片段（使用另一限制性内切酶重复同一过程，随后利用不同酶切割得到的片段的重叠部分完成整个序列的组合）。如文中所解释，这些限制性片段是利用限制性内切酶产生的"黏性末端"，由合成的衔接体提供的。随后这些片段被分离并对每个片段进行测序，再完成对整个基因组的最终组合

未知的DNA序列之间的两条链上确实都会产生缺口（单链断裂），但这些缺口很容易由DNA连接酶封闭。现在，我们在基因组切割后获得的所有限制性片段末端均有这一序列。在上文所示的衔接体上方那条链上G端左边的20个核苷酸全都是我自己完全任意放置的。所以采用桑格的方法设计引物来阅读所有片段的序列就不再有任何问题了。具有衔接体的片段通过凝胶电泳或另一种方法（见图19）进行分离，然后进行测序。

这样，我们就通过利用EcoRI酶消化基因组而对所有限制性片段进行了测序。但是我们仍然不知道这些片段沿着基因组的位置是怎样的。我们必须按正确的顺序来组合它们。不幸的是，除了使用另一种限制酶来重新执行图19中描述的过程之外，我们没有任何其他方法可以做到这一点。在这样做以后，我们将能够使用第一次和第二次消化得到的片段之间的重叠序列来正确地组合这些片段。为了避免偶然误差，重复测序是必要的，因为不管DNA聚合酶多么完美，它偶尔也确实会出错。实际操作中，整个过程大约重复10次，而组合则是由计算机完成的。

我们可以看出，基因组测序是一项单调乏味的任务。毫不奇怪，在人类基因组计划（Human Genome Project，HGP）主持下进行的第一次人类基因组测序，到2000年为止共花费了美国纳税人高达30亿美元，这就相当于每个核苷酸要花费1美元！如果成本居高不下，那么DNA序列的时代将永远不会到来。

但令人惊奇的是，健康的竞争与慷慨的资助结合在一起，结果竟如此富有成效！在第一次人类基因组测序成功后不久，美国国立卫生研究院（US National Institutes of Health）宣布了一项名为"1000美元基因组"的竞争性资助项目。一开始，这听起来像是个笑话：怎么可能使测序便宜300万倍？然而十年后，这个项目已经完成——其目标已经实现。在这十年的时间里，人们展示了非凡的创造力。在第一次人类基因组测序之后开发的种种方法常常被统称为"下一代测序"方法。这些发明有些没有在竞争中幸存下来，但也有几种被证明是非常成功的。即使那些没有幸存下来的想法，也对改善那些留存下来的方法发挥了作用。

现在既然已经尘埃落定，因此占据主导地位的那些方法都是基于桑格的使用DNA聚合酶的构思。它们被统称为"合成测序"（sequencing by synthesis）方法，或者缩写为SBS。SBS方法中取得最大成功的方法（Illumina公司的测序仪用的就是这种方法）甚至还用到了桑格的合成终止概念。但Illumina测序仪与桑格的原初装置之间的相似程度，就相当无人驾驶电动汽车之于手推车。测序过程中的所有阶段在Illumina测序仪中都是完全自动化的。这是真正的独创。

其他的SBS方法不使用合成终止。有一种被称为焦磷酸测序的方法利用了这样一个事实：聚合酶反应的每一步都伴随着一个二磷酸基团（焦磷酸盐）的释放。这种释放在焦磷酸测序法中以发光的形式被探测到。研发出这种策略的一家公司已经成功地生产了测序设备，但是由于竞争不过Illumina公司的测序仪而最终倒闭了。还有一种类似的想法是基于以下事实：除了焦磷酸盐以外，反应过程中还释放出氢离子H^+（即质子），结果证明这种想法更有成效。DNA聚合酶反应在一个用半导体材料制成的微小凹槽中进行，释放质子会使凹槽中的pH值略微增高。pH值的变化受到电子监控，因此序列就由计算机直接读取，而不是像在桑格的方法中、在Illumina测序仪中以及在焦磷酸测序的情况中那样，通过将光信号转换成电信号来读取。这是半导体测序技术的一个非常显著的优势，因此这项技术能够成功地与Illumina一较高下。

合成测序
SBS

焦磷酸测序

焦磷酸盐

对单个DNA分子进行测序的纳米孔方法作为纳米技术的一个非常成功的实例脱颖而出。这种方法不同于SBS方法。Illumina公司的测序仪都是庞大的、非常昂贵的仪器，半导体测序仪虽然比较小，但仍然是台式仪器。而Oxford Nanopore公司生产的带有USB接口的纳米孔设备MinION只比常规的闪存驱动器稍大一点。就像闪存驱动器一样，将MinION设备插入计算机的USB端口，并将一滴DNA置于该设备上，不久整个DNA序列就下载到计算机中了。

纳米孔测序仪的基本元件是一些加有恒定电压的微小腔室（见图20）。每个腔室被一张非常薄的薄膜分成两半，并且腔内充满缓冲液，即具有固定pH值的盐水。在其中一个加有负电压的半腔室中添加单链

DNA（single-stranded DNA，缩写为ssDNA）分子。每张薄膜上都有一个直径为几纳米的小孔，这就构成了纳米孔。在没有DNA的情况下，由于盐离子通过纳米孔，因此会有特定强度的恒定电流通过腔室。当腔室中有一个DNA分子时，正如本章中已经讨论过的电泳的情况那样，DNA分子开始从腔室的负极向正极迁移。经过许多次不成功的尝试之后，这个分子开始通过纳米孔（见图20）。由于DNA分子在通过时部分堵塞了纳米孔，于是留给离子通过的空间就变小了，因此膜的电阻增大、电流减小。为了利用纳米孔来制作测序仪，研究人员必须将它设计得基于电流变化来解读通过纳米孔的特定核苷酸序列。

事实证明实现这样的序列依赖性是一项非常具有挑战性的任务，自从20世纪90年代中期纳米孔测序的想法最初提出以来，人们就一直对这项任务孜孜以求。最终看来，牛津大学的黑根·贝利（Hagan Bayley）是其中最执着的一位。贝利有一个梦想，在21世纪，医生会要求患者向一个闪存驱动器上吐唾沫，而这个闪存驱动器就是一个纳米孔测序仪，

然后这位医生会把闪存驱动器插入他的计算机 USB 端口。随后医生完成体检过程，包括测量患者的血压、做心电图、询问不适情况等，与此同时患者的完整基因组序列正在被下载到计算机。计算机自己通过云技术和最先进的数据库对患者的基因组进行全面分析，以了解患者对各种疾病的易感性。在检查结束时，医生已经得到了所有可供使用的数据，这些数据以具体建议的形式呈现，表明患者需要接受哪些进一步的检查。

成功进行纳米测序的关键步骤，是将膜上的一个简单的孔替换为一个特殊蛋白质，这种内部有一个纳米孔的蛋白质被称为 α-溶血素。这种蛋白质是由细菌产生的一个毒素，它会杀死活细胞。它的形状是一个圆柱体，沿着圆柱体的轴线有一个通道，因此当这种蛋白质把自己插入细胞膜时，细胞壁上就出现了孔，于是细胞死亡。由于溶血素内部的纳米孔具有恰当的直径，因此 ssDNA 能通过它，尽管很难通过，而且各种不同的核苷酸序列堵塞纳米孔的程度也各不相同。加之贝利还改变了这种蛋白质的氨基酸序列结构，使得这种蛋白的纳米孔对于通过它的各种不同核苷酸序列具有更高的选择性。

溶血素

第二个重要步骤是要用更加可控的牵引来取代 DNA 分子随机通过纳米孔。为了做到这一点而使用了 DNA 聚合酶。因此，与 SBS 方法相比，虽然在此过程中无法完全摆脱酶，可是在纳米孔测序过程中，DNA 聚合酶是被当做分子马达的。聚合酶利用 ssDNA 为模板并依照它来合成互补链，从而牵引 ssDNA 通过纳米孔。重要的是，牵引速率是可控的，因为它取决于核苷酸的前体——三磷酸核苷——在溶液中的浓度。序列读取是通过分析流过同溶血素纳米孔的电流来完成的。

当制造闪存驱动纳米孔测序仪看起来变得切实可行时，黑根·贝利成立了一家名叫 Oxford Nanopore 的公司。这家公司从 2014 年开始制造纳米孔测序仪。然而，贝利的梦想并没有成真。尽管经过了种种改进，但纳米孔测序仪产生太多的随机误差，因此不适合用于人类基因组测序。但事实证明它仍然是

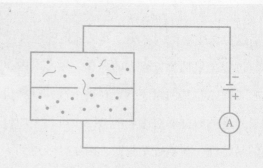

图20 通过纳米孔的DNA。把腔室分成两半的这张膜上有一个直径约4纳米的孔。这就是纳米孔。腔室的两半中都是盐溶液（离解的盐离子用点来表示），但是DNA分子起初只在其中加有负电压的一半。通过腔室的电流用安培计（A）测量

非常有用的。如果基因组很小，比如说病毒的基因组，那么随机误差并没有那么致命，因为它们可以通过多次读取同一基因组来修正。而且闪存驱动测序仪对于现场条件是非常方便的。纳米孔测序仪的这一优势在2013—2015年非洲埃博拉疫情暴发期间得到了极佳的展现。埃博拉病毒的基因组由1.9万个核苷酸组成，这意味着它可以通过纳米孔方法进行测序。2015年，一支配备闪存驱动测序仪的大型国际团队来到非洲，对于疫情流行期间出现的病毒基因组突变体开展了规模巨大的研究。

尽管纳米孔测序获得了成功，但是以飞快的速度加入DNA序列数据库的大型基因组序列仍然是毫无例外地通过SBS方法获得的，使用的主要是Illumina的测序仪。DNA聚合酶是在亿万年生物进化过程中自然完善的一种令人难以置信的精确工具，有了它，读取任何基因组DNA序列成为可能。

1　核苷酸由一分子戊糖、一分子磷酸基团和一分子的含氮碱基构成。核苷酸连接成DNA的方式是以上一个核苷酸的磷酸基团（在5'的位置上）和下一个核苷酸的羟基（在3'的位置上）形成磷酸二酯键。于是在核苷酸链的两端会分别多出一个磷酸基团或者羟基。其中，连着磷酸基团的那端称为5'端，连接着羟基的那端称为3'端。可参见第7章最后一节的相关内容。

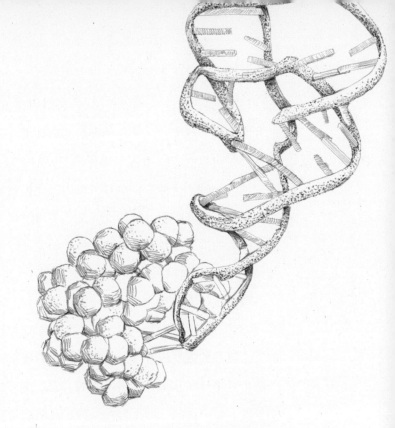

基因从何而来？

进化论与遗传学

　　遗传学和进化论之间的关系从来就不算融洽。这两门科学使用的是极为可靠但又截然不同的研究技巧。进化论起源于对许多不同种类的地球生物的研究。与天文学之类的学科一样，这门科学依赖于观察。遗传学是纯实验科学，与物理学非常相似。（遗传学的奠基人格雷戈尔·孟德尔[1]具有坚实的物理学背景，这并非巧合，因为他曾经是克里斯蒂安·多普勒[2]的弟子）。无须证明，一门依靠观察的科学一般而言在发展的速度和可能性方面都远远比不上一门实验科学。我们只需比较进化论和遗传学在20世纪中各自取得的成就。事实上，观察科学和实验科学之间当然不存在任何竞争，也不可能有任何竞争。在比较二者时，我们应该想到一对已婚夫妇，他们常有意见分歧，甚至发生争论也很常见，而不是想到两个相互竞争的跑步者。

　　随着遗传学持续积累起的成就筑就了一个个令人印象深刻的纪录

（尤其在它进入分子水平以后），它与出现在20世纪伊始的进化论之间的冲突也越来越尖锐。这种冲突的实质如下。进化论的两大支柱是变异与选择。可以假定，遗传学解释了变异的机制——即它是基于DNA点突变的。但是，这种变异恰好可以为进化提供解释吗？具有敏锐思维的人们很久以前就明白，这种变异几乎不可能帮助我们在理解进化论方面取得多大的进展。我们在分子遗传学的发展过程中学到的所有新事物都倾向于证实这些怀疑。

事实上，点突变导致单个氨基酸在蛋白质中，特别是在酶中被替换。"点"这个字的意思是突变可能导致整个生物体只有一个蛋白质中的一个氨基酸残基被替换。突变是罕见的现象，同时改变一个蛋白质中的两个氨基酸残基是完全不可能的。但是单一替换的结果是什么呢？其结果要么是中性的（即不影响某种特定酶的功能），要么是负面的。

这就像把飞机的尾部装到汽车上。虽然汽车不会因此变成能飞的，但它仍然能在道路上行驶（只是行驶起来性能有所降低）。这是一个中性突变的例子。如果你把飞机的右机翼装到你的汽车上，汽车仍然无法从地面起飞。更糟糕的是，事实上机翼撞击路边的灯柱会完全阻止你行驶，如果你试图在路的左边行驶，最终就会造成一场交通事故。不仅如此，即使再附加一个左翼也不会让你行驶得很远。

由此显而易见的是，你需要彻底改装你的整部机器，才能把这辆汽车变成一架飞机。对于蛋白质也是如此。在试图将一种酶转换成另一种酶时，仅靠单点突变是不会取得成功的。你需要的是对氨基酸序列进行实质性改变。

在这种情况下，选择不仅不会有所帮助，反而是一个重大的阻碍。我们可能会想，比如说通过一个接一个地依次改变氨基酸，那么它最终确实有可能会实质性地改变其整个序列，并因此改变酶的空间结构。然而，这些微小变化必然会最终导致这样一种情形：酶不再发挥它以前的功能，但又尚未开始它的"新职责"。此时，它将连同携带它的生物一起被消灭。整件事情不得不从头开始再来一遍，而成功的机会并没有改变。我们如何才能越过这条鸿沟？在新功能落实到位之前，我们要如何做才能维持旧功能继续运行？

经典遗传学未能提供一个模型，允许在不完全抛弃旧变异的情况下测试新变异。正是这种情况酿成了遗传学与进化论之间的尖锐冲突。

对于细菌遗传机构的研究所取得的种种进展，所起的作用只是加剧了这种冲突。通过质粒，细菌很容易交换它们已有的基因。这赋予了它们快速变化的能力。例如，让我们来考虑那些与抗生素耐药性有关的基因。这些基因绝不是像一度曾假设的那样，一次又一次地出现在每种"逐渐习惯于"给定抗生素的细菌中，而是以一种"现成"的形式与质粒一起从外部进入的。

此外，我们也可以在"现成"基因重组的基础上来解释高等生物体的变异性。但这将意味着，基因一旦形成就成了定局，进化的作用只不过相当于将它们重新洗牌。于是新的属性就会是同一些旧基因的全新组合。这个方案最令人不快的方面是，它给人们造成的印象是解释了作为进化论基础的全套观察结果。育种者们上百年的经验绝不会与此产生矛盾。他们所有的成就都是自然界以前引发的基因重组的结果。

自然界本身常常在不同的生物体中，甚至带着完全不同的目的，一次又一次地使用相同的蛋白质设计。其中一个例子就是负责视觉的蛋白质——**视紫红质**。在我们的眼睛里，这种蛋白质吸收光并向大脑发出信号。从位于视网膜各处的不同视紫红质分子接收到的这类信号在我们的

视紫红质

大脑中创造出视觉图像。不必说，不同的物种，只要它们具有眼睛和大脑，其视紫红质都具有相同的设计。但令人惊讶的是，在某些细菌中发现了几乎相同的蛋白质（只替换了一些无关紧要的氨基酸），这种蛋白质被称为**细菌视紫红质**，而这些细菌显然既没有眼睛也没有大脑。它似乎也发挥了至关重要但又完全不同的作用：细菌视紫红质不是从眼睛向大脑发送信号，而是为细菌提供能量，因为它是在将光能转换成ATP化学能的复杂过程中的一种关键蛋白质。我们对基因及其在各种生物体中的作用了解得越多，这种类型的例子就积累得越多。然而，基因究竟来自何处这一关键问题仍未得到解答。也许是细菌视紫红质基因最早出现在数亿年前，而很久以后，由于自然界需要一个良好的光学接收器来创造眼睛，于是将细菌视紫红质改造成了视紫红质的形式。或者与此相反，也可能是视紫红质先进化，而随后有些细胞将它改造了。于是达尔文关于物种起源的问题就变成了关于基因起源的问题。

细菌视紫红质

　　自然界中可能存在某种制造新基因、测试新基因、丢弃缺陷基因的工厂吗？又或者也许这样的基因生产设施在进化的早期阶段已经存在，而在生产出大量基因之后又停工并自然死亡了？如果这些活的基因工厂设法存活至今，于是幸运的研究人员就能发现它们，那当然会更加令人愉快。也许科学家们应该开始为远征做好准备、配好装备，而且我们应该把一些奇怪的遗迹生物包括在内。我们已经为它们起好了一个名字——基因根（genogens）！

基因碎片

不过，让我们且慢着急。因为如果哈佛大学的 W. 吉尔伯特（他由于参与建立了DNA测序的一种方法而与桑格分享了1980年诺贝尔化学奖，参见第5章）所提出的假设被证明是正确的，那么我们就不必开展搜寻奇异生物的漫长旅程了，而且我们也不必找一个新名字了，因为所谓的"基因根"只不过是真核生物而已。如果这还不能说明情况，那么请这样考虑：它们就是你和我！但是它们也包括所有的高等生物体：动物、植物，甚至一些原生动物。因此，如果吉尔伯特的假设是正确的，那就不乏大量基因工厂，而且只要地球上有生命就一直会有大量的基因工厂。

不可否认，这一理论来源于一种没有选择余地的选择。很简单，当时迫切需要对一些完全出乎意料的事实做出解释，这些事实是紧随着第一个高等生物体DNA序列的确定而出现的，并且当时没有任何其他理论存在。由于人们发现蛋白质中的氨基酸序列是连续的，因此就很自然地假定基因中的核苷酸序列也是连续的。对于细菌和噬菌体所进行的许多实验都表明情况就是这样。

只有随着基因工程的出现和DNA测序技术的发展，研究高等生物体及其病毒的基因结构才成为可能。现在请想象一下生物学家们对于1977年的下述发现所产生的困惑：在高等生物体中，基因并不表现为连续的序列，实际上是由一些被其他核苷酸序列彼此分开的单个片段组成的！突然间，DNA变成了一堆混杂的切碎的基因。当时在冷泉港实验室（Cold Spring Harbor Laboratory）的理查德·罗伯茨（Richard Roberts）和麻省理工学院的菲利普·夏普（Phillip Sharp）基于对一种常见感冒病毒（名为腺病毒）的基因组织的观察结果而分别独立报道这一发现时，人们还认为它是一个特例。然而不久之后人们就发现，兔子的珠蛋白基因、鸡的卵清蛋白基因和黑腹果蝇的核糖体RNA基因都是以同样的方式构成的。简而言之，结果发现几乎所有被研究过的高等生物体的基因都具有相似的结构。最终，罗伯茨（他目前在新英格兰生物实验室（New England Biolabs））和夏普的发现逐渐被认为十分重要，因此他们获得了1993年诺贝尔生理学或医学奖。

基因片段之间的间隔可能有所不同，其范围在十几个到几千个碱基对之间。那么，这样的"被肢解的"基因如何为合成整个RNA分子提供模板，并且RNA分子又为合成整个蛋白质分子提供基础呢？下一个发现是，在一个特定基因的片段恰好分散在内的一个DNA区域中，是以一个很长的RNA分子的形式制造副本的。这是一个前体分子，或者称为一个前mRNA。从一个前mRNA开始，通过一个复杂的剪裁过程（这个过程有时被称为"成熟"），于是得到"成熟"的mRNA分子。这些分子已经能够开始执行它们的"当下职责"了。mRNA的成熟机制也以其胚胎（或隔代遗传）形式存在于细菌中，但其中的功能仅限于去掉分子中的"多余"端。

成熟过程是如何进行的？无疑存在着一些专门的酶，它们将前mRNA分子切开，并将结果所得的片段拼接到一起。但是，是什么告诉这些酶该如何正确地切割分子，以及如何将结果所得的RNA片段拼接到一起呢？在这个过程中，夹在中间的那些间隔又是如何被丢弃的呢？这样的切割与组合的内部运作方式绝不简单，因为假如酶只是将RNA切成碎片，那么布朗运动就会使它们四处散开，就像蛋头先生玩具（Humpty-Dumpty）那样一旦被拆开就再没有希望拼回去了！

正如我们已经确定的，一些专门的短RNA分子参与了RNA成熟的过程，这个过程现在已经被称为剪接（*splicing*）。这些短RNA将前mRNA"粘连"在一起的方式，使专门的酶便于将它切成碎片并将这些碎片拼接起来，从而在此过程中去掉多余的部分。其副本在剪接过程中被保留下来的那些DNA片段被称为**外显子**（*exon*），而在此过程中被丢弃的部分则被称为**内含子**（*intron*）——这两个术语是吉尔伯特创造的。

如果这样一个复杂的mRNA产生机制会为高等生物体带来有什么好处的话，那么这些好处是什么呢？事实上，这种机制除了具有令人困惑的复杂性之外，还会犯错误。其实，物理和化学研究结果表明，RNA的空间结构并不是严格固定的，而是在一些差异巨大的状态之间波动，这取决于哪些片段构成了空间结构中的发夹[3]或是构成了空间结构中的其他元素。这意味着在某些条件下，前mRNA会以一种方式被切割，而在不同的条件下则会以另一种方式被切割。与此相应的结果是，被丢弃的间隔也会不同，因此"成熟"的mRNA分子将具有很大的差异。此外，前mRNA中大量点突变的积累（或者甚至只有一个点突变）可能会严重扰乱由这种分子构成的空间结构之间的关系。

吉尔伯特率先注意到，真核基因组织中的这些缺陷，表面上看来必定会令它们在蛋白质合成的准确性方面不如原核生物，却很可能意味着进化过程中的诸多优势。请自行判断一下：对于DNA内部的那些微小变化的高度敏感性，加上使用完全不同的核苷酸序列来同时合成成熟mRNA的可能性，这两者结合起来就可能完成目标——也就是说，在不完全放弃旧变体的情况下测试最多样化的新变体。这就意味着，高等生物体正是拥有了调和遗传学与进化论所迫切需要的机制。

人们认为这种外显子–内含子的基因结构是由真核生物从一个原核生物

剪接

外显子

内含子

原核生物

的共同祖先获得的，这个共同祖先是地球上所有生物的"始祖"或假设的先祖。作为进化的结果，原核生物减少了其调节装置并丧失了剪接能力。

科罗拉多大学的托马斯·切赫（Thomas Cech）在研究剪接的过程中做出了一项发现（这项发现为他赢得了1989年诺贝尔化学奖），其影响在当时与RNA合成DNA的发现一样惊人。他发现，即使没有蛋白质的参与，剪接也可以发生！RNA在没有外部帮助的情况下将自身切成碎片，将内含子抛出，并将外显子"缝合"在一起。这种"自动剪接"确实很少发生，而且只有对某种奇异的RNA才会发生；但是其意义在于RNA有可能表现得像一种酶。在切赫做出他的发现之前，人人都坚信假如没有蛋白质的帮助，核酸什么都做不成。具有催化功能的RNA分子获得了**核酶**（*ribozyme*）这一特殊名称。

RNA能够充当一种酶的能力意外地阐明了关于生物出现以前的进化的一个中心问题。在分子生物学问世后不久，人们就逐渐清楚地认识到，与生命过程有关的达尔文式的进化之前必然存在分子的进化。但是，两种主要生物聚合物类型——蛋白质或核酸——哪种可以更令人信服地拥有其优先权？在生物出现以前的进化过程中，其中哪一种比另一种出现得早？对这个问题的猜测非常像是对那个令人们着迷并忙碌了几个世纪的问题的猜测，就是确定先有鸡还是先有蛋的问题。事实上，我们现在知道蛋白质不可能出现在没有DNA和RNA的细胞中，而DNA和RNA在没有蛋白质的情况下什么也做不成。然而，当初那些试图解开这个谜团的人仍然倾向于持有这样一种观点：最初是存在着一些可以自我复制的蛋白质的。

核酶的发现使情况发生了巨大变化。现在看起来最有可能的情况是，RNA分子是地球上所有生物的祖先。RNA作为一种遗传物质的作用早已为人们所知,这是从发现含有RNA的病毒开始的。我们现在知道RNA可以起到酶的作用,可以明显催化自身繁殖所需的反应。直到后来,在进一步进化的过程中,在祖细胞形成阶段,RNA才将遗传信息储存库的功能转交给更适合此功能的DNA,并将其催化功能转交给蛋白质分子,它们具有催化几乎所有反应的独特能力。

在一个现代的细胞中,RNA被赋予了作为辅助分子的低调角色。然而,它昔日辉煌的痕迹仍然随处可见。事实上,细胞中没有任何一个关键的、深入的过程可以在没有RNA参与的情况下进行,即使看起来似乎没有RNA的参与也行。例如,DNA需要一个短RNA形式的引物来启动其复制过程(我们将在第7章中就此进行更为详细的讨论)。有多少RNA分子参与蛋白质合成?原则上,mRNA和tRNA很可能是不需要的,核糖体RNA就更不用说了。令所有人都大为惊讶的是,虽然向正在核糖体上生长的蛋白质链添加一个氨基酸的过程似乎是在没有蛋白质的参与下发生的,但它却是在核糖体RNA的催化下完成的。因此,当代细胞中最重要的反应之一不是由蛋白质酶,而是由核酶完成的!

对于我们的祖先RNA而言,剪接并不是什么大事。这有助于证实吉尔伯特的理论:基因的外显子–内含子结构反映了一个非常古老的遗传物质组织原理。这种结构是从那些远古年代中幸存下来的,当时原始生物界中的最重要分子就是RNA,而不是DNA。

跳跃基因

基因工程和DNA测序技术的出现不仅仅消除了高等生物体的基因

是连续DNA片段的概念，还标志着遗传学的主要立场的崩塌，这种曾经神圣不可侵犯的立场主张的是，生物体的所有细胞都具有同一组基因。按照第3章开头的描述，这一立场的正确性似乎已经被格登的那些实验一劳永逸地证明了。然而，人们发现该规则自身有着大量的实质性例外。

不过我们必须记住，尽管基因的"拼凑"结构是高等生物体的通例，生物体生长过程中只有少数基因发生变化是异常情况。但重要的是，这种异常延展到了对生物体具有特别重要性的基因：即那些负责免疫的基因。

对外界入侵的免疫反应能力是人类机体的一个重要特性，它使机体保持其个性，并保护自身免受外来细胞和病毒的侵害。我们甚至可以说，倘若没有这种能力，人们将无法在目前拥挤的环境中生存。中世纪编年史充满了可怕的关于整个城市甚至广大地域由于瘟疫导致大量人口死亡的叙述。为什么我们今天能免除这样的灾难？这在很大程度上当然是由于卫生保健状况得到了改善，但决定性的因素还是疫苗接种。

疫苗
接种

接种相当于对受到紧迫威胁的生物体发出一个及时警告。它开启了免疫系统，结果是在潜在的入侵者（细菌或病毒）发起攻击之前形成一堵坚不可摧的墙。大规模的疫苗接种使鼠疫、霍乱、天花和其他致病微生物的病原体——人类往昔的致命敌人——失去了它们可以繁殖的媒介，从而几乎将它们的总数减少到零。即便是那些最为热衷于环保的拥护者，对于地球上的某些"生物"灭绝也毫不在意，这是极为罕见的一种情况。

是什么使免疫系统成功地战胜了各种病原体？人体抗击疾病的武器是白细胞（淋巴细胞）和一些特殊的蛋白质分子——免疫球蛋白（又称抗体）。淋巴细胞为了抵御外敌入侵而形成的防线不是一道，而是两道。首先识别出敌人（可能是细菌、病毒、外来蛋白质或某种化合物，即某种抗原）并与之交战的是T淋巴细胞，而B淋巴细胞则在那之后投入战

淋巴细胞
免疫球蛋白
抗体
抗原

斗。T 淋巴细胞的细胞膜上携带着"识别"抗原的受体。B 淋巴细胞产生抗体来对付入侵的抗原。T 淋巴细胞、B 淋巴细胞，以及免疫球蛋白的受体是一些彼此非常相似的蛋白质。

每个生物体的免疫系统都能产生一个由不同免疫球蛋白构成的巨大集合。更确切地说，这些分子大同小异，因为它们是按照同一个总体规划构造出来的，但它们确实包含一些被称为可变部分的片段，这些片段彼此的不同之处在于其氨基酸序列。

淋巴细胞是高度特化的细胞。每个 T 淋巴细胞都携带着它自己的受体，只"识别"一个相当明确的抗原。每个 B 淋巴细胞也携带着它自己的受体，能够产生只能与一种特定抗原结合的严格特异性免疫球蛋白。

这样，生物体提前很久就配备了能识别几乎所有蛋白质的淋巴细胞，甚至是第一次侵入机体的蛋白质。如果一种病毒在该生物体内完全是新出现的，就会发现一个 T 淋巴细胞，它的受体将识别出该病毒颗粒的蛋白质（它起着抗原的作用）。抗原和受体结合在一起，就启动了一连串事件。其结果会产生所谓的杀伤性 T 细胞，这些杀手细胞会摧毁被病毒感染的细胞。与此同时，某一个 B 细胞，即一个能够针对受体所识别出的抗原产生抗体的细胞，开始分裂并产生与病毒颗粒结合并最终将其从体内排出的免疫球蛋白。然而，这一切的发生都需要时间。如果来了一个突然袭击，那么在免疫系统有时间做出反应之前，病毒就会对机体造成很大的伤害甚至导致其死亡。

T 细胞

如果该病毒在以前的某个时候已经以非传染性的形式"拜访"过这个生物体了，那就完全是另一回事了。免疫系统只要被启动过一次，其迅速产生针对该抗原的杀伤性 T 细胞和抗体的能力就会维持很多年，有时候甚至会维持终身，只要该抗原再次出现就会发挥作用。这些杀手细胞和抗体会袭击这一病毒，并将其邪恶企图扼杀于萌芽状态。

长期以来一直没有得到回答的一个关键问题是："是什么触发了生物体对各种不同抗原的反应？"事实上，每一个生物体都随时能产生应对几乎所有外来蛋白质的抗体。然而与此同时，免疫球蛋白和T淋巴细胞的受体是相当特化的，这意味着一种分子通常只能识别一种特定的蛋白质，即使是蛋白质分子中产生最小的变化也会给它带来困扰。因此，为了兼备高特异性与免疫反应的多样性，机体就要随时准备好大量能够识别几乎任何抗原的淋巴细胞。

那么，是否存在着几十亿种基因，并且其中每种基因都编码自己的受体和免疫球蛋白？这些基因来源于哪里？它们已经存在于合子中了吗（也就是说它们遗传自父母）？当然如此！既然免疫球蛋白的化学结构是由DNA序列决定的（还有其他什么能决定蛋白质的结构呢？），怎么还会有其他的可能性？！

但是且慢，这怎么可能呢？人类基因组是由30亿个核苷酸构成的。因此，即使是整个基因组只编码氨基酸（实际情况绝非如此），它也只能编码10亿个氨基酸，而不具备编码几十亿种免疫球蛋白的能力。此外，如果我们通过遗传从父母那里得到免疫球蛋白基因以及其他蛋白质的基因，那么为什么我们体内的父母的免疫球蛋白不会相互攻击呢？

像所有的人（同卵双胞胎例外）一样，我们的父母是免疫不相容的。一个人的免疫系统会攻击另一个人的蛋白质。这就是器官移植（例如肾脏或心脏移植）会发生诸多问题的原因。然而事实依然是，我们每个人都既制造出遗传自父亲的蛋白质，又制造出遗传自母亲的蛋白质，却没有发生任何可怕的事情。哪怕只是想象一下身体对自己的蛋白质产生抗体会发生什么，这就已经令人感到恐惧了。对于人类而言，幸运的是这种情况极少发生。那么矛盾之处就在于，我们必须解释的并不是为什么这样一种疾病可能会袭击我们，而是为什么它不会袭击我们所有人！

20世纪60年代，那些试图用遗传方式去解释免疫的人清楚地意识到这样一个事实：免疫系统的存在与当时的分子生物学存在着明显的矛盾。很明显，整件事情的背后隐藏着某些神秘的东西，如果得以解决就能彻底变革我们的观念。这就是为什么一出现详尽理解高等生物体基因的可能性，免疫球蛋白的基因就成为最早得到研究的对象之一。通过基因工程技术对解决这个问题做出最大贡献的是利根川进（Susumi Tonegawa），他因以下几项非凡发现而获得1987年诺贝尔生理学或医学奖。

1976年，利根川进在瑞士的巴塞尔免疫学研究所研究免疫球蛋白基因时，实际上已首先发现了片段形式的基因。他发现，在对免疫球蛋白可变部分和不变部分进行编码的DNA片段之间，存在着一个没有编码蛋白质序列的片段。而在一个完全成熟的免疫球蛋白分子中，这些可变部分和不变部分构成了一条多聚氨基酸单链。科学界几乎立刻就获悉了这一消息。仅仅几个月之后，人们就明白了"拼凑"模式是所有高等生物体基因的典型模式。

然而，当利根川进又报告了一项惊人的新发现时，人们几乎无法接受和理解这一消息。他将成年小鼠淋巴细胞的DNA与小鼠胚胎的DNA进行了比较。结果发现，在胚胎中，基因的可变部分不是由一个片段构成的（成年小鼠淋巴细胞的情况就是如此），而是由两个片段构成的，它们分别被标记为J和V。其中较小的部分J总是在它的原位，而较长的V部分距离J如此之远，乃至事实证明不可能确定沿着DNA到它的距离。

正如在成年生物体的所有普通细胞（非淋巴细胞）中那样，胚胎的

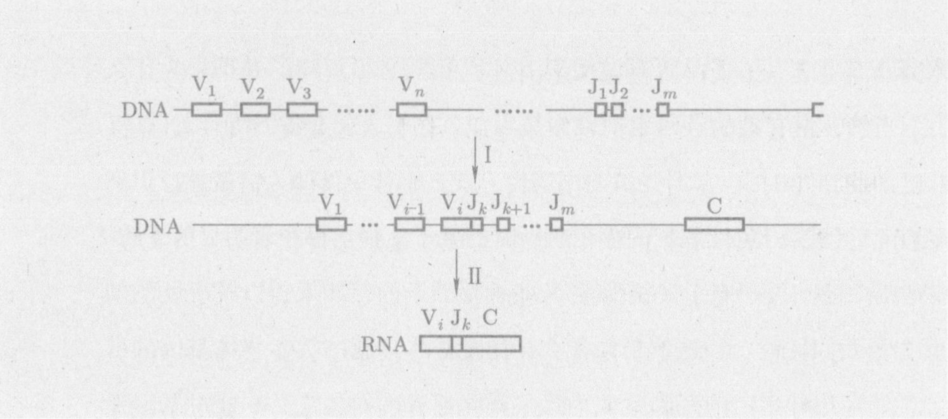

图21 免疫球蛋白基因的重组。第一阶段发生在淋巴细胞的成熟过程中。第二阶段对应于淋巴细胞中的免疫球蛋白合成

免疫球蛋白基因组织的结构形式如图21的上方所示。其中大约有300个V基因、4个J基因和1个C基因。V基因簇与J基因簇之间相隔一段相当大的距离。J基因与C基因之间也分开一段距离，尽管这个间距要小得多。具有这种DNA结构的细胞不能产生抗体。出于这个原因，胚胎甚至是新生儿都缺乏自身的抗体，而是仅带有母亲的抗体，并且这些抗体在婴儿出生之前就已经进入其血液之中了。

婴儿出生后不久的那段时间，机体自身的免疫系统随着淋巴细胞的形成而开始进化。每个淋巴细胞都经过以下几个阶段：从DNA中切割掉一个很长的片段，从一个V基因的末端开始，并恰好在一个J基因的开端结束。结果得到的一个淋巴细胞含有如图21中间部分所示结构的DNA。下一步，从由此获得的整个片段复制RNA。这个片段从V基因开始，到C基因结束。酶对RNA的处理方式与高等生物体的任何被肢解的基因所发生的过程基本相同。在这个过程中，RNA去除了一切，只有在前一阶段形成的单个VJ基因的副本以及C基因除外。这三个副本共同构成一条连续的mRNA单链（图21的最下面一行），它由核糖

116

体翻译而生成一条蛋白质免疫球蛋白链。

当然，最有趣的一些事情都发生在第一阶段（也就是当某一类型的淋巴细胞产生时）。是什么决定了哪一对 V 和 J 基因将被连接起来，并在 DNA 片段被切掉时处于紧挨着的状态呢？这是由淋巴细胞产生的免疫球蛋白的结构所完全依赖的核心问题。

基本法则是，在此过程中将试用所有或几乎所有 V 和 J 的基因组合。这是在一个相对贫乏的原始基因集合的基础上创造出无数种免疫球蛋白的第一步。假如数量为 n 的 V 基因和数量为 m 的 J 基因，我们就可以得到数量为 nm 的不同配对方式。因此，假如前面提到的 $n=300$、$m=4$，那么结果得到的不同抗体的数量将在 1000 左右。然而，这还不是故事的全部。免疫球蛋白分子不是一条多聚氨基酸链，而是由四条多聚氨基酸链构成的——两条轻链和两条重链（见图 22）。两条重链完全相同，两条轻链也完全相同。不过，重链和轻链都是独立合成的，并且上文讨论过的重组在两者中都会发生。这就是为什么 1000 必须再取 2 次幂。于是我们就得到了 100 万种不同的抗体。

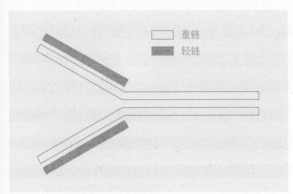

图 22 一个免疫球蛋白分子的结构

然而，故事仍然没有说完，因为人们发现在某个时间点，有一种影响突变的机制被启动，但是这只发生在V基因中。V基因周围的各DNA区域保持不变，而V基因中则发生随机的核苷酸替换。这使免疫球蛋白的种类进一步成倍增长。

我们研究了B淋巴细胞中发生的事件。T淋巴细胞也发生了完全同样的过程，从而形成大量的受体。

我们只能惊叹于大自然的独具匠心，她设计了一种机制来为我们提供淋巴细胞和抗体，它们快速大量地产生以应付所有想象得到的紧急情况。在耗费了好几代医生和生物学家的心血之后，在那些以操纵DNA分子的技术为武装的专家们的联合攻关之下，这一谜团得以破解。

甚至对惊奇的感觉早已司空见惯的分子生物学家们也对呈现在眼前的远景感到惊愕不已。事实上，在人类、所有哺乳动物以及更为宽泛的脊椎动物的生物体中发现基因重组，这可不是件闹着玩儿的事。此过程中诱导了数十亿个新基因的形成，伴随着强烈的突变。

科学家们曾认为（不，我们曾完全确信），一旦合子形成，生物体的结构蓝图就保持不变了。我们曾认为所有细胞中的蓝图都是完全相同的，问题仅仅是不同的细胞只"阅读"它们自己的蓝图的不同部分。当然，没有人曾否认过在生物体发育过程中有发生基因突变的可能性，但是这些突变往往被解释为生物体在按计划发育过程中遇到的意外阻碍或偶然误差。然而现在事实证明，每个生物体在其发育过程中都进化出一组属于自己的、绝对独有的受体和免疫球蛋白基因，并各自进化出一组独有的淋巴细胞。这是确定每个脊椎动物的个体性或"自我"的因素之一。

为什么生物体如此聪明，以至于知道不去产生针对其自身蛋白质的抗体？这是通过机体的一种特殊机制：把机体的所有蛋白质提呈给免疫系统，而体内的淋巴细胞能识别出这些蛋白质而产生排斥，不与它们对抗。有一项艰巨的任务就是要发现免疫和癌症之间的联系，因为事实上这种疾病如同免疫一样，是脊椎动物所共有的。在人类生命中的这两个关键现象之间，无疑存在着一种非常密切的联系。人们正在各个层次上研究这种联系，其中包括DNA的层次。我们将在第11章中详细阐述这一问题，并描述近年来科学家们如何学会了引导患者自身的免疫系统去战胜癌症的方法。

先天免疫

只有脊椎动物具备具有免疫应答的细胞和分子机制。昆虫和植物的情况如何呢？它们如何保护自己免受微生物（细菌、病毒、真菌）的侵害？不过，脊椎动物除了它们的免疫应答系统之外，还有一条抵御入侵者的反应更加迅速的防线，类似于据说无脊椎动物所具有的那种反应防线，这样就说得通了。当病原体首次入侵时，这条快速反应防线将被调用，因为免疫系统产生足够的抗体和T淋巴细胞来抵御入侵是需要时间的。这种延迟就是细胞和分子免疫被统称为"获得性免疫"的原因：免疫应答是机体对于抗原持续存在做出反应而建立起来的。尽管在大部分时间里免疫系统都会击败入侵者，但一开始病原体还是设法造成了很多伤害。这就是为什么我们在康复之前会体验到疾病带来的所有"快感"。

因此人们长期以来一直猜想，动物体内除了适应性反应以外，也存在着先天的非特异性免疫反应，因为植物也存在这种反应。最近我们已经逐渐清楚地知道，实际上存在着各种各样的先天免疫机制。在大多数情况下，先天免疫系统是通过所谓的"Toll样受体"而发挥作用的，这些受体位于被称为吞噬细胞的那些特殊细胞的表面，它们专门负责清除入侵的外来细胞。

这是在对一种模式生物[4]的研究中首先发现的，在本例中是在法国果蝇遗传学家朱尔斯·霍夫曼（Jules Hoffmann）的实验室中对果蝇所做的研究。研究人员发现，突变体对一种真菌寄生虫无防御作用。在这一观察结果的引导下，在包括人类在内的各种生物的吞噬细胞表面发现了一整类的"Toll样受体"。这些受体能识别出一些一般分子特征，它们在病原体中与宿主细胞是不同的。当它们识别出一个奇怪的构型，吞噬细胞就会直接吞噬掉这位不受欢迎的来客。霍夫曼由于发现Toll样受体而获得2011年诺贝尔生理学或医学奖。

真核生物和原核生物中的任何显著不同的特征也许可以改变先天免疫反应。现在让我们来讨论这样的一个例子。

我们知道，基因组DNA通常以双螺旋的形式存在。因此，如果ssDNA突然出现在细胞内部，那么它很可能是一个入侵者，于是便成了先天免疫系统的合法目标，因为结果可能表明这样的一个DNA是机体的一个邪恶的敌人。例如，ssDNA在逆转录酶病毒感染过程中总是以中介物的形式出现，因为像HIV这样的逆转录酶病毒携带RNA来作为遗传物质。

当ssDNA出现时，一种被称为脱氨酶的特殊酶就会攻击它，抓住其中的胞嘧啶氨基（NH_2），并用氧原子来替换它，从而将C转换成U。（图6中的化学式明示了正是这一变化使C不同于U。）脱氨酶无法在双螺旋内除去C中的氨基，因为这个基团被掩埋在内部，这种酶无法接触到。这样，入侵者就被打上了清除标记——因为"根据法规"，DNA不能携带 U, 永远只能是 T。现在另一种"警察"酶(它有一个繁琐的名字: 尿嘧啶 DNA 糖苷酶)对这一失调状况——DNA 中的 U——做出了反应, 消化了所有符合特征的 U 附近的 DNA 链: 敌人被消灭!

这类似于细菌利用限制酶来处理外来 DNA 的方式。事实上, 限制系统就是细菌的免疫系统。与细菌相似, 真核细胞通常利用 DNA 甲基化使先天免疫系统区分出"我族"和"异类"。

有趣的是, 这种脱氨酶还负责免疫球蛋白基因的 V 区域中的突变, 正如我们在前一节中讨论过的, 这个过程在很长的一段时间里一直是个谜。后来发现原来在转录过程中, 当 V 区域中的 DNA 链被暂时分离时, 脱氨酶就会攻击胞嘧啶的氨基, 这是因为糖苷酶工作的速度不够快, 因而 DNA 链保持完整, 而与此同时部分胞嘧啶则变成了尿嘧啶。在随后的 DNA 复制过程中, 这些尿嘧啶的表现就像胸腺嘧啶, 最终结果就是突变: C⇒T。获得性免疫系统是脊椎动物在进化过程的后期逐渐形成的, 这一系统利用更为古老的先天免疫系统的各元素创造出了一个不可思议的免疫球蛋白宝库。

但糖苷酶并不总是能完全执行清算所有敌方分子这一具有挑战性的任务。当这种情况发生时, 一部分病毒特异性 ssDNA 就会存下来, 只是伤情如此严重(即携带了大量的突变), 以至于产生的病毒颗粒不再有害。但是, 如果一些仍有传染性的病毒颗粒被制造出来, 而非突变病毒抗体识别不出这些病毒颗粒, 那么情况会如何呢? 这也许解释了臭名昭著的 HIV 变异, 它对研制艾滋病疫苗的艰难尝试造成了阻碍。这是一个极其吸引人的问题, 仍然有待解答。

尿嘧啶

基因沉默子

随着基因组操控时代的到来，生物学的各个分支都活跃起来了。伯班克[5]的得意弟子、植物学家米丘林[6]和博洛格[7]想在这一进展过程中名列前茅是理所当然的，于是他们卷起袖子投入了实干。他们在创造基因工程作物方面取得了不朽的成就（参见第10章），也有一些戏剧性的失败。其中之一发生在20世纪90年代初。

当时花卉育种者们决定应用遗传操作的现代方法来增强矮牵牛花的颜色。该怎么做是很清楚的——增加编码色素蛋白质的基因数量。研究人员开始植入携带额外色素基因的质粒，完全确信这一事业会取得成

转基因   功。然而，令他们大为失望的是，转基因矮牵牛花的颜色没有变得更鲜亮……它们变成了无色的！

虽然这些花卉育种者们意识到他们偶然发现了某件重要的事情，但他们无疑并不知道他们的这一观察结果会引发分子生物学中的一场革命。研究人员迫切想弄清基因数量的增加怎么会导致相反的特征。这是一种颠倒的黑格尔辩证法[8]。

随着研究的继续，情况变得比较清楚了。存在着大量植物病毒，对此植物必须以某种方式保护自己免受其侵害。没有自己的免疫系统，植物是无法生存的。这种系统被称为RNA干扰（RNA interference，或

RNAi   缩写为RNAi）。虽然它是一种适应性免疫系统，但是它完全不同于人类和其他脊椎动物的适应性免疫系统。我们的免疫系统在探测到入侵者出现时做出的反应是释放出抗体，而植物则开始产生短RNA分子。这

siRNA   些被称为小干扰RNA（small interfering RNA，或缩写为siRNA）的分子含有大约21个核苷酸。首先，siRNA与入侵病毒所表达的mRNA杂

交，而这对属于RNAi系统的特殊核糖核酸酶发出了一个去攻击并消化mRNA的信号。siRNA从而起到了令病毒沉默的作用：识别出病毒特异性基因，并阻止其在植物细胞中表达为蛋白质。

细胞如何知道要产生哪些siRNA？在人体免疫系统中，B淋巴细胞和T淋巴细胞通过血液系统循环，于是散布成一个巨大的淋巴细胞武器库，准备在整个体内与入侵者进行斗争。但是植物没有这种循环系统，其基于RNAi的免疫系统与脊椎动物的先天免疫和获得性免疫都不相似。入侵的病毒RNA（许多植物病毒也如同许多动物病毒一样，携带单链RNA作为遗传物质）被转化为RNA双螺旋。然后RNAi系统的特殊内切酶将双链RNA切割成短小的碎片（也是双链，其每条单链由大约21个核苷酸构成），它们就成为siRNA。所以事实上siRNA分子是双链。双链中的一条充当RNA沉默子。

矮牵牛花对额外色素基因插入所做出的反应是失去它们的颜色，在此过程中发生的事情是，这些植物的免疫系统错误地将色素蛋白编码为一种入侵的病毒RNA分子，于是开启了RNAi通路。针对矮牵牛花mRNA的siRNA产生了，因此所有针对色素的mRNA都被分解。所有色素基因的表达完全被阻止。

这就是一次对花朵的无害操控如何导致了一个突破性的发现——揭示了植物中的一种免疫系统，或者称为RNAi系统。从某种程度上说，这不应该令人感到意外：整个遗传学领域都是从孟德尔的花朵开始的。然而这样一个重要的过程却如此长久以来都没有被注意到，这仍然令人费解。这可能是因为RNAi系统只存在于植物中，而在原核生物和动物中都不存在，所以没有引起人们的注意？原核生物中确实没有RNAi通路，但它存在于包括人类在内的动物中，尽管此时它发挥着与植物中不同的作用。当21世纪伊始RNAi通路被发现时，人们就谈到分子生物学中将发生一场革命。很明显，这场革命现在正如火如荼地进行着。不过我们会在后文中对这方面进行更详细的叙述——在本书结尾部分。

细菌的获得性免疫

2013年，植物和动物中发现RNAi通路所带来的激动情绪尚未平复，此时出现了一项新的技术突破，它在规模上超越了分子生物学历史上以往的所有突破。我们将在后文的第10章中详细讨论这项革命性的基因组编辑技术。这里我们会集中讨论导致这一突破的基本科学发现，即在细菌中发现了获得性免疫。

基因组编辑

分离的细菌细胞是一种生物体，通过简单的分裂产生后代。如果在与一种特定病毒（细菌病毒也被称为噬菌体（bacteriophages）或简写为

免疫力

phages）接触后，细菌获得了对噬菌体感染的免疫力，它就会将这一性状传给后代。但另一方面，细菌传递一种后天特征的能力，与一条被切断尾巴的狗将其后天获得特性（短尾巴）传给后代的能力，这两者之间会有怎样的不同呢？这是一种平凡无奇的拉马克学说[9]，或者更糟糕的情况是一种李森科学说[10]！这不是别的，正是后天获得特性的遗传——而这是我们不能容忍的。归根结底，获得性状是不遗传的，这正是伟大的俄罗斯遗传学家尼古拉·瓦维洛夫[11]讲出下面这句名言的用意所在："我们会赴汤蹈火，我们会燃烧殆尽，但我们不会放弃我们的信念。"而他确实赴汤蹈火了，燃烧殆尽了（或者更确切地说是饿死在地牢里）。

有趣的是，将拉马克学说和李森科学说最后钉进棺材的是用细菌和

病毒所做的实验。这些实验是1943年由萨尔瓦多·卢里亚（Salvador Luria）和麦克斯·德尔布吕克（正是蒂莫菲耶夫–莱索夫斯基在柏林的那个学生、美国噬菌体小组的创始人，我们已经在第1章讲到过他了）在美国实施的。卢里亚和德尔布吕克主要是由于这些实验而获得了1969年诺贝尔生理学或医学奖。

卢里亚和德尔布吕克十分清楚，如果在含有营养琼脂培养基和一个能够杀死这种菌株的噬菌体的皮氏培养皿中撒入这种细菌细胞，那么绝大多数细胞都会死亡，但也会有一些存活下来。研究人员提出了这样一个问题：这些耐药细胞突变体是在与噬菌体接触之前已经存在于正常细胞中，还是有一小部分细胞在与噬菌体接触的瞬间获得了对噬菌体的免疫力？换言之，对于噬菌体感染的抵抗力是由于随机突变引起的，还是后天获得的特征？为了区分这两种可能性，他们设计了下面这个实验。

营养液体培养基中生长的细胞被彻底摇匀并分成两等份。从图23右边所示的一半细胞中，用移液管吸取一定体积并立即平铺在装有琼脂和噬菌体的皮氏培养皿中。图中左边所示的另一半首先倒入与右边的皮氏培养皿相同数量的试管中，并培养足够长时间，使细胞增殖。然后将每个试管都彻底摇匀，从每个试管中取出相同体积的样品，并平铺在培养皿中（见图23的左边）。然后，给存活下来的细胞一段时间繁殖，随后对所有皮氏培养皿中的细菌菌落进行计数。在突变假设的情况下，我们会期望哪种结果？而在获得性免疫假设，即获得性状遗传的情况下，人们又会期望哪种结果？

显然，在获得性免疫的情况下，上述两种情况下的实验结果（图23的左边和右边）必定相同，因为免疫是在细菌和噬菌体接触的那一瞬间获得的，所以在这种接触之前对细胞的任何操作都无关紧要。因此

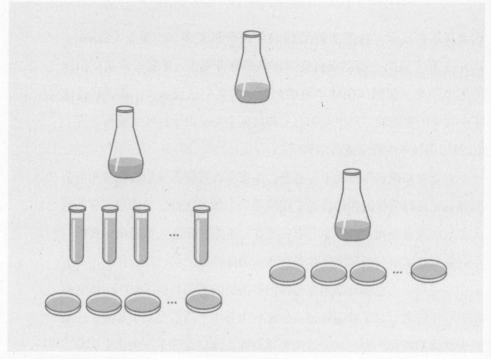

图23 卢里亚和德尔布吕克的实验（一种方案）。请参见正文解释

如果是获得性免疫，那么卢里亚和德尔布吕克必定会观察到左边和右边这两种情况下培养皿中的菌落数大致相同。当然，由于免疫是偶然获得的，因此在一小部分细胞中，不同盘子中菌落的数量必定会稍有波动，服从所谓的泊松分布。相比之下，如果突变假设是正确的，那就只会在图23右边所示的实验设计中观察到泊松分布，根据图23左边图示的实验设计不会产生泊松分布。在这种情况下各试管中的突变必定服从泊松分布。在试管中培养细菌并将它们撒入培养皿之后，各菌落的分布必定比泊松分布更宽。事实上，虽然可以预期有些培养皿中完全没有菌落，但是必定几乎没有任何一个培养皿中会只有一个或几个菌落，因为即使试管中只出现一个突变细胞，它在孵化过程中也会繁殖，因此将这些细胞撒入培养皿中就会产生很多菌落。

泊松分布

126

要检查一种分布是不是泊松分布是很容易的。设 m_1, m_2, $\cdots$, m_{10} 为各培养皿中的菌落数（假设有 10 个），那么泊松分布就满足等式：

$$(m_1+m_2+\cdots+m_{10}) / 10 = (m_1^2+m_2^2+\cdots+m_{10}^2) / 10 - (m_1+m_2+\cdots+m_{10})^2/100。$$

换言之，对于泊松分布，平均值（等式左边）必定与方差（等式右边）相一致。

现在让我们来看看卢里亚和德尔布吕克在他们 1943 年研究中得出的实验观察结果。在图 23 右边的情况下，m 值如下：

14, 15, 13, 21, 15, 14, 26, 16, 20, 13。

将这些值代入上述等式左边，我们得到 16.7，代入等式右边，我们得到 16.4。结论很明确：泊松分布。现在再让我们来看看根据图 23 左边的方案所做的实验中发生了什么：

107, 0, 0, 0, 1, 0, 0, 64, 0, 35。

平均值（等式左边）是 20.7，与前一个例子没有太大的差别，但方差（等式右边）：1268.7！完全不符合泊松分布。

他们的实验已成为经典，并由不同的研究者对不同的细菌－噬菌体重复了数千次，卢里亚和德尔布吕克为获得性状遗传概念的棺材敲进了最后一颗钉子，而这种概念（也被称为拉马克学说）已经销声匿迹 60 多年了。然后，当事实证明细菌具有一种特别专注于针对噬菌体和质粒（即一个细菌细胞外的 DNA）入侵的免疫防御系统时，突然之间这种概念又复活了。怎么会这样呢？我们会发现卢里亚－德尔布吕克的实验有某些缺陷吗？

不，卢里亚－德尔布吕克实验的一切都没问题，并且在这样的实验中还确实观察到了抵抗噬菌体的自发突变，而且在数千次这样的实验中，没有一次观察到获得性免疫的现象。但是"非此即彼"的原则（要么是突变，要么是免疫系统）在生物学中不起作用，正是因为生物多样性是在难以想象的35亿年长时间跨度中由进化得到的产物。在生物学中，结果几乎总是证明"两者兼具"的原则是有效的，也就是说在我们的例子中突变和免疫都成立。换句话说，与物理学这样一门无生命的自然科学不同的是，在生命科学中不存在任何没有例外的规则，不存在严格的、一成不变的定律。生物学家应该没有他们心甘情愿为之赴汤蹈火的坚定信仰：每个人都会燃烧殆尽，没有人会留下来继续争取。

我所知道的生物界唯一毫无例外的定律是，遗传信息在所有生物中都以DNA双螺旋的形式存储。（病毒不算：它们不是生物，因为它们
体细胞 无法在活体细胞之外自主繁殖。）这条定律从未出现过例外，这个事实就意味着地球上的生命只起源过一次，而且所有生物都是单独一个祖细胞的后代。但我并不准备为我的信念赴汤蹈火，因为并没有什么永恒不变的物理定律禁止"最重要的分子"不是DNA，而是比如说RNA。事
RNA世界 实上，我们相信RNA在生命出现的极早期阶段，在RNA世界的时代中发挥了核心作用。此外我也毫不怀疑，科学家迟早会创造出一种完全人工的生命，而在这些人工细胞中，遗传信息的载体将不是DNA，而是其他某种东西，可能就是刚才提到的RNA。

卢里亚–德尔布吕克实验原本是为细菌在它们获得对噬菌体感染的抵抗力方面的偶发突变的重要作用提供证据的，那么为何人们不是从这个角度来看待它？为什么这个实验作为证明获得性征是不可能遗传的决定性证据——最后的一锤定音，在遗传界得到范围更广的认识？最有可能的情况是，政治动机在这里起到了比科学动机更重要的作用。

全世界遗传学界在那些年中惊恐地注视着斯大林政权以系统的、最残忍的方式灭绝了也许是当时世界上遗传学方面最强大的苏联学派，而

将特罗菲姆·李森科奉为偶像。李森科是一个无知的江湖骗子，拉马克学说中形态最庸俗的伪理论的信徒。遗传学界尤其强烈地感觉到了其最令人尊敬的成员尼古拉·瓦维洛夫的失踪，虽然他们当时并不知道他的可怖的最终结局。然后，在1948年农业科学院的一次臭名昭著的会议上，苏联遗传学家们经历了一场彻底的溃败，紧随其后的是一场反对"世界主义者"的公开反犹运动。全世界遗传学家知道这些事件的范围从以下事实可见一斑：1949年，流传最广的苏联杂志《星火》（*Ogonyok*）发表了一篇题为"飞行爱好者和憎恨人类者"（Fly-lovers and man-haters）的文章，文中将所有弥天大罪都归咎于遗传学和遗传学家，这篇文章的英译文立刻发表在国际遗传学一流期刊《遗传学杂志》（*Journal of Heredity*）上。因此，任何提及拉马克学说的话题都会引发文明世界遗传学家们的最可怕联想，这也就不足为奇了。将一位生物学家称为拉马克主义者或李森科主义者（上帝不容发生这样的事）是最无礼的侮辱。

不过，让我们还是回来讨论细菌的获得性免疫。这一发现是基因组测序领域取得进展的一个直接结果。在弗雷德里克·桑格发明DNA测序方法后的前十年中，进展十分缓慢。在20世纪80年代中期，人们发明了PCR测序方法并广泛使用互联网之后，基因组测序的时代才真正开始。回溯到20世纪80年代，当时甚至大肠杆菌基因组也尚未被破译，研究人员还在对其基因组的各单独片段一个一个地测序。1987—1989年，由中田笃夫（Atsuo Nakata）领导的、来自大阪大学（Osaka University）的一群科学家在一份专业微生物学杂志上报告，他们在大肠杆菌基因组中找到了一个很奇怪的位点。它由一个包含29个核苷酸的序列完全相同地重复14次构成，而这些重复序列被包含32～33

重复序列 ... 间隔序列

重复序列			间隔序列		
GGAGTTCTAC	CGCAGAGGCG	GGGGAACTCC	AAGTGATATC	CATCATCGCA	TCCAGTGCGC C
CGGTTTATCC	CCGCTGATGC	GGGGAACACC	AGCGTCAGGC	GTGAAATCTC	ACCGTCGTTG C
CGGTTTATCC	CTGCTGGCGC	GGGGAACTCT	CGGTTCAGGC	GTTGCAAACC	TGGCTACCGG G
CGGTTTATCC	CCGCTAACGC	GGGGAACTCG	TAGTCCATCA	TTCCACCTAT	GTCTGAACTC C
CGGTTTATCC	CCGCTGGCGT	GGGGAACTCC	CGGGGGATAA	TGTTTACGGT	CATGCGCCCC C
CGGTTTATCC	CCGCTGGCGC	GGGGAACTCT	GGGCGGCTTG	CCTTGCAGCC	AGCTCCAGCA G
CGGTTTATCC	CCGCTGGCGC	GGGGAACTCA	AGCTGGCTGG	CAATCTCTTT	CGGGGTGAGT C
CGGTTTATCC	CCGCTGGCGC	GGGGAACTCT	AGTTTCCGTA	TCTCCGGATT	TATAAAGCTG A
CGGTTTATCC	CCGCTGGCGC	GGGGAACTCG	CAGGCGGCGA	CCGGCAGGGT	ATGCGCGATT CG
CGGTTTATCC	CCGCTGGCGC	GGGGAACTCG	CGACCGCTCA	GAAATTCCAG	ACCCGATCCA AA
CGGTTTATCC	CCGCTGGCGC	GGGGAACTCT	CAACATTATC	AATTACAACC	GACAGGGAGC C
CGGTTTATCC	CGCGCTGGCGC	GGGGAACTCT	GCGTGTTCGG	CATCACCTTT	GGCTTCGGCT G
CGGTTTATCC	CCGCTGGCGC	GGGGAACTCI	GCGTGAGCGT	ATCGCCGCGC	GTCTGCGAAA G
CGGTTTATCC	CCGCTGGCGC	GGGGAACTCT	CTAAAAGTAT	ACATTTGTTC	TTAAAGCATT

图 24 中田笃夫及其合作者们在大肠杆菌基因组中发现的重复序列。可以清楚地看到，包含 29 个核苷酸的序列（用下划线表示）严格重复了 14 次，而插在这些重复片段之间的那些包含 32～33 个核苷酸的序列则没有任何共同之处

个核苷酸的间隔序列分离，而这些间隔序列没有任何共同之处（见图24）。作者关于这一发现的意义没有提出任何假设，他们的文章也没有引起任何人的注意。

十多年过去了，直到这些奇怪的重复序列吸引了西班牙微生物学家弗朗西斯科·莫吉卡（Francisco Mojica）的注意。当时莫吉卡和他的同事们获得了利用基因组数据库的机会，这个数据库在 21 世纪初已能提供多种细菌和病毒的基因组。他们发现在许多细菌的基因组中都有一些类似于中田笃夫首先描述的那种区域。这些重复序列得到了一个冗长而笨拙的名字"成簇的规律间隔短回文重复序列"（Clustered Regularly Interspaced Short Palindromic Repeats），缩写为 CRISPR，而它们的排列方式则被称为"盒"（cassette）。但最重要的是，莫吉卡将重复序列之间的间隔序列与不同病毒的和质粒的序列作比较，发现间隔序列往往来自噬菌体或质粒，而细菌则充当它们的一个寄主。他还发现，如果噬菌体中的 DNA 片段具有 CRISPR 盒中的间隔序列的形式，那么这些噬菌体就不能感染细菌。莫吉卡在 2005 年的文章中首次假设，CRISPR 盒与细菌对抗外来 DNA 的免疫力以某种方式发生联系。

这是一个转折点。杰出的美国生物信息学家尤金·库宁（Eugene Koonin）加入了研究 CRISPR 系统的科学家行列，他深化和扩展对这些序列的分析。据此人们识别出了所谓的"CRISPR 关联基因"（CRISPR associated，缩写为 cas），而这些基因对参与 CRISPR 的蛋白质进行编码。俄裔美国微生物学家康斯坦丁·谢维里诺夫（Konstantin Severinov）做出了一项重大贡献。随后分子生物学家们很快就弄清了免疫反应是如何运作的细节。

首先，整个 CRISPR 盒被转录。由此产生的长 RNA 被切成碎片，

回文

CRISPR

131

每个碎片都包含一个重复序列和一个间隔序列。这样就产生了一些含有

约60个核苷酸的小RNA分子，它们被记为crRNA（见图25）。cas基因表达了捕捉各种crRNA并开始仔细检查细胞中的双链DNA的蛋白质分子。该蛋白质局部打开双螺旋，以试图与crRNA分子杂交。如果杂交发生在crRNA和DNA双链打开区域的其中一条链之间，那么Cas蛋白就会将DNA双链都切断（图25中用小剪刀表示），从而构造出一个

双链断裂。双链断裂导致细菌细胞中的DNA降解，于是噬菌体或质粒DNA就变得无害了。

但为什么带有Cas蛋白的crRNA复合体不攻击CRISPR盒本身，从而导致细菌基因组DNA中发生的那种双链断裂？原因是在噬菌体或质粒的DNA中有一个特殊的、非常短的序列，但它不出现在CRISPR盒中，Cas蛋白可以识别出这个序列。在没有这个序列的情况下，Cas蛋白就不起作用。

而当一种细菌获得抵抗新噬菌体的免疫力时，新的间隔序列就被插入到CRISPR盒的"尾部"（图25中的第 n 个间隔序列之后），但其第一个间隔序列则被丢弃。

我们不得不承认，在生命现象的兼收并蓄之中，还是有拉马克学说的一席之地。但是对这种新发现的细菌免疫系统的极大兴趣不是由于拉马克学说的部分复兴。这是由于CRISPR-cas系统的实际应用，即作为活的真核细胞中的一种强大的基因组编辑工具，这方面的内容将在第11章中详细讨论。

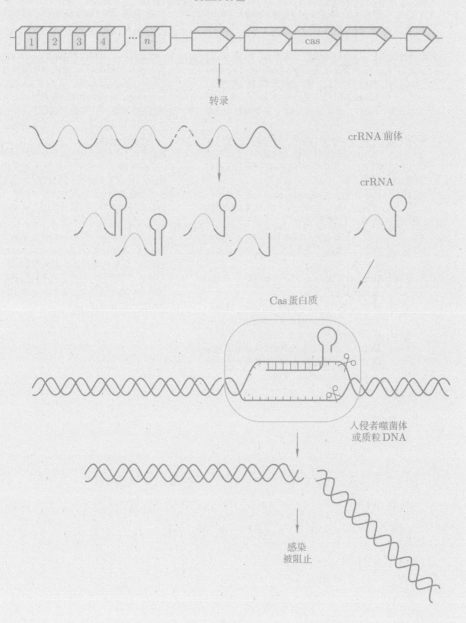

图25 细菌中获得性免疫的机制（CRISPR）。CRISPR盒由重复序列（白色片段）和插入片段
1,2,3,…,n构成。在大肠杆菌的情况下，$n=13$（参见图24）。紧跟在CRISPR盒之后的是编码Cas
蛋白质的cas基因。整个盒被转录，转录物被切割成单个crRNA，其中每个crRNA都只携带一个
插入片段。Cas蛋白结合其中一个crRNA，局部打开入侵者DNA的双螺旋，并且在crRNA和入
侵者DNA区域之间发生杂交的情况下，Cas蛋白造成打开区域的两条单链都发生断裂：感染被
阻止了

1 格雷戈尔·孟德尔（Gregor Mendel, 1822—1884），奥地利遗传学家，遗传学奠基人。他在1856—1863年间进行了著名的豌豆实验，并建立了许多遗传法则。

2 克里斯蒂安·多普勒（Christian Doppler, 1803—1853），奥地利数学家、物理学家。他提出的多普勒效应现已被广泛应用于光学、天文学、气象学、医学诊断等诸多方面。

3 发夹（hairpin）是RNA单链分子通过自身回折使得互补的碱基对相遇，形成氢键结合而成的，是RNA单链分子上存在的局部二重对称区。

4 模式生物（model organism）是指受到广泛研究、用于归纳出某些生物普遍规律的生物。

5 卢瑟·伯班克（Luther Burbank, 1849—1926），美国植物学家，园艺和农业科学的先驱。

6 伊凡·米丘林（Ivan Michurin, 1855—1935），俄罗斯园艺学家。

7 诺曼·博洛格（Norman Borlaug, 1914—2009），美国农业科学家、植物病理学家、遗传育种专家，1970年获得诺贝尔和平奖。

8 黑格尔辩证法是德国古典哲学最重要的成果之一，它建立在唯心主义基础之上，基本思想是概念的辩证发展。

9 拉马克学说（Lamarckism）是法国生物学家让－巴蒂斯特·拉马克（Jean-Baptiste Lamarck, 1744—1829）提出的一种进化论，其理论的基础是"获得性遗传"和"用进废退"，他认为生物经常使用的器官会逐渐发达，而不使用的器官会逐渐退化，并认为后天获得的性状是可以遗传的。达尔文在《物种起源》一书中多次引用拉马克的著作，但达尔文的进化论的基础是物竞天择。

10 特罗菲姆·李森科（Trofim Lysenko, 1898—1976）出生于乌克兰，本身无甚学识却荣居三院院士。他坚持生物的获得性遗传，否定孟德尔的基于基因的遗传学，得到斯大林的支持并用政治手段迫害学术上的反对者，称霸苏联科学界三十多年。李森科事件是政治干涉科学的典型事例。

11 尼古拉·瓦维洛夫（Nikolai Vavilov, 1887—1943），苏联植物学家和遗传学家，他一手提拔了李森科，但后来因坚决抵制李森科的歪门邪道而遭到李森科的迫害，最后在狱中因营养不良而去世。

环状DNA

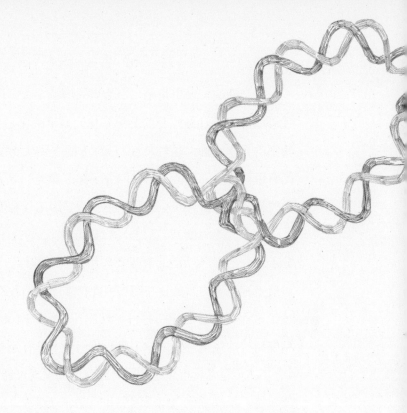

DNA环

细心的读者一定已经注意到，为了理解DNA的生物学功能，科学家们要依靠两个事实：DNA分子由两条互补链构成；遗传信息编码在一个由四类核苷酸（A、T、G、C）构成的序列中。这两个事实为包括基因工程和生物技术在内的现代分子生物学的整幢宏伟大厦奠定了基础。一些生物学家认为我们甚至连DNA是螺旋形结构而不是简单的绳梯这个事实都不必知道，更不用说这种分子有更精细的物理结构了，一些基因工程师更是这样认为。事实上，这一观点的拥护者们说，现在是我们停止翻查DNA的时候了，应该开始着手处理目前知识状态所能解决的那些纯实践性的任务。

这种观点显然是目光短浅的。前几章的材料为我们提供了令人信服的证据，证明在对DNA的研究过程中，即使那些看起来最微不足道的事实，也可能导致最重要的发现。

限制酶的发现史正是一个恰当的例子。这一切的开始是试图澄清数量可以忽略不计的核苷酸的甲基化，而甲基化是DNA分子的一个非常精细的化学特性。这种特性与DNA的主要功能没有关联，它被认为只是有可能使得细胞能把自己的分子和"异类"分子区分开来。如果没有发现限制酶的话，现在分子生物学、基因工程和生物技术何在？

谁敢大胆地断言，对DNA结构的细致研究不会启发我们理解这种分子的一些对其功能起着重要作用的全新特性，不会揭示出一些新的、以前未被发现的酶的存在呢？因此，谁能低估我们将获得更积极地操纵遗传过程的能力这样一种可能性呢？我们一次又一次地认识到，DNA精细结构的生物学作用一定会给我们带来最有趣和意想不到的发现。环状DNA（超螺旋现象）和拓扑异构酶的发现可能是其中最明显的证明。要对这一发现过程中出现的那些问题加以澄清，这就迫使分子生物学家们严重倚仗物理学家和数学家的帮助。

当生物化学家学会从细胞中分离出DNA分子时（他们很久以前就掌握了这项技术），他们也很快知道了这些分子看起来就像普通的线性聚合物。每个分子有两个末端。似乎没有人曾对所有DNA分子都是线性链表示过质疑。然而，关于哪些基因应该被视为位于末端，遗传学家们常常摸不着头脑。因此，他们被迫以环形图的形式来绘制其遗传图谱。我们可以想象，假如有一个科学怪人胆敢断言这样的环形图反映了实际分子的真实环形结构，那必会贻笑大方！要认真地做出这样的一个断言，就需要DNA分子确实可以是环形的证据。通常情况下，答案完全出乎意料之外。

当时人们正在用电子显微镜研究致瘤的（即诱发癌症的）小DNA病毒。在这些DNA上几乎不存在任何遗传信息，但是很容易操作它

超螺旋

拓扑异构酶

们：它们没有像长分子那样常常分解为碎片，这些长分子极难以完整的形式被分离出来。令这些显微学家无限惊奇的是，他们在20世纪60年代早期发现，其中有些病毒DNA呈闭环状。于是情况就变得清晰了，以前画出的环形遗传图谱绝非偶然。

然而，这一发现没有引起任何特别的兴趣。DNA很可能在病毒中呈现多种形式。有时它的形式只是两条互补链中的一条，有时这条链形成一个闭合环。此外，正如我们已经知道的，一些病毒的RNA携带着其发育蓝图，RNA只能通过特殊的逆转录酶在细胞内转化为DNA。众所周知，在许多情况下DNA在病毒颗粒内部具有规则的线性形式。不过，对环状DNA的搜寻还在继续进行。人们逐渐发现，在许多情况下，即使DNA在一个病毒颗粒中是线性的，但它会在病毒侵入细胞后闭合成一个环。有人发现在复制开始之前，这样的一个线性分子呈现出一种两条DNA互补链构成闭合环的形式（称为复制型，参见图26）。人们发现包括大肠杆菌在内的细菌的DNA是环形的。质粒这个基因工程中最优秀的基因携带者总是环形的。简而言之，很难说出在原核细胞中起作用DNA不呈现环形的情况。应该强调的是，在真核生物中，染色体DNA总是线性的。我们将在本章稍后回来讨论两个主要生物王国之间的这种根本区别。在此期间，让我们先专注于原核生物。

为什么细胞希望看到DNA分子闭合成环？这种形状内在的优势有哪些？这会对分子的各种性质造成哪些变化？为了回答这些问题，我们就必须更仔细地研究这种新的DNA形式。

图26 在一个环形的闭合DNA中，两条互补链形成更高阶的连接

超螺旋和拓扑异构酶

目前对我们极为重要的问题是，在DNA分子中，两条互补链像两棵藤本植物那样彼此缠绕，因此一旦这两条互补链都各自闭合了，得到的两个环就无法分开，它们形成了一组连环。最简单的连环——婚姻的象征（见图27）——是大家都知道的。

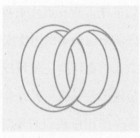

图27　最简单的连环——婚姻的象征

两个环的定量连环程度是用一个被称为连环数（linking number）的 Lk 值来描述的。对于任何连环都很容易确定这个值。只需想象其中一个环上张有肥皂膜，然后计算第二个环刺穿这张膜的次数。我们很容易看出，对于婚姻的象征，$Lk = 1$；然而对于如图26所示的连环，$Lk = 9$。

一对给定的环，无论我们如何努力使这些环变形（不过当然不能到使它折断的程度），它的 Lk 值都保持着令人侧目的恒定值。这就使得数学家们指明 Lk 值是由一对环组成的系统的拓扑不变量有了根据。倘若没有数学家的一臂之力，分子生物学家永远也不会理解环状DNA的性质。

因此，如果我们把DNA转变成一个环形的、闭合的分子，那么无论我们如何处理这个分子，只要形成互补链各自主链的糖磷酸链保持不变，它的两条链的连环数就不会改变。正是这种情况提供了闭环（closed circular，缩写为cc）DNA显著区别于线性分子的特殊性质；原则上说，ccDNA可能以所谓的超螺旋（supercoil）形式被赋予过剩的能量。

为了解释我们刚才所说的，让我们想象被放置在某种确定的外界环境中的线性DNA。在这种DNA中，每一圈双螺旋上都有确定数目

缠绕

连环

连环数

140

的碱基对。这个数目叫γ_o值。在沃森－克里克的双螺旋结构中，$\gamma_o=10$，但它在一个变化的环境中可能表现出一些微小的变化（只不过十分之一的量级，然而现在对我们来说却很重要）。让我们进一步假设这个线性分子通过最小的力变成了环形分子。最简单的设想是，我们把这个分子变成一个圆圈，然后把两条链各自的两端"粘在一起"。此时的Lk值会是多大？显而易见，$Lk=N/\gamma_o$，其中N为该分子中的碱基对数目。

现在让我们来改变环境条件。这个DNA分子会获得每圈所含碱基对的另一个平衡值γ'_o吗？这时会发生什么？这个分子力图获得相应的连环数值，现在这个值应该是$Lk'=N/\gamma'_o$，但结果却无法合理地取得应属于它的这个值，因为它已经被强加了一个不同的Lk值。

这也可能发生在婚姻关系之中！在缔结婚姻联盟时，Lk值等于1。然而，现在情况发生了改变，其中一方希望解除婚姻（也就是说要使Lk值等于0），那么在此过程中可能会出现非常紧张的局面。DNA也会发生类似的事情。这个分子发现自己处于一种紧张的、从能量角度来看无利可图的超螺旋状态。

一般而言，超螺旋分子呈现图28所示的形状。超螺旋性（supercoiling或superhelicity）可以定量地用$\tau=Lk-N/\gamma'_o$这个值来描述。正如双螺旋结构被赋予一个明确的符号（正号表示右手螺旋、负号表示左手螺旋），超螺旋按照同样道理原则上也可以是正的或负的。图28中的双螺旋结构是右手螺旋，正如对DNA的情况所应该的那样，而其超螺旋性则是负的。

后面这种说法可能显得混乱，因为看起来图28中的超螺旋是右手螺旋而不是左手螺旋。这是在

图 28 超螺旋 DNA 通常呈现的形状。其超螺旋性是负的

研究超螺旋结构中会碰到的悖论之一。为了更好地理解这是怎么回事，请取一根大约3英尺（约0.9米）长的橡胶软管，最好是有一定坚硬度的。在软管的一端插入一根销柱，并将其部分伸出管外，然后将销柱伸出部分插入软管的另一端，从而将软管变成一个环。重要的是要防止软管两端随着连环而彼此发生相对自由转动。

现在你可以开始模拟超螺旋了：保持软管一端不动，将它的另一端绕着销柱的轴旋转，从而使软管轴线形成左手螺旋。然后，用你的一只手的两个手指固定这根闭合的环状软管，使它呈现出最适合的形状。你会看到，它将呈现出类似于图28所示的形状。

从细胞中艰难分离出更新的DNA并测定它们的状态，这为研究者们提供了越来越多的证据，表明除了闭合成环以外，DNA还形成超螺旋。不仅如此，在所有的情况下发现的超螺旋性都是负的。

于是情况就很清楚了，DNA的"超螺旋"状态是常规，而不是像以前所认为的那样是个例外。然而与此同时，人们又怀疑DNA是否确实在细胞内也具有这种形式。这迫使人们承认，最可能的情况并非如此。超螺旋似乎是DNA对于要将其从原生环境中强行移除的反应，因为DNA存在于细胞内时的情况当然不同于它被移除后所处的环境。

在细胞内部，DNA与一些蛋白质结合，包括那些打开双螺旋并在这些地方使两条链解旋的蛋白质。但是由于解旋的缘故，这些分子的平均γ_0值变得比未与蛋白质结合的纯DNA的平均γ_0值要大。因此，即使DNA没有盘绕成细胞内的一个超螺旋，除去它的蛋白质也将不可避免地导致其转化为带有负号的超螺旋状态。这是对DNA超螺旋结构的最简单解释，在20世纪70年代初为人们所接受。这就意味着超螺旋没有任何分子生物学意义。

当时，只有两个研究小组在研究DNA的超螺旋结构问题。其中一组的领导者是加州理工学院的杰罗姆·维诺格拉德（Jerome Vinograd），他发现了超螺旋现象，另一组的领导者是哈佛大学的王倬（James Wang）。什么能促使研究人员去研究一项显然没有生物学意义的DNA特性？事实上，王倬加入这项工作只是因为他决心要弄清某些特定蛋白质解旋DNA的能力。

王倬的实验既费时又费力：他切断ccDNA的一条链，构造出蛋白质和被切断DNA之间的一个复合体，然后用一种DNA连接酶来治愈这个断裂处，将DNA与该蛋白质分离，最后测量超螺旋的值。王倬推想，最好有一种蛋白质既能切割又能治愈断裂处。这样就会节省很多时间。王倬开始在大肠杆菌细胞提取物中寻找这样一种蛋白质。

有什么能帮助他进行搜寻？要寻找的各种性能是明确的：如果所需的蛋白质确实存在，那么它将协助超螺旋DNA转化成没有超螺旋的闭合环状分子。事实上，当一个蛋白切断了一条链，那么DNA中的张力就会立即消失（即超螺旋将不再存在）。然而，该蛋白质修复缺口会导致DNA的 $Lk=N/\gamma$。换言之，对于能改变 Lk 值的酶的搜寻正式开始了。

王倬设法找到了这样的一种酶。这种蛋白质结果是一组数量巨大的酶的先祖，后来它们被冠名为拓扑异构酶，这是因为它们具有改变DNA拓扑性质的能力。（王倬最初将他发现的这种酶称为ω蛋白质，现在它被称为拓扑异构酶I）。拓扑异构酶的发现迫使许多人开始对超螺旋在生物领域中毫无用处这种看法产生了怀疑。因为如果确实存在着能够改变拓扑结构的酶，那就意味着细胞不能完全对拓扑结构无动于衷。

因此，对于拓扑异构酶的有计划搜索正式开始了。1976年，美国国立卫生研究院的马丁·格勒特（Martin Gellert）团队发现了一种酶，它在ATP（细胞中的一种积聚能量的通用蓄电池）的辅助下，产生的效果与王倬发现的蛋白质所起的作用相反。这种酶被称为DNA促旋酶，它将松弛的、非超螺旋的ccDNA转变成超螺旋。然而，此时人们发现，如果DNA促旋酶遭到损坏，那么细胞中包括DNA复制在内的那些关键过程就会搁浅乃至完全停止。于是人们逐渐清楚了，DNA所处的超螺旋状态对细胞是至关重要的。

为什么形成超螺旋？

超螺旋结构是DNA分子的物理状态如何影响该分子在细胞中的行为的最重要例子之一。这个问题是从医学到数学等各领域专家深入研究的对象。观察到有关超螺旋在细胞功能中作用的各种假设就不足为奇了。我们将比较详细地讨论其中之一，目前看来这是最简单、最合理的方法。

这一假说起因于下面这个不容置疑的证据：DNA分子为了开始复制，首先必须将自己缠绕成一个超螺旋，然而，这对于复制过程本身是完全不必要的。此外，闭环DNA的一条链有时会在复制开始之前断裂，造成这种断裂的是一种只在DNA形成超螺旋时才发挥作用的特殊蛋白质。由此形成了一种两难的状况：细胞试图在一个蛋白质（DNA促旋酶）的帮助下形成超螺旋，为的是让另一种蛋白质立即清除这种超螺旋。但事实仍然无可辩驳：假如没有这个神秘的仪式，复制将不会开始，至少迄今为止对于已被研究过的对象都是如此（例如ϕX174噬菌体）。

似乎只存在一种解释。前文所描述的这种仪式只不过是DNA对磷酸糖链完整性的检查，或者是DNA的一种质量控制系统。事实上，我们不应该忘记，细胞中的DNA不断地受到辐射、化学药剂、它自己的核酸酶的损害，以及对于这个问题而言还有热运动的损害。细胞拥有一整套用于修复损伤的手段，被称为修复系统。在第3章中，我们谈到过这个修复系统如何修复紫外线辐射造成的伤害。该系统有大量的酶可供使用。有些酶（即核酸酶）在受损的核苷酸附近切断DNA链。另一些酶加入进来扩大缺口并除去被损坏的部分。不过，遗传信息在此过程中得到保存，这是因为存在着第二条互补链，DNA聚合酶I可以根据这条互补链来恢复被切断的链。

紫外线

因此，细胞中的DNA分子一再发生着修复缺口的过程。这种通用的、永久的修补过程是一种手术干预，其中包括切断双螺旋的一条链。如果复制的时间与修复的时间恰好一致，那会发生什么？参与复制的DNA聚合酶在到达缺口时会停止：这两个过程都会无法继续进行下去，而这无疑是一场灾难。这意味着应该只有在获得修复已完成的确凿证据（即我们必须确信两条链都是完整无缺的）之后，复制过程才开始。

但是我们如何才能证实这一点？为了"听诊"分子，你可以"派遣"某个蛋白质在DNA上沿途检查。然而，可能还有其他一些蛋白质"坐在"DNA上，它们将阻止这个"侦察"蛋白质。这种检验方式确实要花很长时间。谁能保证在按这种方式逐段检查链的完整性时不会造成新的损害？不，这行不通。

缘于此，超螺旋前来救援了。事实上，超螺旋DNA只有在这两条链都自始至终完整无损时才有可能形成。要弄清DNA是否形成超螺旋是很简单的，因为在一个形成超螺旋的DNA中，分开两条互补链（即打开一个双螺旋片段）要容易得多。打开过程类似于正在解链的蛋白质所施加的作用：它减轻了在负超螺旋DNA中的应变。因此，发挥控制功能的那个蛋白质应该达到与给定的DNA片段发生接触的状态（这个蛋白质会通过该DNA确定的核苷酸序列来识别它），并设法在那个特定的地方将两条链分离。如果这一努力获得成功，那么复制立即从这个点开始。然而，如果证实这两条链是不可能分离的，那就必须等待，因为DNA还没有准备好复制。

听起来是不是很像我们检查电缆的方式？我们不是用手指去沿着它的整个长度感觉，而只是给它通上电流。如果电流通过，那么一切正常；如果电流没有通过，我们就开始寻找连接故障。在发现并排除故障后，我们再次通电以确保没有其他断裂处。在任何情况下，没有人会在没有事先检查的情况下就使用一根电缆。然而，DNA不是导体，也没有电流通过它。因此细胞必须发明自己的检验器——我们不得不说这是一个相当巧妙的检验器。

事实表明，超螺旋结构除了确保复制开始以外，还要履行一些其他功能。为了理解DNA超螺旋结构与转录之间的关系，请尝试进行以下实验。请走到窗口，顺时针旋转用于拉动百叶窗的双线，旋转足够长的时间以得到双螺旋结构。然后在这两条线之间插入一支笔，并在不旋转的情况下将它向前推进。这样你就会制作出一个转录过程的机械模型：这支笔（或者说RNA聚合酶）沿着DNA（即相互盘绕的双线）移动。从这个实验可以看出，在RNA聚合酶易位的过程中，应该会使它前方的DNA缠绕得更紧，而使它后方的DNA变得较松。换言之，DNA在RNA聚合酶的前方变成正超螺旋而在其后方变成负超螺旋。虽然这是DNA螺旋结构的必然结果，但这种随着RNA聚合酶移动而产生的超螺旋波看起来仍然令人觉得不可思议。不过，王倬和他在哈佛的同事们所做的那些巧妙的实验证明了这些超螺旋波实际上既存在于原核细胞中，也存在于真核细胞中。

如果你继续用线和笔进行实验，那么笔很快就会停下来，因为双线无法再过分缠绕了。由此我们必须假设，要么 DNA 和 RNA 聚合酶在绕着彼此旋转，要么细胞可以将正、负超螺旋都消除。我们几乎不能指望装载在原核生物中一个非常长的 DNA 分子与一架非常庞大的转录机械可以围绕彼此旋转，而这个原核生物还携带着一架更为庞大的翻译机器。另一方面，我们已经知道拓扑异构酶能够改变 DNA 超螺旋结构。基于这个简单的原因，刘纺（Leroy Liu）和王倬提出了超螺旋波的概念。但如何才能测量超螺旋波？从细胞中提取 DNA 并除去它的蛋白质会导致波的记忆丧失，因为超螺旋波不改变总的 DNA 连环数。

虽然王倬和他的同事们无法直接观察到活的生物体内的超螺旋波，但他们利用不同 DNA 拓扑异构酶的抑制作用明确地证明了它的存在。他们最引人注目的一条证据是当 DNA 促旋酶被抑制时在大肠杆菌中形成的正超螺旋质粒 DNA。在这种情况下，拓扑异构酶 I 继续去除负超螺旋，而通常由 DNA 促旋酶去除的正超螺旋则累积在 DNA 中。

这些发现为研究 DNA 超螺旋结构的生物学意义提供了全新的线索。特别是，人们曾经认为大肠杆菌中的 DNA 促旋酶所扮演的角色是一种将负超螺旋引入 DNA 的酶。它与拓扑异构酶 I 对抗，而维持细胞中的 DNA 超螺旋的原初水平。有些人认为通过改变 DNA 超螺旋结构可以调节基因的表达。现在可以看出，这幅几乎被普遍接受的照片确实是颠倒了。事实上，DNA 促旋酶似乎是要在大肠杆菌中消除正的超螺旋，而不是创造出负的超螺旋。原生的超螺旋是一个不相关的概念，因为实际的局部超螺旋可能是非常正的、非常负的，或者是可以忽略不计的，这取决于启动子的位置，并取决于RNA聚合酶当时的位置，以及取决于RNA聚合酶的易位速率与拓扑异构酶去除超螺旋的效率之间的关系。超螺旋结构对转录的依赖程度远远高于转录对超螺旋的依赖程度。

物理学家和数学家在发挥作用

为了正确认识超螺旋所起的作用，我们就必须综合研究它对DNA的生物学功能以及对其物理结构的影响。物理学家们应对了这一挑战：然而他们的努力从一开始就受到了一些严重问题的困扰。尝试用不同物理方法测量超螺旋的值，给出的结果往往大相径庭。

DNA超螺旋结构的发现者维诺格拉德会见了加州理工学院的数学家布洛克·富勒（Brock Fuller），并请他在理解环状DNA问题方面提供帮助。富勒对维诺格拉德分享给他的问题产生了浓厚的兴趣，并认为数学家们在拓扑学与微分几何之间发现的意外联系可能对于解决这个问题会有所帮助。

拓扑学

数学的这两个领域研究的是类似的主题——曲线和曲面——不过是从完全不同的视角。微分几何研究曲线和曲面的局部性质，比如说曲线的曲率与挠率以及曲面的各种曲率。而另一方面，拓扑则对这些特征毫不关心；它关心的特性包括曲面上是否有孔（这些孔的形状则无关紧要），有多少孔，等等。从而地质学家和艺术学者都可以研究一座大理石雕像。地质学家只会对石头感兴趣，而艺术学者只会对艺术家赋予石头的形状感兴趣。倘若这两位都从严格的专业角度来探讨这个问题，那么他们就会很难找到共同语言。

148

有一类曲面——即双边带——的微分几何特征与拓扑特征之间的关系对于数学家们而言是另一个惊喜。著名的莫比乌斯带就是这种带的变化形式之一。要制作莫比乌斯带，请取一张纸条，将它扭转一次，然后把两端粘在一起。现在随机选择一个起始点，画一条平行于纸条边缘的铅笔线。你很快就会发现自己又回到了出发点。如果你仔细观察这张纸条，你就会发现在纸条上的每一部分都能找到你的铅笔印记。这就是莫比乌斯带非同寻常的、甚至有点神秘的特性，它恰好只有一条边，因此被称为单边带。

现在再裁剪另一张纸条，并且再次将它的两端粘起来。不过这一次不是像莫比乌斯带的情况那样把两端扭转 $180°$，而是扭转一个等于 $m360°$ 的角度，其中的 m 是一个整数。你总是会得到双边带。一条双边带的两条边都是闭合曲线，它们要么彼此不构成连环，要么构成具有某个连环数 Lk 值的一个连环，显而易见 $Lk=m$。

富勒立即就明白了，从数学的角度来看，一个 ccDNA 分子就表现为一条双边带，而这个分子的糖磷酸主链就充当了这根带的两条边。因此，ccDNA 只能是双边带这个事实就是一个纯化学事实，与每条 DNA 链存在方向性有关，其中互补的两条链具有相反的方向。如果有人试图用这样一个分子构造出一条莫比乌斯带，那么他肯定会失败，因为互补链的两端会以"头对头"或"尾对尾"的状态相遇，因此无法连接。

富勒与维诺格拉德交谈后在他的论文中陈述的内容可以概括如下。ccDNA 的拓扑特征——Lk 值——不能用这个分子的某单一几何特征来明确表达，因此也就不能用它的某单一物理特征来明确表达。它是通过两个几何特征来表达的。

其中之一是微分几何中众所周知的扭转数（twisting number，缩

写为 Tw）——条带的轴向扭转。这是一个向量完成的转数，这个向量位于垂直于条带轴线的平面中，并沿着该条带运动。第二个特征原本没有名字，但富勒给它取了个名字叫缠绕数（writhing number，缩写为 Wr）。（取一些具有异乎寻常特色的名字，这种风尚首先出现在高能物理中——只要回想一下夸克（quark）、粲（charm）、色（color）等名词——然后也逐渐感染了数学家们。）

1968 年，加州大学洛杉矶分校的詹姆斯·怀特（James White）以科学的严谨性证实了富勒列举的这些发现。怀特发现了 Lk、Tw 和 Wr 三者之间有一个清晰而明确的关系：

$$Lk = Tw + Wr。$$

所有这一切令人称奇之处在于，如此简单的方程竟被发现得如此之晚。事实证明它在环状 DNA 性质的研究中有着不可估量的价值。那么，这个看起来简单到近乎原始的等式，其意义何在？

一个主要的考虑是，Wr 值仅取决于条带的轴线在空间中的形状，并且完全独立于条带绕轴扭转的形状。此外，Wr 值还存在着一个通用公式，从而使我们有可能对于任何曲线计算该值。

另一个完全异端的特征是，怀特的等式左边的那个值只能是一个整数（这是由 Lk 的定义所带来的属性，因为前面提到的刺穿那张虚构的膜的次数只能是一个整数）。另一方面，右边的两项则可以取任何值，不一定是整数。

我们叙述到这里可能会出现一大堆令人费解的问题。Tw 值是条带绕着它的轴扭转的次数。那么如果条带是闭合的，为什么会得出不是整数的结果呢？事实上存在着任何缠绕数吗？Lk 与 Tw 之间的区别是什么？我们在计算 Lk 和 Tw 时，如果采用不同的途径，我们还会得出同样的一个值吗？

让我们做一个实验来把情况澄清一下。剪出一条宽度为半英寸的窄条纸带，并把它在一根手指（或如图29所示的圆柱体）上缠绕数次。然后迫使纸带的两端稍稍突出，这样你就可以把它们粘在一起了。这样不会造成显著的轴向扭曲。用这种方式得到的是一根 $Tw=0$ 闭合条带，这是由于在此过程中所使用的方法。但是此时 Lk 值是多少呢？这也可以通过实验来发现。在任何随机选择的地方用剪刀把条带刺穿，并沿着条带的整个长度将它剪开。结果就会得到两条很窄的相互交缠的纸带。它们的连环数 Lk 正好会是原来那根条带两边的 Lk 值。

由此可见，我们原来可以在不产生任何 Tw 的情况下产生一个 Lk 值。我们将条带绕在圆柱形上的过程是为了使它发生缠绕。当条带的轴位于平面上时，等式 $Lk=Tw$ 对于所有的情况都成立。我们感觉情况必定总是如此，这是由于我们通常倾向于认为条带（或DNA分子）的轴似乎描绘出一个简单的图形，比如说圆圈或诸如此类的东西。

在富勒的论文发表后，人们逐渐明白在超螺旋研究中浮现出来的那些矛盾来源于这样一个事实：有些方法测量的是取决于 Wr 的物理特征，而其他方法测量的则是取决于 Tw 的物理特征。做好可靠的数学准备的物理学家们，开始有计划地研究超螺旋对 ccDNA 的各种性能的影响。

正在那个时候，凝胶电泳方法越来越普及。正如我们在第5章讨论过的，这种方法在分离

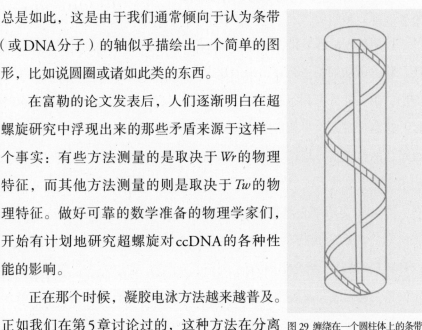

图 29 缠绕在一个圆柱体上的条带

不同长度的DNA分子方面显示出有很高的分辨率。德国科学家沃尔特·凯勒（Walter Keller）提出了一种"疯狂"的想法：设法利用凝胶电泳来分离不同Lk值的ccDNA分子。在这种情况下，分离的原理必定完全不同于分离不同长度的线性DNA分子时所依据的原理。

在这种情况下，分子的长度是相同的，不同的只是超螺旋的数量（这样的分子被称为拓扑异构体）。因此，电荷和来自电场的作用力也都相同。不过，分子在凝胶中运动的速度不仅取决于施加在分子上的力，还取决于它在运动过程中产生的阻力。而这转而又取决于分子的形状。很明显，倘若一个分子的形状像一根严重扭转的绳子，如图28中所示，那么它在电场中运动的过程中遇到的介质阻力将远远小于一个伸展开的分子所受到的阻力。换言之，缠绕数Wr的绝对值越大，分子运动的速度就越快。我们说的是缠绕数Wr，而不是Lk，因为介质的阻力是由双螺旋的轴的空间形状决定的，几乎与螺旋如何绕轴扭转无关。

按照这一推理思路，凯勒着手用凝胶进行实验，并且很快就得以证明，将一份从细胞中分离出来的超螺旋DNA样品置于凝胶上，结果会产生一组彼此分开相等距离的独立条带。Lk值是ccDNA唯一的离散特征。这意味着，这些条带中的DNA分子可能只有Lk值是不同的。貌似最可信的假设是，相邻的条带的Lk值会不同，相差的数字是1。后来证明事实确实如此。

图30中显示了分离超螺旋数不同的ccDNA分子的结果。右边是一张电泳完成后的凝胶照片。为了使DNA可见，凝胶被荧光染料染色，这种染料与DNA结合牢固因而"标记"了它。左边是一张曲线图，显示染料荧光强度与凝胶坐标的依赖关系。我们能够看到可以实现的清晰度很高的分离。利用这些数据，不难计算出每根条带的超螺旋值。

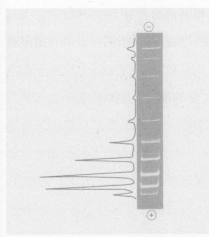

图30 利用凝胶电泳技术分离超螺旋数不同的 DNA分子。这个实验是利用一个含有 1683 个碱基对的小 PA03 质粒的 DNA进行的。最初分子是从顶部靠近负极处加入的（未示出）

凝胶电泳在环状 DNA 和超螺旋的研究中所取得的成效与在 DNA 测序中取得的成效同样丰富。许多精细测量已经完成，从而使人们有可能确定 ccDNA 的主要特征。正是由于凝胶电泳方法，使我们在超螺旋的帮助下能够对积累在 DNA 内部的能量进行精确测量。

通过在 DNA 结构中形成超螺旋可以造成哪些变化？理所当然的是，如果任何结构上的变化导致的结果会缓解超螺旋在 ccDNA 中引起的张力，我们就会将它描述为有益的变化。因此显而易见，超螺旋结构必须有助于在双螺旋中形成打开的区域和**十字形结构**（*cruciform structure*）。十字形结构可能以逆向重复序列——回文——出现在 DNA 中。

十字形结构

回文存在于任何语言中，而不仅仅存在于 DNA 的语言中。它们是指顺序和倒序读起来都一样的单词、诗句或句子。有些很短，像 *radar*（雷达）或 *Hannah*（汉娜）。但也有些相当长，例如这句关于蛾子的拉丁文：*In girum imus nocte et consumimur igni*[1]。请从左到右和从右到左读这句短语。你会发现发音和意思都是一样的（忽略单词之间的空格和标点符号）。

在 DNA 文本中经常遇到回文。由于 DNA 是由双链构成的（也就是说它们就好似两排平行文本），因此它的回文就可能有两种类型。普通的、单行文本中的回文序列被称为"镜像式"回文。但是在 DNA 中更常见的是沿着任意一条链由 DNA 的化学结构确定的方向读起来都相

153

同的回文序列。（我们会回想起两条DNA链具有相反的方向。）

几乎在所有情况下，限制酶识别的片段都是回文序列。以下是几个例子，左边是限制性内切酶的名字（这些名字非常古怪，因为它们包含分离出给定限制酶的那种细菌的拉丁名的前三个字母；箭头显示的是DNA被限制酶切割的位点）：

限制性内切酶

Eco RI
$$—\overset{\downarrow}{\text{G}}\text{AATTC}—\rightarrow$$
$$\leftarrow—\text{CTTAAG}—$$

Sma I
$$—\overset{\downarrow}{\text{C}}\text{CCGGG}—\rightarrow$$
$$\leftarrow—\text{GGGCCC}—$$

Pst I
$$—\text{CTGCA}\overset{\downarrow}{\text{G}}—\rightarrow$$
$$\leftarrow—\text{GACGTC}—$$

DNA回文序列的显著特征是其形成十字形结构的能力。事实上，考虑到回文序列的左半部分必定与右半部分互补，因此以下方案对于Eco RI限制酶的识别位点必定成立，同理，对于任何其他回文序列也必成立：

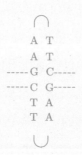

在任何情况下，这都不违背互补原则。然而，这确实也立即提出了许多问题。DNA主链能够完成必定会出现在十字的顶部和底部的U形转弯吗？由于DNA链具有一定的刚性，所以要完成一次U形转弯并非

易事。我们已经在第3章讨论过被封装在染色体中的DNA所涉及的相关困难问题。双螺旋是相当坚硬的，为了帮助它弯曲，染色体中含有一些特化蛋白质，如组蛋白等。单链的刚性确实低得多，因此一般而言单链的U形转弯是有可能做到的。但是这些转弯从能量角度来看是不利的。因此，我们还完全不清楚，如果DNA可以很容易地将自己转变成一个规则的双螺旋结构，那么为什么在DNA中竟还会出现一个十字形结构。然而，所有这些都只对于线性分子成立，但是对超螺旋分子的情况又会如何呢？

一般而言，形成十字形结构会消除张力。那么，这可能会给形成超螺旋的DNA带来好处吗？对于这种有利的变形，需要什么程度的超螺旋？为了回答这些问题，莫斯科分子遗传学研究所一组生物物理学家——包括瓦迪姆·安舍莱维奇（Vadim Anshelevich）、亚历克斯·沃洛戈斯基（Alex Vologodskii）、亚历克斯·卢卡钦（Alex Lukashin）和我本人——在1979年对于线性DNA和超螺旋DNA中的打开区域和十字形结构的形成问题进行了详细的分析。理论分析表明，打开区域和十字形结构在线性DNA中都极不可能形成。形成十字形结构的概率特别低，在10^{-15}量级（也就是说几乎为零）。

情况随着负超螺旋的增加而发生了急剧的变化。在短回文序列中形成十字形的概率，比如由限制酶识别的那些，在超螺旋的任何程度之中仍可忽略不计。然而，由十五至二十对或更多碱基对构成的较长回文序列就表现出完全不同的情况。这样的回文序列虽然很少，但确实会突然出现在被测序的DNA中。比如说，有一个例子是来自一个ColE1质粒的回文序列，如图31所示。根据我们的计算，在长的回文序列中，十字形成的概率随着超螺旋性的增长而急

图31 这个十字是当ColEl DNA处于超螺旋状态时，在该分子中形成的

剧增大。对于许多DNA所典型具有的正常超螺旋性值，事实证明形成十字形的可能性在1的量级——也就是说比线性分子的情况高10^{15}（一千万亿！）倍。在我们的理论预测发表后，许多实验学家开始在ccDNA中寻找十字形结构。英国邓迪大学（Dundee University）的戴维·利利（David Lilley）和阿拉巴马大学伯明翰分校（University of Alabama at Birmingham）的罗伯特·威尔斯（Robert Wells）设法击败所有其他人实现了这一目标：他们证明自然超螺旋DNA中的回文序列确实形成十字形结构。

这种可能性是如何证明的呢？事实是，在十字形结构中出现的这些发夹状的东西本身就小到甚至在电子显微镜下都看不见。这就是为什么在对十字形的搜索中使用了一种不同的技术。用一种酶——单链特异性内切核酸酶——来处理一个超螺旋DNA。这种酶只切断单链DNA，而"对双螺旋敬而远之"。因此这种酶不切割普通的、线性的或不构成超螺旋的环形闭合分子。不过研究发现它确实切割超螺旋DNA，但只在一个确定的位点。研究人员研究了断裂位点右侧和左侧的核苷酸序列。所有情况下，断裂都严格发生在大回文序列的中间，而且正是那些根据理论计算必定有能力形成十字形的回文。这样的结果只能有一种解

156

释，即在超螺旋 DNA 的长回文序列的位点中，很有可能双螺旋结构也会转变成十字形结构，并且在此过程中，一个单链特异性内切核酸酶在十字形的顶部和底部切割单链环。

然而，很快就出现了一个问题。十字形确实在 DNA 中形成，还是它们在蛋白质（单链特异性内切核酸酶）的作用下产生？要回答这个问题，就有必要通过一种不同的技术——一种不涉及使用酶的技术——来记录十字形的形成。我们已经说过，即使在电子显微镜下也无法直接看到十字形。那我们该怎么办呢？凝胶电泳技术又一次派上了大用场。

事实上，这项简单喜人的技术继续为 DNA 迷们提供的服务是真正无价的。我们已经接受了这样一个事实：倘若没有塞满了超现代的电子器件、功能强大的计算机、激光和天知道什么东西的那些复杂而昂贵的设备，那么科学的进步是不可想象的。这样的设备由成千上万员工组成的巨型公司经过多年开发，费用高达数千乃至数十万美元。如果你身处在 19 世纪 80 年代的一个以 DNA 研究而广为人知的实验室中，并要求看看进行研究的那些实验设施，你会大吃一惊的。

他们会带你去一个房间，里面除了一个普通的化学工作台之外一无所有。在所有装有试剂的小瓶中，他们会向你展示一个小小的、显然是自制的透明树脂玻璃盒。盒子里装有一部分水，并且有两条细电线伸出。差不多就是这样。他们还会告诉你，有一项重要实验正在进行中。你会觉得你面对的是一位魔术师，而且你正在被当成傻瓜。你会惊呼道："你绝不可能是当真的，妄想用这种原始的东西来研究 DNA 结构的那些最复杂的问题，因为甚至那些最强大的显微镜和其他尖端技术的奇迹都尝试过了，而结果也力有未逮！这不过是一场骗局。"

这不是骗局。只不过正如你在观看任何优秀魔术师的表演时那样，

157

会错过关键的本质。如果这个魔术盒中没有一块透明的凝胶板，上面叠放着一个你当然看不见的DNA样本，那么这个盒子确实会毫无用处。最重要的一点在于这是一个什么类型的DNA。这个分子是在最先进的基因工程技术的帮助下精确制备的。也就是说，DNA在进入这个平平无奇的盒子之前已经经过了许多人的手，他们是在全世界各地的实验室中工作的这一领域的最伟大专家。他们中的每个人都用他或她的全部专业知识来按照要求的方式修改DNA的属性。在随后的最终阶段，在附近的一个房间里，这个分子为计划的实验做最后的准备。所以解释很简单。在过去的几十年里，倘若没有DNA结构方面专家们取得的那些基因工程技术，就不可能进行DNA结构研究。

不过，让我们还是回来讨论十字形结构。应用凝胶电泳技术来记录DNA中的十字形结构是基于以下事实：将带有一个回文序列的DNA片段转变为一个十字形结构，结果会导致该分子中的超螺旋张力被部分消除。由于环境施加的强大阻力，分子在电场的影响下变直并开始在凝胶中缓慢移动。结果，形成十字形结构的拓扑异构体，如图30中的电泳图谱所示，其运动速度要高于少一圈负超螺旋但没有十字形结构的拓扑异构体。因此，十字形的出现势必会打乱常规的"条带"，其中具有越来越多的负超螺旋的拓扑异构体运动得越来越快。结果发生的事情是，与有十字形结构的和没有十字形结构的拓扑异构体分别对应的两个"条带"重叠在一起。这个实验得到的结果是一个很容易混淆的复杂条纹图案。

帮助我们理解这种图案的是20世纪80年代初发明并被冠名为双向凝胶电泳的智能技术。进行这种实验时，不是像传统一维凝胶电泳那样使用凝胶柱，而是使用一块四边形的凝胶板。DNA样本被放置在板的一角，并在板的相对两边施加一个电场。结果得到的是沿着板的一边排列的条纹图案。这幅图与一维凝胶电泳的结果完全相同。接下去重新转换电极，使电场方向垂直于完成第一次分离时的电场。在此过程中，凝胶中含有饱和的氯喹分子，它们与 DNA 双螺旋结合从而降低轴向扭曲（即 Tw 值）。这种结合导致了样本中所有拓扑异构体的超螺旋张力急剧减小，以致张力不再足以引起十字形结构的形成。于是十字形结构消失。因此，第二个方向的凝胶电泳必然只产生一个有规律的"条带"。最终结果如图 32 所示。

图中最重要的是在这些斑点的规则模式中出现了一个不连续。在一个单链特异性内切核酸酶的帮助下，很容易看出紧跟在这个不连续之后的所有拓扑异构体中实际上都已形成了一个十字形结构。用单链特异性内切酶处理 DNA 制备剂后进行双向凝胶电泳，结果将导致不连续后的所有斑点在该模式中消失。这是因为内切核酸酶攻击并解开十字形单链环。DNA 失去它的闭合模式，拓扑应力被除去，因此所有拓扑异构体都变成拉直的环或（经过一个单链特异性内切核酸酶的长时间处理后）变成线性分子。

进一步检查以确定断裂点在 DNA 分子上的位置，结果显示内切核酸酶正是在主回文的中心"造成"断裂。与我同一实验室（在莫斯科分子遗传学研究所内）的维克托·莱亚米切夫（Victor Lyamichev）和伊戈尔·帕纽京（Igor Panyutin）首先进行了这类实验，最后毫无疑问地证明：十字形结构确实自发地出现在具有足够负超螺旋的 DNA 中。这些实验还表明，我们对于超螺旋 DNA 中十字形形成概率的理论预测在定量上是正确的。

十字形结构在 DNA 中的作用是什么？我们目前对此还一无所知。

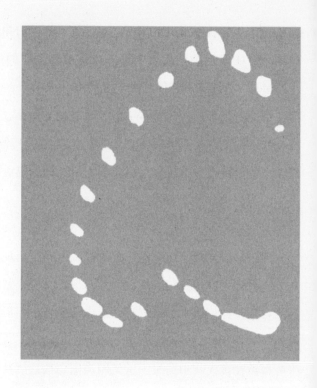

图32 双向凝胶电泳图谱的典型图案，是在DNA中形成十字形或其他替代结构（这些结构将在第9章中讨论）的过程中观察到的。专门制备的同一DNA的不同拓扑异构体的混合物被放置在一块四边形的凝胶板的左上角，该DNA携带着一个可转变为另一种替代结构的插入序列。然后施加电场，迫使DNA分子沿着板的左边自上而下移动。拓扑异构体在第一方向上分离后，使凝胶中含有饱和的氯喹分子，这些分子会减小超螺旋张力。选择的氯喹浓度使超螺旋张力不足以导致另一种替代结构的形成。然后改变电场的方向，迫使分子从左向右移动。其结果是，在第二方向上各斑点的序列就对应于拓扑异构体的序列。

最上面的斑点对应于0阶拓扑异构体（即一个松弛的、非超螺旋的DNA）。沿这个斑点顺时针方向的那些斑点对应于正的拓扑异构体，沿逆时针方向的那些斑点对应于负的拓扑异构体。我们可以清楚地看到流动性下降，在本例中观察到这种下降出现在拓扑异构体-10和-12之间。这意味着在拓扑异构体-12，-13，…中存在着另一种替代结构，而在拓扑异构体…，-9，-10中则不存在。拓扑异构体-11占据了一个中间的位置：在这个拓扑异构体中，另一种替代结构时而形成、时而消失据推测，十字形结构可以作为某些蛋白质在DNA上的"着陆区"。无论如何，十字形结构代表了第一个有可靠证明的例子，它说明在接近于DNA在活细胞中必须发挥功能的那些条件下，一个具有生物活性的DNA的各个片段的结构可以如何显著地被改变。阐明DNA在细胞中发挥功能时的这些不规律性以及很可能存在的其他不规律性（将在第9章中讨论）的重要性是一个需要深入研究的主题。

末端问题

进化是一位平庸的工程师。它是随机运作的，或者按照科学的说法是通过试错来运作的。进化论不关心所作决定的长期后果，它只在意解决眼前的问题。它不在乎为了少数的生存而牺牲几乎全体的利益。这种目光短浅的工程常常引起整个物种的灭绝，继而导致走进一个进化的死胡同。这样一位平庸的工程师创造了我们周遭极度繁茂的生命，对此我们只能感到惊讶。

除了它的平庸之外，进化还必须在主要生物分子（尤其是DNA和RNA）的化学性质所施加的严格约束下进行。这种化学性质定下了严格的规则，而这些规则支配着这些分子本身的合成过程。单链DNA（或RNA）具有化学预定的方向，即它的两端是不同的。被视为链开始处那一端叫做"5′"，读作"五撇端"。相反的一端叫做"3′"，读作"三撇端"。

$$5'\ \text{|||||||||||||||||||||||||||||||}\ 3' \qquad (1)$$

在双螺旋中，它们是反向平行的，即方向互对：

$$5'\underline{\hspace{8cm}}3'$$
$$3'\overline{\hspace{8cm}}5'$$

（2）

DNA和RNA链只能从3'端伸长，更确切地说是在3'端羟基OH上。执行伸长的是两种特殊的酶：DNA聚合酶和RNA聚合酶。回忆一下，为了指导合成，聚合酶需要核苷酸的四个前体以及模板（DNA或RNA链），从而使聚合酶知道接下来要插入哪个核苷酸。进化产生了另一个重大局限，或者如果你愿意的话也可以称之为一个大错。所有的DNA聚合酶在只有模板的情况下都不能启动DNA合成：它们需要一个携带3'端羟基的引物，否则就会断然拒绝工作。RNA聚合酶没有那么苛求，它们只需要模板就能进行合成。顺便说一下，DNA聚合酶毫不在乎引物（DNA或RNA）的化学性质，它只需要3'端OH基团。

带有引物的DNA单链看起来是这样的：

$$5'\underline{\hspace{3cm}}3'\hspace{0.3cm}\underline{\hspace{3cm}}3'$$

（3）

DNA聚合酶喜欢将这种构造转化为以下形式，并且是以几乎绝对精确的方式完成这一工作的：

$$5'\underline{\hspace{6cm}}3'$$
$$3'\overline{\hspace{5cm}}5'$$

（4）

早在第5章中，我们在论述与桑格的DNA测序方法相关的内容时，已经讨论过了启动问题。在实验室里，这个问题是很容易解决的：你从许多家合成DNA片段的公司中找一家订购正确的引物（寡核苷酸）。引物几乎不需要什么费用，而且制作得非常快。这对实验室来说很好办，但是如果一个细胞需要复制它的DNA，那该怎么办呢？在这种情况下可以使用RNA聚合酶，因为它不需要任何引物。在细胞中扮演引物合成公司角色的 RNA 聚合酶被称为引发酶。它提供了另一个表明 RNA 昔日辉煌的例子。

也许进化并不是那么愚蠢。当第一个 DNA 聚合酶成为必需时，结果发现比较容易的方法是使用现成的 RNA 聚合酶，而不是创造一种能在没有引物的情况下工作的 DNA 聚合酶。但是 DNA 复制的问题仍然出现了，很可能不是马上出现的，而是在生物进化过程中的很久以后，当改变 DNA 聚合酶已不成问题的时候——一切都会被打破。

想象一个单链线性 DNA 模板，并令引发酶在该模板的 3′ 端制造出一个引物：

$$5' \overline{\text{IIIIIIIIIIIIIIIIIIIIIIIIIIIII}} \begin{smallmatrix}3'\\5'\end{smallmatrix} \qquad (5)$$

（我们用波浪线来表明引物，以强调其 RNA 本质。）DNA 聚合酶将完成从引物 3′ 端到模板 5′ 端的互补 DNA 链。于是我们得到几乎完整的 DNA 双螺旋：

$$\begin{smallmatrix}5'\\3'\end{smallmatrix} \overline{\text{IIIIIIIIIIIIIIIIIIIIIIIIIIIII}} \begin{smallmatrix}3'\\5'\end{smallmatrix} \qquad (6)$$

是的，说"几乎"是完全正确的：因为有一段 RNA 留在新链的 5′ 端！当然，这段 RNA 很容易用一种特殊的酶除去：

$$\begin{smallmatrix}5'\\3'\end{smallmatrix} \overline{\text{IIIIIIIIIIIIIIIIIIIIIIIIIIIII}} \begin{smallmatrix}\ \\5'\end{smallmatrix} \quad 3' \qquad (7)$$

但是这并没有解决问题。如何用 DNA 核苷酸填充被除去的部分？模板就在那里，但是没有 3′ 端，只有没用的 5′ 端！这意味着在每个复制周期中，DNA 都必须缩短相当于一个 RNA 引物的长度。这是一种自噬。我们看到了，事实证明我们的工程师确实很平庸。

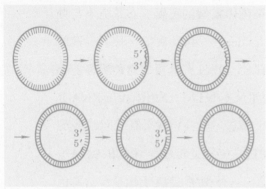

图33 在环状模板上合成得到的子代DNA分子不缩短。在最后阶段，缺口被DNA连接酶封闭

必须找到一条摆脱这种处境的出路，否则整个基因组就会逐渐被吞噬。原核生物和真核生物都找到了出路，脱离这种由于进化的短视而迫使它们陷入的死胡同，但是它们各自走出困境的方式全然不同。

细菌和病毒是通过彻底去除末端来解决"末端问题"的：使模板自我闭合。在到达引物和碰到5′端时，DNA聚合酶可以一直等到另一个酶（或者DNA聚合酶本身的一个外切核酸酶区域）除去RNA引物，然后DNA聚合酶再继续合成，直到完全覆盖模板（见图33）。真核生物细胞质中的线粒体DNA也以这种方式复制。这难道不是一个巧妙的解决方案？

外切核酸酶

在真核生物（即你和我）的基因组DNA的情况下，末端问题的解决方案就不那么巧妙了。在真核生物中，基因组DNA总是线性的。在我们身体的每一个细胞的细胞核中都恰好有46个线性DNA分子，每条染色体一个。在染色体DNA的两端都有很长的序列，称为**端粒**（telomere），它们不编码任何东西，而是有规律地重复一个短的基序。人类（和所有的脊椎动物）重复的基序是：5′TTAGGG3′。这个基序以双链DNA的形式重复好几千次，只有在最后，染色体DNA分子才有一个将5′TTAGGG3′重复数十次的单链尾端，并且3′端始终突出。端粒允许DNA主体在许多复制周期中保持原封不动，每次都要牺牲数个端粒重复序列。但是显而易见，端粒只能延迟糟糕的结果，却不能解决末端问题。

端粒

20世纪80年代中期，伊丽莎白·布莱克本（Elizabeth Blackburn）

164

在加州大学伯克利分校时，解开了染色体末端的奥秘。布莱克本与她的学生卡洛琳·格雷德（Carolyn Greider）一起发现了一种不寻常的酶，她称之为**端粒酶**（*telomerase*），即使 3′端没有模板，这种酶也能够延长端粒末端。布莱克本发现，端粒酶本身以一个相当长的 RNA 分子（又是 RNA！）的形式携带着一个模板。其中包含着几个与端粒突出互补的重复序列（即含有一个重复的 5′CCCUAA3′序列的 RNA）。端粒酶的一个蛋白质部分是逆转录酶。这种酶将 RNA 模板呈现给染色体 DNA 的单链 3′端突出，后者在逆转录酶延伸末端的过程中充当引物（参见图 34）。此事发生多次，然后引发酶在延伸链上合成引物，DNA聚合酶合成第二条链。真核细胞以这种聪明但非常复杂的方式保护它们的基因免遭自我毁灭。布莱克本和格雷德由于发现端粒酶而在 2009 年被授予诺贝尔生理学或医学奖。

有趣的是，端粒酶基因只在我们的生殖细胞中被激活。当我们身体里的细胞（体细胞）分裂时，它们会耗费掉一定的端粒储备，而这些端粒原本积累在我们父母的生殖细胞中。俄罗斯科学家阿列克谢·奥罗弗尼克夫（Alexey Olovnikov）在 20 世纪 70 年代初首先提出，端粒重复序列储备的枯竭和基因本身的缩短是衰老的主要原因之一。目前尚不清楚情况是否如此，但我们确实知道的是，我们体细胞中的端粒随着年龄的增长而缩短。

端粒酶

1　这句话的意思是"我们一起游荡在夜的黑暗中，然后被烈火吞噬"，这是 1978 年的一部法国纪录片的标题。

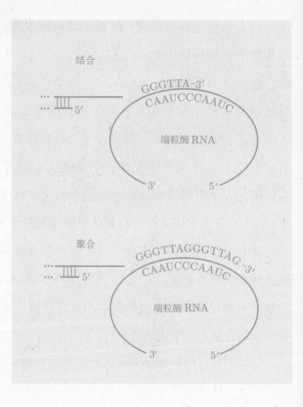

图34 端粒酶在真核生物中延长端粒端。染色体 DNA 的单链3′端与端粒酶 RNA 结合成一个端粒酶 RNA 的互补区域并充当引物，而端粒酶 RNA 则作为端粒酶中起到逆转录酶作用的蛋白质部分的模板。聚合反应结束后，DNA 和 RNA 链分离，3′端再次与端粒酶 RNA 模板的开始处结合并重复所有过程。这样的循环导致的结果是生长出一条长的单链"尾巴"，随后由常规 DNA 聚合酶将其转化成双螺旋。只剩下一个短的3′端尾部，如图中顶部所示

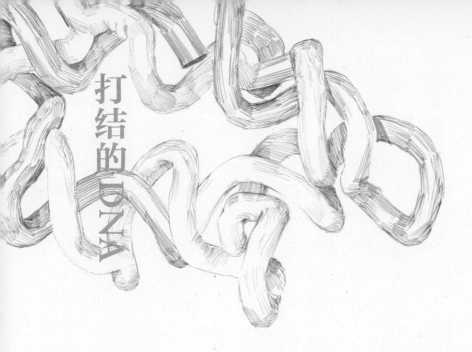

关于纽结

人人都知道结是什么。我们每天都要打很多个结。最简单的结看起来有点像这样：

(1)

现在来看看这个怎么样：

(2)

停下来思考片刻后，读者会评论道："嗯，它只是一个扭曲成辫子状的环。此物与结无关，它们不属于同一范畴。"虽然从表面上看来辫子似乎不是一个结，但就像下面这个环

(3)

169

可编成（2）中的这个辫状物那样，实际上是这个辫状物可能比第一个图形更有依据称之为结。数学家会把第二个或第三个图形描述成平凡纽结（trivial knot），而根本不会认为第一个图形是一个纽结。

"哦，这些数学家！"你很可能会这样想，"他们总是会把你弄得一头雾水。"我也许同意这一点。我根本不是数学家，而且自己也经常以同样的方式发牢骚。然而，在这种特殊情况下，我对你的看法恕难苟同。

当然，你可以把第一个图形称为一个结，但是随后请尝试解释它与下面这个图形的不同之处：

（4）

事实是，第一个图形总是可以解开，使这条链成为一条直线。如果链的两端恰好无限长，那么这就不可能实现。把两端都去掉要好得多：

（5）

现在试着解开上面这个！每个人都能清楚看出第三个和第五个图形之间的区别：你不能在不弄断这条链的情况下把其中一个图形变成另一个图形。第五个图形中的结被称为三叶结，或者称为红花草叶结，因为它可以转变成下面的样子：

（6）

我想你现在会同意，纽结这个概念，从用词的严格意义上来说，只适用于闭链（尽管在日常生活中，将第一个图中所示的物体称为结是很普遍的）。

我们已经知道了两种类型的结：平凡纽结（它在纽结中的地位类似

于零在数字中的地位）和三叶结（第五个图或第六个图）。在三叶结之后，从复杂性来说，下一个结被称为8字结。它看起来像这样：

（7）

但是你觉得这个怎么样？

（8）

现在想象这个缠绕的东西是一根绳子。你能在不切断绳子的情况下把它变成一个简单的环（一个平凡纽结），变成一个三叶结，或者变成一个8字结吗？还是说这是不可能的？换句话说，你能将这个结解开成最简单的形状是什么？

19世纪60年代，英国物理学家、数学家P. 泰特（P. Tait）首先对纽结产生了浓厚的兴趣。当时的物理学家们（正如现在的物理学家们一样）希望理解物质的基本粒子的结构，并认为粒子会具有电涡流的形式。英国著名物理学家、电动力学中麦克斯韦方程组的提出者詹姆斯·克拉克·麦克斯韦（James Clark Maxwell）在给泰特的一封信中写道："如果涡流打结了会怎样？"他还画了一个三叶结。

泰特对于抽象的数学结构自有妙招。他开始思考还存在着哪些其他类型的纽结。很快他就把粒子完全忘记了（仿佛他当时就知道150年后它们仍然会是个问题），并开始连续数小时用绳子打各种结。正是泰特编制出了纽结的第一张表，其中包括他所能想出的所有纽结构成的序列。最后所取得的完整目录中包括了投影图中少于十个交叉点的所有可能纽结。事实证明共有84个这样的纽结。图35中描绘了其中多个。

泰特招募数学家们来解决纽结问题。数学家们在纽结之谜上花费了60年时间后，对于解开非常复杂的纽结已经变得出奇精通了。到1928年，他们已得出了一个很好的纽结不变量。

纽结不变量是一个代数表达式，无论你如何尝试解开纽结，只要你不把绳弄断，那么该表达式的值就保持不变。原则上，能够计算这个不变量，就允许我们解开该纽结。只需对一个给定纽结确定这一不变量，然后将它与对包括在图35中的那些纽结所计算出的这些不变量值进行比较。虽然数学家最近提出了一系列新的纽结不变量（从泰特那个时代以来，他们一直在马不停蹄地研究纽结问题），不过所谓的亚历山大多项式（Alexander polynomial）$\Delta(t)$仍然是最便于使用的一个。对于平凡纽结，$\Delta(t)=1$；对于三叶结，$\Delta(t)=t^2-t+1$；对于8字结，$\Delta(t)=t^2-3t+1$，等等。因此，每一个结的特征不是由一个数字来表征，而是由整个代数表达式来表征，这个表达式以某一无任何特殊意义的t为变量。

如果你掌握了亚历山大多项式，那么你花不了多长时间就会看出，上面第八个图形所表示的那个结实质上是一个平凡纽结，只不过呈现出相当纠缠的形式。

化学中的纽结

你可能会说："这一切当然都很不错，而且还挺迷人的。但这一切和DNA分子有什么关系呢？"事实上，我确实要请求您的宽容，我有点忘乎所以了。

图35 几种纽结

20世纪60年代初，人们开始认真论述关于将一个分子打成一个结的想法。很有可能这个想法早已被讨论过了，但只是戏谑性的随便说说而已。然而，到20世纪60年代初，那些已经不再认为这是一个可笑想法的人登场了。当然，这指的是一个真正的结——一个三叶结，一个8字结，或者更复杂的东西。自从德国化学家A.冯·凯库勒（A. von Kekulé）发现苯分子呈圆形以来，人们就知道分子有能力形成平凡纽结（即具有闭合的形状）。不过，只要试试把苯打成一个结！你会发现这是完全不可能的，因为苯环中间的孔太小了。那么，你如何将它打结呢？分子不是一根绳子，因此你不能用手把它的两端系起来。然而，你可以尝试一种不同的技术：使分子的末端具有黏着力，并合理地希望假如这个分子的两端有机会相遇的话，它就可以打成一个结。

由此可以明显看出，一个分子必须足够长，才能打成一个结。但是要多长呢？更一般地说，这个不容易回答的问题可以这样表述：当一条由 n 段构成的链闭合时，出现一个非平凡纽结的概率是多少？

我们讨论的不是原子或碱基，而是段，这是因为谈论某条理想化的链并用**段**（或者更确切地说是库恩统计链段）这个词来表示其中多少有点儿呈直线形的一节更为合理。在刚性聚合物链中，这样的一节中包含了许多原子，甚至还有许多碱基。理论学家们用来模拟真实聚合物分子的所谓自由连接链（尽管这个模型与任何其他模型一样，其应用范围是有限的，耐心的读者将有机会看到这一点）大致是这样的：

链段

（9）

这看起来熟悉吗？这正是第3章讨论过的"醉汉的行走"。上面的图形是一条由 10 段构成的不闭合聚合物链的平面模拟。两段之间的小圈代表"铰链"。

现在请想象你迫使这条链在三维空间中偶然闭合，这种情况时有发生。（在平面上不可能形成任何纽结。有趣的是，在四维空间中也没有纽结。只在三维空间中才有可能形成纽结。）

这个过程会导致多少非平凡纽结？它们在所有闭链中所占的比例将精确地衡量纽结形成的概率。但是，请不要试图猜测这一概率。帽子里怎会真的生出兔子！直觉是不靠谱的。

四十多年前，我的同事们——瓦迪姆·安舍莱维奇、亚历克斯·卢卡钦和亚历克斯·沃洛戈斯基——和我都迷上了这个问题。那时，我们对于泰特、他的纽结表，或亚历山大多项式都还一无所知。我们消耗数小时的时间讨论这一概率的可能估计方法。例如，我们非常严肃地讨论了一项工程，其中包括用某种材料来构造出一个大型立方体（或某种其他）格架。然后我们会取一根绳子，并将它沿着格架的拱肋插入。在格架的每一个节点处，绳子的方向由掷骰子决定。你可以发明一种只能产生闭合链的程序。然后我们可以把绳子的两端连接起来，把它从格架上取下，然后解开它，从而找出所得纽结的类型。

唯一阻止我们去实施这项工程的事情是，我们不知道有什么合适的方法能把绳子从格架上移下来。不过现在我们知道，即使我们已经排除了这个困难（例如，通过使用可折叠的格架），我们也只会用我们的余生来胡乱摆弄这个愚蠢的结构，因为我们自己的举止而遭到嘲讽。稍后我会告诉你原因。

一天傍晚，我漫步走进书店，就在我当时工作的莫斯科库尔恰托夫研究所（Kurchatov Institute）附近（离我住的房子很近）。那些年，这家书店有一个很好的科学书籍区，我经常顺道进去看看。这一次，我的注意力被一本小书所吸引，这原来是美国数学家R. 克罗威尔（R. Crowell）和R. 福克斯（R. Fox）的《纽结理论概论》（*Introduction to knot theory*, Ginn and Company, 1963）的俄文译本。带着一种不信任的感觉（我又一次以为，这是数学上的某种胡言乱语），我开始翻阅这本书，偶然发现了"纽结多项式"这一章。我立刻意识到这正是我们所需要的。我买了这本书，并在第二天早上去工作时把它带上。正是从克罗威尔和福克斯的这本书中，我们得知了亚历山大多项式、纽结表，还有很多其他内容。于是我们就清楚了该如何继续。我们不再自己去打结，而是把这项工作留给了计算机。除此以外，我们还发现可以教会计算机如何计算亚历山大多项式，并由此解开纽结。

我们从有关的结果中能得到什么呢？我们发现纽结形成的概率不仅仅取决于链中的片段数 n（这也是我刚才试图阻止你猜测的原因）。如果一条链是非常柔韧的（即如果每一段中都包含非常少量的原子），那么形成一个纽结的概率就会极小。即使 $n=100$，每 10000 例中也只会观察到一个纽结。所以正如你已明白的，当我说，我们的余生有可能都在徒劳无功地参与一项不光彩的活动时，说的可不是空话。因此，用化学家们提出的技术来合成一个纽结的所有尝试，最终等待着它们的都是令人沮丧的失败，我们逐渐意识到了这种失败的原因，这些技术导致了简单聚合物烃链的意外闭合。这些链条太过柔韧，因此没有形成纽结的实际可能性。

对于链段中含有许多碱基的那些非常坚硬的链来说，这就是一件完全不同的事了。在这样的链中形成纽结的概率要高得多。图36给出了这个概率的计算结果。我们可以看到，形成一个非平凡纽结的概率

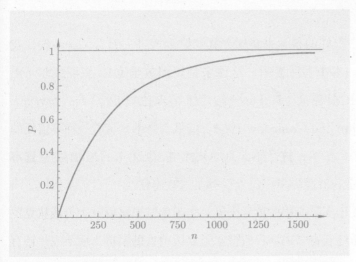

图36 聚合物中形成纽结的概率（P），取决于聚合物中的段数（n）。这条曲线是用计算机计算得到的

几乎是随着段数的增长而线性增长，而在$n=200$时接近0.5。随着链变长，形成纽结的概率趋平，渐近地逼近1。对于低概率的短聚合物分子来说，最重要的一点是纽结越复杂，形成的概率就越小。

　　我们关于纽结的文章1975年发表在《自然》杂志上，因此在科学界变得广为人知，尽管我们自己当时仍然被迫在铁幕[1]之后遭冷落多年，与外界没有任何直接接触。化学家们从我们的文章中获得了一条非常重要的信息，即他们必须停止试图用一条简单聚合物链来打结：即使是最简单的结，可能性也会太小。于是他们转而从相当坚硬的元素开始定向控制一个结的合成。这条道路通向了成功：在20世纪80年代末和90年代初，他们最终用纯化学方法成功合成了简单的纽结（三叶结）和简单的索烃。索烃是这样的：

索烃

（10）

177

或者这样的：

（11）

它看起来像一条怀表链，不是吗？数学家将这样的结构称为 **连环**（*link*）。很可能你在上一章中已经受够了这些连环。

对于专注于实际应用的读者来说，化学家们不懈尝试去合成打结的分子，即使最终获得了成功，也似乎是毫无价值的消遣，而不是一门严谨的科学。这种短视的观点在不久以前还是恰当的，但在今天看来却不是。正如在科学的历史上一再重复的那样，看似无用的研究项目突然之间就获得了非同寻常的实用性。就在近期的 2016 年年中，《科学》杂志发表了英国化学家的一份报告，结果引起了轰动。他们合成了一个非常紧凑的单元，其形式是一个五角星（图 35 纽结表中的纽结 5_1）。该纽结的全部六个"洞"都被离子占据了。事实证明这种结构对于裂解碳原子和卤素之间的化学键是一种非常强的催化剂。但是当这几位作者将这条形成纽结的链在该星的所有五个尖端处都弄断，从而使星形保持原样，但不再是一个纽结时，催化效应消失了。

这几位作者将所观察到的结果归因于打结导致应力状态，从而促进了催化作用。当与形成纽结相关的应力被除去时，这种结构即使保持不变，但也采取了一种不能催化的松弛状态。

根据最近已宣布的消息，法国化学家让–皮埃尔·索维奇（Jean-Pierre Sauvage）由于在 1989 年首次合成出三叶结形式（图 35 中的 3_1）的分子，获得 2016 年诺贝尔化学奖。

单链 DNA 中的纽结

但是在化学家们成功之前，DNA 分子早就已经被打成结了。这项工作是在 1976 年，也就是我们在《自然》上发表了那篇文章的一年之后完成的。哈佛大学的王倬和他的合作者们用（他们发现的）拓扑异构酶 I 处理单链 DNA 环，然后将制剂置于电子显微镜下。当然，你不可能利用显微镜来分辨真正的纽结和纠缠的平凡纽结。不过，这个实验的首创者们断言：没有用拓扑异构酶处理的原分子，在同样的条件下，形成了实际上没有交叉点的展开的环。

这些发现，以及我们在这里为了简洁起见而省略的其他论据，毫无疑问地表明王倬和他的合作者们确实已设法将单链 DNA 分子打成了一个结。这些分子构成了制剂的大部分，约占 90%。"但是请等一下，"你会说，"这些发现与上一页的理论计算不相符！"事实上，根据这些计算中的描述，在单链 DNA 形成纽结的过程中，我们几乎不可能预期到有如此高的效率。

王倬对这种矛盾给出了一个鞭辟入里的解释。在他看来，考虑到实验进行的条件，我们决不应该像前面的计算中那样，将单链 DNA 比作一条简单的自由连接的链。任何长度足够的核苷酸序列总是具有互补的片段，它们在彼此找到后形成短螺旋。

当然，整个问题并不局限于螺旋形片段。单链 DNA 可以巧妙地呈现出一种极为奇特的空间结构。在这个过程中，链闭合成环很容易产生不可避免的张力，如果环被切断，张力就会消失。拓扑异构酶最有可能与螺旋形片段结合，并切断其中一条链，随后分子的一部分可能会开始绕着另一部分自由转动。这会导致松弛，或者张力的减轻。然后拓扑异构酶继续封闭断裂处，从而修复分子的新状态。于是这样，你就得到了一个纽结！

最近，单链核酸中的纽结问题再次变得很重要。出乎意料的是，在神经细胞中发现了一种RNA分子新品种：环状单链RNA（circular single-stranded RNA，或缩写为circRNA）。它们的作用还不完全清楚，但它们显然以某种方式参与了神经发育。人们认为circRNA的优势在于其抗外切核酸酶的能力。在第一个circRNA被发现后，我发表了一篇题为《RNA拓扑学》的评论文章，在其中提出了这类分子中的纽结问题，以及与此相应的RNA拓扑异构酶的存在。事实上，RNA拓扑异构酶很快就被发现了，而关于发现打结的circRNA分子的报告则尚未出现。

双链 DNA 中的纽结

因此，王倬是第一个把分子打成结的人。分子生物学家确实完成了合成化学家仍然无法完成的工作。当然，这仅仅是开始。另一个诱人的目标是把双链DNA打成一个结。原则上，这并不难做到。病毒噬菌体 λ 的DNA似乎是这一实验最符合条件的候选者。

噬菌体是德尔布吕克所召集的噬菌体小组在他那个时代研究过的最成果卓著的对象。它与其宿主细胞大肠杆菌一起，成为基因复制和转录研究的主要试验"场所"。

虽然噬菌体 λ 的DNA在噬菌体颗粒中呈线性，但是它有"黏性"末端——各由12个核苷酸构成的两个单链的、互补的片段。它看起来大致像这样：

（12）

如果这样一个DNA以其纯粹形式被分离出来（这在商业上是可行的），并且假定有机会在溶液中自由漂浮，那么黏性末端就会相互靠拢，从而形成一个环状DNA。考虑到这个分子相当长（大约包含50 000个碱基对），因此它有很高的概率在形成一个环之后会被打成一个结。

我们记得，双链DNA是非常坚硬的链，链段中含有大约300个碱基对。这就是为什么图36中的那条基于计算机计算的图线可用于估算在双链DNA中形成纽结的概率。我们可以从该图中推断出，在闭合成环的过程中，大约一半的噬菌体λDNA分子必定会形成纽结。然而意料之外的问题是，在这样一个长分子的情况下，很难分辨出非平凡纽结和平凡纽结。到目前为止，进行这种区分的所有尝试均宣告失败。事实上，λDNA具有黏性末端，正是因为如此，它一旦进入宿主细胞就可能呈环形。如果DNA不闭合成一个环，它就不能自我复制或正常运作（当然，前提是如果我们把它进入大肠杆菌后造成的破坏说成是正常发挥功能的话）。

这里出现了一个需要回答的问题。如果DNA在形成一个环后，确实打了一个结，那会发生什么？理论告诉我们，这确实是有可能的。这不会妨碍病毒的DNA在细胞中的表现吗？预计病毒DNA会产生大量的自身副本。然而，如果被打成一个结会阻止这种情况的发生，那么细胞就必须有一套防止纽结形成的机制。但这些机制是什么呢？

通过进行下面这个实验，你可以很容易相信，打成一个结的DNA将难以自我复制：选取一张纸条，并将其两端粘在一起，制作出一个非平凡纽结——比如说三叶结。然后用剪刀将纸条沿长度方向剪成两部

181

分。这将至少证明DNA复制的一种可能方式。你会发现不可能分开两个结。在上文提到过那篇1975年发表在《自然》上的论文中，我们提出了这些问题。五年以后有了答案。

1980年，来自加州大学旧金山分校的刘纺（Leroy Liu）、刘仲成（Chung-Cheng Liu，音译）和布鲁斯·艾伯茨（Bruce Alberts）报告，他们多年的研究结果终于确定了一组常规双链DNA形成纽结的条件。这些研究者使用的是短的环形分子，而不是长的DNA。因为后者很长，所以很难发现它们的纽结。他们发现大量添加一种特殊类型的拓扑异构酶会激发非常活跃地形成纽结。在凝胶电泳过程中，可以通过具有高流动性的DNA片段的出现来判断纽结的形成。而在下一步中，他们开始着手用低浓度的拓扑异构酶并在ATP存在的情况下处理打结的分子。你瞧，纽结被解开了！

后一项研究进展完全符合理论，因为所用的DNA很短，而其中的纽结的平衡态比例不超过5%。

在存在过量酶的情况下，纽结的形成可能是基于以下事实：蛋白质与DNA结合，尤其是通过增强沿着链上相互远离的各区域之间的附着力而使得蛋白质改变了分子的物理性质。计算结果表明，这种相互粘合必定会急剧增加形成纽结的概率。

艾伯茨和他的合作者们发现的一种新的DNA纽结形式催生了一大批类似论文的发表。基因工程方法立即被应用于尝试形成纽结。由此可见，显然存在着两类拓扑异构酶。一种制造单链DNA的纽结，后来被称为拓扑异构酶I；另一种则"专攻"双链分子，被命名为拓扑异构酶II。

不过这并不是全部的故事。人们还发现，拓扑异构酶II（其中还包括DNA促旋酶）除了打结和解结的能力之外，还能把两个或更多的

DNA分子组合成索烃（即将它们像链条中的各环节那样相互锁住）。

蛋白质具有将DNA打结的能力，这一发现引起了人们的浓厚兴趣。这有助于阐明拓扑异构酶的作用，其中也包括DNA促旋酶——全类别中的关键酶。事实上，你不能把一个环形的、闭合的DNA打成一个结而不破坏双螺旋。然而，仅仅将链弄断还不够。你还必须拖拉分子的其他部分，使它穿过由此产生的"窥视孔"，然后再将该孔封闭。拓扑异构酶II恰好能够完成这项复杂的工作！利用X射线晶体学，王倬和他的合作者们获得了拓扑异构酶II的一些非同寻常的照片。这些照片使我们有可能重现这种酶的作用过程中的所有阶段。

在拓扑异构酶II存在的情况下，DNA的行为就好像它并不服从不准物质实体彼此穿过的那道禁令。当然，这一切都是由于酶的存在，因为假如没有酶的话这类现象就不会发生。DNA可不是能够发生量子隧穿效应的电子或α粒子。拓扑异构酶允许DNA表现出同样奇特的行为。这就好像在打网球时，你击球下网，看到球不受阻碍地穿过网，然后还发现球网完好无损。因此，细胞解决DNA的拓扑问题（其中包括打结分子的复制这个问题）的作用机制就变得清晰了。

前面这些内容是否也解释了DNA促旋酶改变超螺旋这一事实？当然，确实如此。从图37可以看出，拖拉一个DNA片段通过另一个片段，结果就会出现超螺旋（a），因为Wr值变化了2。这正是在实验中发现的。不同于使DNA的Lk值变化任意整数的拓扑异构酶I，拓扑异构酶II只会使Lk值改变一个偶数值。

拓扑异构酶I也遵循相同的手法，即造成断裂并拖拉链通过由此产生的"窥视孔"。与拓扑异构酶II唯一的区别似乎在于，拓扑异构酶I用单链DNA而不是双链DNA来施展这个把戏。因此，很可能拓扑异

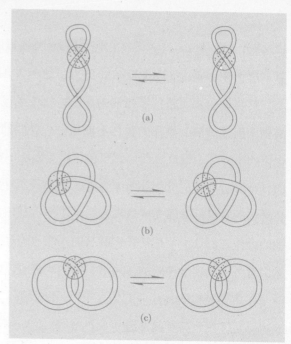

图37 三种"拓扑反应",由拓扑异构酶Ⅱ催化:(a)超螺旋圈数变化($\Delta Lk= \pm 2$);(b)解开和形成纽结;(c)分离并形成索烃

构酶Ⅰ在单链DNA上打结的方式与拓扑异构酶Ⅱ在双链分子上打结的方式是相同的。

拓扑异构酶的发现以及对其根本机制的认识削弱了对双螺旋理论的一种主要反对意见,这种异议自双螺旋发现以来的几十年中反复得到支持或反驳。在此期间,许多人对DNA必须在复制过程中解旋这一事实感到困惑。它真的像测速仪的电缆那样在细胞中盘绕吗?

人们对这一现象持有各种截然不同的看法。有些人并没有看出其中有什么令人费解的地方。另一些人则倾向于不再去考虑这个问题,认为随着时间的推移,问题终将自行解决。还有些人则忙于发明各种精巧的解释。例如,一位理论物理学家断言,一条链可以通过量子隧穿的方式穿过另一条。最后，还有人认为这种现象是沃森－克里克模型的一个明显不足之处。他们坚持认为，至少在细胞中，DNA 不是双螺旋结构的。

那些观望者的耐心得到了回报。拓扑异构酶很可能会解决 DNA 双螺旋所面临的所有拓扑问题。无论如何，它们都能在细胞环境中产生，在这些条件下，链可以"隧穿"通过彼此。这在细胞中是如何实际发生的，还有待澄清，但有一件事是很清楚的：多年来用于批判双螺旋结构的主要论据已经被破除了。

因此，要将 DNA 打结的坚持不懈的尝试出人意料地导致人们解决了关于双螺旋的古老争论。但是我们对于 DNA 打结的概率所作的预测是否具有定量的正确性，这个问题仍然存在。哈佛大学的 S. 肖（S. Shaw）和王倬，以及伯克利的 V. 瑞本科夫（V. Rybenkov）、N. 科扎雷利（N. Cozzarelli）和 A. 沃洛戈斯基这两个团队通过研究黏性末端 DNA 的环化，获得了对于这个问题的一个明确答案。他们研究的 DNA 比 λDNA 短得多（大约由 10 000 个碱基对构成），而对于这些 DNA，各种结在凝胶中具有不同的流动性。结果证明由这两个团队分别独立获得的打结概率的定量数据与我们的理论预测符合得极好。

然而，噬菌体 λDNA 的情况如何呢？你还记得争论是如何开始的吗？起因是如果 λDNA 的两端粘在一起而形成一个环，那么这个环会打结的概率大约是 50%。拓扑异构酶能解决这个问题吗？似乎不能。毕竟，拓扑异构酶作为酶，即生物催化剂，只能加速反应的进行，而不能朝一个方向或另一个方向改变初态和末态之间的平衡。当然，在 DNA 复制过程中产生极度的张力时，只要有机会使 DNA 分子的一部分通过另一部分（通常在任何合情合理的时间内，倘若没有拓扑异构酶的帮助，这都不可能发生），就能解决这个问题。但在 λDNA 的情况下

185

却不是这样。毕竟，50%的打结概率符合理论上的均衡值，这是拓扑异构酶作为一种酶所无法改变的。这怎么可能？我们最终落得一无所获？！真的需要寻找其他机制来避免形成纽结吗？

结果证明并不需要。原来拓扑异构酶II的行为方式不止在一个方面怪异。它会主动解开纽结而驱动DNA达到其拓扑结构的平衡状态。同样，拓扑异构酶II会解开由两个DNA分子构成的索烃的各环节。这是什么鬼东西？等一下，这是哪种催化剂啊？！

当然，拓扑异构酶并没有违反任何物理规律。毕竟，拓扑异构酶II在执行任务时要消耗ATP能量。此外，人们早就知道第一个这种类型的酶，即DNA促旋酶，使ccDNA偏离平衡、松弛的状态，进而使其形成负超螺旋。这一切只意味着拓扑异构酶II（是的！）不是生物催化剂，而是一种分子马达，在形成纽结和连环的情况下程序化地简化拓扑结构。这有明显的生物学意义——这就是细胞解决它的所有拓扑问题的方法。一般而言，我们身体里不仅塞满了酶，还塞满了分子马达，否则我们能做什么呢？我们连一根手指都动不了。还有一个完全不同的问题——我们的拓扑马达是如何实际工作的？拓扑异构酶是如何设法解开纽结的？毕竟，拓扑结构是环形DNA的一个总体特征，而其尺寸远远大于马达蛋白质的大小。这是一个极为有趣的问题，最近已经基本上得到了解决，但我们不会细谈这个问题——不可能用几句话就把它解释清楚，而冗长的解释会导致我们离题太远。

1　铁幕（Iron Curtain）是从1945年第二次世界大战结束到1991年冷战结束，阻碍西方思想意识和影响进入苏联及其所控制欧洲地区的政治地理界线。铁幕东侧是与苏联有联系或受苏联影响的国家，西侧是与美国结盟或名义上中立的国家。

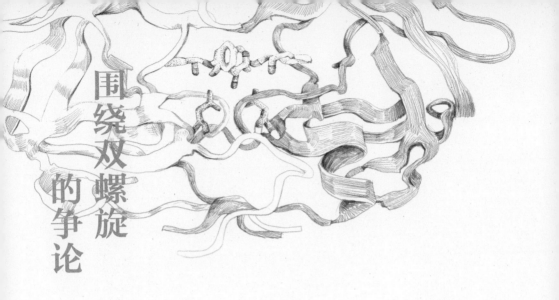

沃森和克里克是正确的吗?

DNA已经变得像石油或钢铁一样广为人知。基因制造业的蓬勃发展已经开始,许多实验室和生物技术公司都忙碌不停地生产"重组DNA",而大批专家则在操控基因并寻找其操控结果的实际应用。在法庭上,显示条纹的凝胶已经变得和指纹一样常见。想想真是令人惊奇,所有这一切都始于1953年4月25日发表在《自然》杂志上的一篇小文章,署名是两个当时在大部分地方还默默无闻的名字:詹姆斯·沃森和弗朗西斯·克里克。这两位作者在他们的论文中阐述了自己对脱氧核糖核酸分子结构的看法。他们报告说,这种分子是由两条反向平行的多聚核苷酸链构成的,它们扭曲成右手双螺旋形,并且在双螺旋内部含有一些含氮碱基,它们形成了一种缆芯,而这根缆的外层则由带负电的磷酸基团构成。两条链的含氮碱基按照互补原则配对,腺嘌呤(A)总是与胸腺嘧啶(T)相匹配,鸟嘌呤(G)总是与胞嘧啶(C)相匹配,如图38所

重组DNA

189

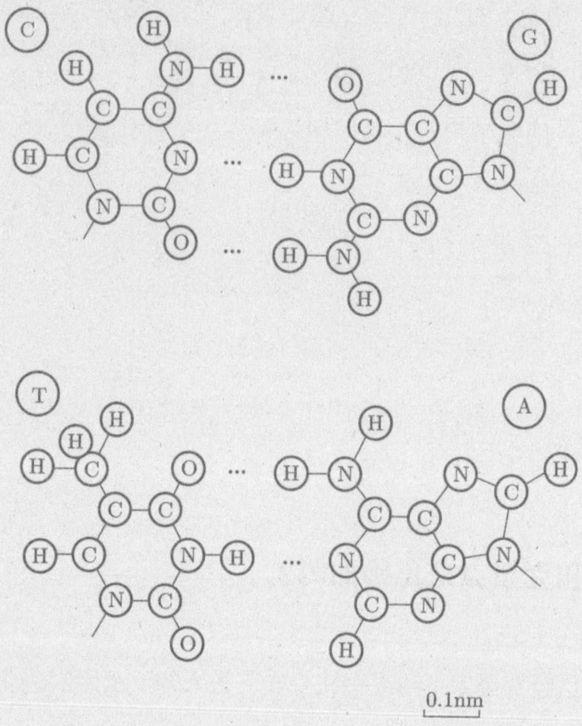

图38 这就是沃森-克里克碱基对的样子。虚线表示所谓的**氢键**（H键）。原子核之间距离比例是正确显示的，但原子的尺寸却大大减少了。事实上，碱基对中的碱基不能更紧密地结合在一起，因为那样的话一个碱基的氢原子就会与另一个碱基的氧原子和氮原子相重叠。沃森-克里克碱基对结构的一个显著特征是，两者的大小（与糖结合的两个氮原子之间的距离）几乎完全相同。正因为如此，任何碱基对序列都可以"内接于"双螺旋结构之中

示。碱基对严格垂直于双螺旋的轴，就像一个螺旋形扭转绳梯上的横档。

DNA在生理状态下（根据普遍共识）所呈现的这种结构被命名为B型。只有当分子被置于一个完全不寻常的环境中时，比如说在浓度很高（几乎达80%）的乙醇溶液中，DNA结构才会发生实质性变化。另一方面，许多研究结果表明，当DNA暴露在很大范围的各种外部条件下时，其结构都几乎保持不变。

　　尽管看起来很奇怪，但是我们长期以来一直缺乏表明DNA确实是双螺旋结构的"铁一般"的证明。事实是，沃森和克里克及其追随者们所倚仗的那些实验结果其实可以用多种方式来解释。在实验精度的范围内，总有可能发现对于某种完全不同的DNA结构也会得到相同的结果。

　　例如，在20世纪70年代末，新西兰和印度研究者们构建的模型引起了一片沸沸扬扬，根据这个模型，两条DNA链不是相互缠绕的，而是相互平行的。这个模型被称为并行（side-by-side，缩写为SBS）形式。

　　一开始，有人断言由SBS形式给出的X射线衍射图案与B型相同。然而，当事实证明情况并非如此时，研究者们又开始断言，利用X射线分析来研究的DNA是在纤维中的，DNA在纤维中可以有B型；而DNA在溶液中无疑会呈现SBS形式，在细胞中更是如此。不存在拓扑问题（即在DNA复制过程中不必解开螺旋）被认为是这个模型的一个优势。

　　通常情况下，SBS形式并不坚持自己是一种DNA模型，许多技术已证明了这一点。然而，该模型引发了一场最终证明非常有用的辩论。这促使研究人员采用了一种更为细致的方法来确定沃森和克里克模型的所有基本组成部分都是正确的，而不仅仅是DNA由两条互补的序列组成这一点。

　　支持沃森-克里克模型的最有说服力的证据来自用环状DNA所完成的那些实验。这些实验表明DNA确实是螺旋状的，并能够以很高的精度估算出螺距，首先进行这些实验的是哈佛大学的王倬教授。结果证明螺距值是每圈10.5个碱基对，这与沃森和克里克假定的值非常接近。然而，王倬的实验虽然绝对令人信服，但需要复杂的分析。我们不去解释王倬的实验，而是去叙述一些更为显而易见的实验，这些实验来自斯坦福大学的D. 肖尔（D. Shore）和R. 鲍德温（R. Baldwin）。

肖尔和鲍德温研究了DNA闭合成环的概率对其长度的依赖性这一问题。为了澄清这个问题，他们采用黏性末端分子（第5章和第8章中已经讨论过这样的分子），并加入DNA连接酶。他们根据闭合环形分子的外观来判断闭合概率。起初，肖尔和鲍德温只局限于天然分子；随后他们采用了基因工程技术，从而能够研究只包含200个碱基对的那些非常短的链。一开始得到的图像令这两位研究者相当满意：它符合理论和常识。对于含有许多库恩统计段的那些非常长的分子，闭合概率随着链长的**增加**而减小。相反，在短分子的情况下，闭合概率随链长的**缩短**而减小。这是相当容易理解的，因为长分子看起来像是一个迷失在森林里的人走过的路线，而短分子就像警察的橡胶棍——棍子越短，要把它弯成一个环就越困难。

　　有一种情况令研究者们感到困惑。随着长度的减小，结果变得非常散乱，尽管进行短DNA实验和长DNA实验同样煞费苦心。那么这是怎么回事？为了理解这种麻烦的状况，肖尔和鲍德温基于基因工程技术准备了一套样本，这些样本所含的分子中有237，238，…，直至255个碱基对。当他们对每一份制剂测量了形成环形链的概率，并将数据输入图表时，他们得到了一条周期为10个碱基对的部分正弦曲线。数据点散乱的原因变得清晰了，原来这不是偶然放电引起的，而是与螺旋结构有关的规则振荡造成的。

　　为了理解这些非常重要的实验的结果，请想象我们正在处理一个环状DNA，它的一条链被切断，并在溶液中"任其自生自灭"。断裂处的情况看起来会是什么样的？很可能被切断的那条链已准备好"对接"，你只需要构成如图39（a）所示的连接。否则的话被切断的那条链的两端可能无法接触到，如图39（b）所示。

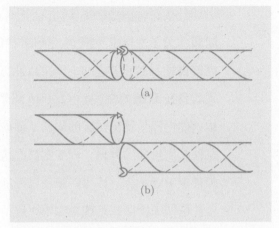

图 39 有一条链断裂的环状 DNA 分子的成功（a）和不成功（b）对接

现在，让我们加入 DNA 连接酶，它能治愈断裂处。这种酶只有当断端位于相邻位置时才能起作用。然后怎么样呢？它会只缝合这样的分子吗？答案是否定的。毕竟，DNA 分子是一个微观物体。与我们在日常生活中已经习惯的宏观物体不同，微观物体的一个特点是，仅仅由于热运动就会导致微观物体的大小和形状发生显著变化。在我们的宏观尺度世界里，这些变化是察觉不到的，我们根本看不到这些变化。

我们已经说过，热运动使线状 DNA 弯曲，阻止它呈直线状。同样的热运动还阻止环状 DNA 呈现从能量角度来说最有利的环形。分子在空间中呈现出一种奇特的、不断变化的形状。除此之外，热运动还导致双螺旋中相邻两个碱基对之间的扭转角度不断变化。因此，在肖尔–鲍德温实验中，连接酶不仅封闭如图 39（a）所描绘断裂链上的缺口，也封闭图 39（b）描绘所有的中间情况。然而，在有利于连接酶"缝合"的相邻情况下（见图 39（a）），闭合概率最大，而在不利的相邻情况下

微观

宏观

193

（见图39（b））闭合概率最小。因此，闭合概率的正弦曲线变化反映了断裂的分子一端相对于另一端随着DNA长度的旋转，这是由于DNA螺旋性而导致的。正弦曲线的周期对应于双螺旋的螺距。通过这种方式，肖尔和鲍德温得以为DNA螺旋结构提供了一种直观而明显的演示，并得以估算出螺旋的周期。随后，D. 霍洛维茨（D. Horowitz）和王倬基于短环的数据，以非常高的精确度确定了螺旋的周期。得出的结果等于10.54。

这两个团队在这些实验中所得结果的一个显著特征是，它们都是使用溶液中分离的分子获得的。事实上，从富兰克林的经典实验那时开始，所有关于DNA的详细结构的信息都是基于X射线数据而获得的，取自于分子在其中发生强烈相互作用的纤维。

因此，DNA在溶液中呈B型这个事实已经不容任何合理的怀疑了。然而，这只对于非超螺旋DNA才成立。在超螺旋状态下，分子主体部分的结构不发生任何明显的变化，但具有某些特定序列的片段却可以彻底改变它们的结构。让我们回忆一下回文和十字形结构，它们的存在已经得到实验的证明。DNA结构还可能会有什么其他的变化？不过，在讨论这个问题之前，让我们先考虑一个基本问题，即保持互补链在双螺旋中不分开的那些力。

稳定双螺旋的力

对上一节结尾处提出的问题的解答看起来也许微不足道。事实上，确保形成互补碱基对A·T和G·C（见图38）的那些力显然就是使两条链彼此靠近的力。这些就是所谓的氢键（H键）。这些键的强度介于连接分子中的原子的共价键和纯分子间相互作用之间。氢键在DNA和RNA、蛋白质、纯净水中起着重要的作用，在冰中尤为重要。正是因为水分子有彼此形成氢键的能力，才导致水是这样一种不寻常的物质，表现出如此多的异常特性。

共价键

长期以来的传统观点是，互补碱基对之间存在着氢键，它将两条DNA链结合在一起。DNA解链，即通过加热溶液来使DNA互补链分离（参见第3章），与氢键将两条互补链结合在一起的概念是一致的。从各种不同细菌中提取的DNA分子的熔点随G·C含量的增加而升高，这完全符合氢键将互补链结合在一起的概念：这是由于G·C对有三个氢键，而A·T对只有两个氢键（见图38）。此外，DNA解链温度随着分子中G·C含量的增加而严格线性地升高。这种在DNA解链研究的很早期就得到的严格线性依赖关系清楚地显示了一个双螺旋片段的稳定性仅取决于该片段中的氢键数量，而不依赖于A·T对和G·C对沿着链的分布。

另一方面，同样的DNA解链数据还表明，沿着链的相邻碱基对之间有显著的相互作用，这后来被称为**堆积相互作用**（*stacking interaction*）。似乎由于某些未知的原因，相邻的碱基对之间的所有10个堆积相互作用实际上都是相同的，否则解链温度对G·C含量的线性依赖性将遭到破坏。着重提一下，虽然相邻碱基对之间总共有16个接触点，但由于互补规则，其中只有10个是不同的：完全相同的接触点是AG/CT、GA/TC、AC/GT、CA/TG、AA/TT和GG/CC。从解链数据中，研究人员成功推断出不同接触点之间堆积相互作用的差异，但这些差异被认为是对基本效应的微小修正：毫无疑问，双螺旋主要是由互补对之间的氢键来达到稳定的。然而仅解链数据并没有揭示碱

堆积相互作用

基配对和堆积作用分别对DNA稳定性产生的贡献，而且假设碱基配对对比于碱基堆积作用在双螺旋稳定性中起主导作用，也并不是基于坚实的知识，而是遵循著名的"奥卡姆剃刀"原则——对DNA解链数据的最简单解释就被当成最终真理。

2005年前后，我在波士顿大学（Boston University）的研究小组首次确定了碱基配对和碱基堆积分别对双螺旋结构稳定性产生的贡献。完成这项工作的是我当时的博士后叶卡捷琳娜·普罗托扎诺瓦（Ekaterina Protozanova）和我的博士生佩特罗·雅科夫丘克（Petro Yakovchuk）。这项研究的念头是相当偶然地突然冒出来的，是一项短链合成DNA分子研究的组成部分。这些分子含有单链断裂部分（缺口），它们在凝胶电泳中移动得比无断裂分子稍慢。我们当时使用的是能够在双链DNA上严格的特定位点产生断裂的特殊酶（或称为**切口酶**），结果偶然发现了这会减慢被切断的分子在凝胶中的运动。有缺口的分子花费了一部分时间处于堆积状态，即像没有缺口的分子那样移动，还花费了一部分时间处于被破坏的堆积相互作用状态，如图40所示，因而在凝胶中移动较慢。根据著名的玻尔兹曼分布，这两种状态之间的平衡以指数形式取决于堆积能量（或者更确切地说，不是堆积能量本身，而是堆积自由能）。我们制备了16种合成分子，它们只有断裂处左边和右边的两个碱基对不同，并通过它们确定了所有16个接触点的堆积自由能。

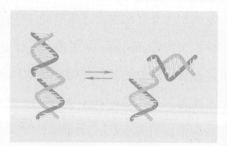

我们确定的堆积参数从一个接触点到另一个接触点的变化形式，与先前从DNA解链数据中发

图40 单链断裂（"缺口"）的 DNA 可以处于两种状态：其中之一保留了缺口两侧的碱基之间的堆积，而在另一种状态下堆积被破坏

现的参数值的情况是相同的。但是当从双螺旋稳定的总能量中减去堆积相互作用的能量，以确定氢键对稳定能量产生的贡献时，我们得到了一个大惊喜。结果证明这一贡献几乎为零！更确切地说，A·T对稍稍令双螺旋偏离稳定，而G·C对稍稍令双螺旋趋向稳定，但两者的贡献都远远小于堆积相互作用的稳定效应。换言之，关于氢键和堆积相互作用在双螺旋稳定性中的相对作用的传统观点被证明是完全错误的。

但是这怎么可能呢？被认为在DNA、RNA和蛋白质中如此重要的氢键，是否对于双螺旋的稳定性却不重要了？又是否DNA解链温度对G·C含量的严格线性依赖关系这个铁定的事实明确地表明，与氢键的贡献相比，堆积相互作用的贡献较小？让我们来一一探讨这些问题。

当我们谈到稳定性时，我们指的总是双螺旋和两条分开的DNA链之间的能量差异，而不是双螺旋本身的能量（或者更确切地说是自由能）。所以我们需要在这两种状态下把这种情况与氢键作一比较。但是当一个互补碱基对被破坏时，碱基对上能够形成氢键的那些基团立即与水分子形成氢键。我们的数据显示，两者的差异接近于零，这并不令人惊讶。这个事实并没有削弱氢键在沃森－克里克碱基对中的作用。如果氢键没有在双螺旋内部形成，而被破坏的碱基对继续与水分子形成氢键，则会导致螺旋状态产生如此可怕的缺陷，以至于没有堆积相互作用能提供帮助。同样，如果由于某种原因，DNA中形成了一个非互补对，比如说A与A配对，那么堆积相互作用也不会提供救援：于是形成了一个不匹配对，而细胞修复系统会将它消除掉。

然而，解链温度与G·C含量的线性依赖关系如何呢？毕竟，如果稳定性是由堆积相互作用决定的，而堆积相互作用对于不同的接触点是不同的，那么除了线性项之外，必定还有一个二次项，但实验表明并非如此。阿尔伯特·爱因斯坦曾说过这样的话：自然并无恶意，但是难以捉摸。而自然在这里显示了它的难以捉摸，在关于哪些力稳定了"最重要的分子"这个问题上，仿佛是在故意误导我们。如果我们假设不同的核苷酸是沿着DNA随机分布的，在这一假设下通过不同接触点的堆积能量来表示平方项前面的系数，并用含有一个断裂处的短DNA分子代替那些由实验得出的堆积参数，那么结果会证明这个系数几乎等于零。换言之，不同接触点的堆积参数使得具有一个随机序列的DNA的解链温度必定严格线性地依赖于G·C含量，从而模拟氢键而不是堆积相互作用决定双螺旋的稳定性这一情况。并且由于这些解链数据是从细菌基因组中没有垃圾DNA（垃圾DNA将在第12章中讨论），因此假设核苷酸随机分布就如同假设各字母在一段有意义的英语文本中随机分布一样现实。

垃圾DNA

　　最后，如果不是因为G·C对携带三个氢键而A·T对携带两个氢键，我们如何能解释DNA解链温度随着G·C含量而升高？根据我们的研究结果，含有G·C对的接触点的堆积相互作用要比仅含A·T对的接触点的堆积相互作用强。这就是为什么DNA解链温度随着G·C含量的增加而升高，而不是由于G·C对比A·T对携带着更多的氢键。

　　这种基本科学概念的180度大转变被称为范式转换。尽管科学界常常对这种急剧的转变做出非常痛苦的反应，在这种情况下我们仍能迅速将我们的研究结果发表在主要的专业期刊上，并且它们现在在科学文献中经常被引用。显然，事实证明这些论据是有说服力的。

Z 型

我们已经提到过，在 DNA 结构的建模过程中，沃森和克里克及其追随者们倚仗于从 DNA 纤维获得的 X 射线散射模式的数据。这正是纤维的情况，而不是晶体，因为从细胞中提取的天然 DNA 分子并不结晶（它们太长而不能形成晶体）。

在溶液部分干燥的情况下，分子发生了某种"压缩"：它们像溪流中原木筏运中的木材一样被随意堆放，但不像水面上那样是二维的，而是三维的。这些空间也像溪流中那样充满了水。从这样一种分子部分有序定位而获得的 X 射线散射图样为我们提供了丰富的信息。不幸的是，要依此来重建分子结构还不够。这一事实是有关沃森和克里克是否"猜"对了 DNA 在纤维中的结构所引起的争论的主要焦点。

王倬的实验（以及肖尔和鲍德温的实验）促成了在某种程度上自相矛盾的情况。现在已经很清楚了，在溶液中，分离的 DNA 分子具有基本上与沃森–克里克模型相对应的结构。在分子之间存在相互作用的纤维中，分子结构又是怎样的呢？这种结构有变化吗？从事 DNA 建模并计算依赖于模型的 X 射线散射图样的专家们自信地断言，只有 B 型 DNA 才能创造出观察到的模式。然而，至于研究人员是否忽略了一些东西，可能仍然存在着挥之不去的疑团。

如果事实表明有可能获得 DNA 晶体，研究这些晶体的 X 射线散射图样，然后再破解其结构，那么这个问题就可以解决了。正是这种技术被用于测定具有任何复杂程度的普通化合物的空间结构，以及蛋白质的空间结构。然而，当这种技术被应用于 DNA 时却一再遭到失败。

因此人们逐渐清楚了，在长分子或具有不同长度和序列的短分子的情况下，都不可能获得晶体。当然，还有一种挥之不去的希望，那就是如果我们用同样长度和序列并且有大约12个碱基对的短分子，就能以某种方式使它们结晶。然而，获取晶体是一项极其复杂的任务。你必须改变原液，以此结晶出分子，因此你就需要大量的物质。你在哪里能找到许多严格确定长度的DNA片段？直到20世纪70年代末，由于DNA的化学合成取得了惊人的突破，这种制备方法才宣告问世。

化学家在这个领域中取得的成就真是非常惊人。20世纪60年代，科拉纳合成了不同序列的三核苷酸，引起了相当大的轰动，并最终获得了诺贝尔奖。（读者很可能会记得在第2章中，这些三核苷酸使我们可以完全破译遗传密码。）

到20世纪80年代初，你可以买到一个打字机大小的盒子，装有A、T、G、C按钮。按你希望得到的序列（当然不是很长）按下按钮；在盒子里装满必要的配料，这些配料也可以在市场上买到；然后抽出时间去吃午饭、去图书馆或者去参加一场研讨会。当你几小时后返回时，就会在盒子的输出端发现几毫克所需的制剂（即按照你"订购"的序列合成的一段单链DNA）。但近些年来，人们已经完全被宠坏了。现在，这些神奇的装置在架子上积满灰尘，或者更有可能已经被扔掉了，而从互联网上的众多公司中找一家，就可以用低得离谱的价格订购到具有所需序列的DNA片段。

无论如何，人工合成基因是完全没有问题的。你可以用合成的寡核苷酸，在DNA连接酶的帮助下将任何长度的基因缝合在一起。这也解决了要得到大量短DNA片段来取得结晶的问题。顺便说一下，自动合成DNA的设备出现在20世纪80年代早期，但早在20世纪70年代末，在一些从事基因合成的实验室中，研究人员就可以快速合成DNA了，尽管是人工合成的。

麻省理工学院的亚历山大·里奇（Alexander Rich）和他的合作者们最早获得了较好的合成DNA晶体。他们获得的晶体是六核苷酸的：

CGCGCG

GCGCGC

你很可能想象得到，当里奇和他的合作者们完成了所有必要的、极其费力的操作之后，终于得到了六核苷酸的结构时的那种兴奋之情。这个结构与沃森和克里克模型没有任何共同之处！

自然，它有正常的G·C对，甚至是一种双螺旋结构，但每圈螺旋上有12个而不是10个碱基对。然而，主要的区别在于，这种螺旋不是像B型那样向右扭转，而是向左扭转的！

这种被命名为Z型的新DNA形式与B型之间还存在着其他一些重要差别。它的名字来源于这样一个事实：与糖磷酸链形成两条光滑螺旋线的B型不同，在Z型中形成的两条链是呈锯齿形的（见图41）。

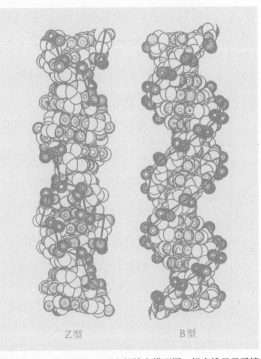

Z型　　　　　B型

图 41 DNA 的 Z 型和 B 型空间填充模型图。粗实线显示了糖磷酸主链的螺旋形路径

这是否意味着沃森-克里克模型归根结底被证明是错误的？因为事实是，由绝对可靠的X射线晶体学方法建立起的第一个DNA结构，

结果与B型完全不同。

尽管里奇和他的合作者们的发现引起了一片哗然，但其影响并不是特别深远。环形DNA实验已经提供了明确的证据，表明溶液中的DNA螺旋是向右扭转的，每圈螺旋上有10个碱基对，与此对应的是B型而不是Z型。那么，分子间的相互作用是否可能导致晶体中的双螺旋结构发生如此剧烈的变化呢？这似乎也不是事实。

事实上，看来造成这种六核苷酸呈现Z型的主要有一个因素——碱基G和C的严格交替。

加州大学洛杉矶分校的理查德·迪克森（Richard Dickerson）和他的同事们发现，如果序列不同于交替G和C的模式，那么DNA就会呈B型。他们检查了一种具有不同序列的DNA晶体，即下列十二聚合物的结构：

CGCGAATTCGCG

GCGCTTAAGCGC

结果发现了B型。

世界各地的许多研究人员都开始研究DNA在溶液中转化为Z型。结果表明在一般情况下，至少在线性DNA中，没有出现Z型。但是超螺旋DNA的情况又如何呢？

当然，超螺旋必定会使Z型更有优势，因为在DNA片段中，螺旋方向从正到负的变化往往会消除其余负螺旋分子中的张力。因此有人就会很自然地假设在超螺旋DNA中，具有交替G和C序列的片段会转化成Z形。但这真的会发生吗？

答案取决于具有…CGCGCGCGCG…序列的DNA片段从B型向Z型过渡所需的能量。事实是，除了常规的B型以外，为了实际上有Z型，那么呈现Z型必定比呈现十字形更有利。碰巧，序列

CGCGCG

GCGCGC

是一个纯粹而简单的回文。因此，具有合适序列的 DNA 片段是否会呈现 Z 型的问题并不是那么简单。只有实验才能提供答案。

与十字形结构的情况一样，事实证明双向凝胶电泳技术是发现在负的超螺旋 DNA 中是否产生 Z 型的最有效方法。然而，在普通质粒中没有遇到相当长的片段…CGCGCGCG…。因此，事实证明有必要构造出带有不同长度的人工…CGCGCGCG…插入序列的特殊质粒。

王倬是第一个将双向凝胶电泳技术应用于 Z 型研究的学者。他研究了带有长…CGCGCGCG…插入序列的质粒，结果观察到图 32 中所示类型的模式，在同样条件下，不带插入序列的对照质粒的电泳图谱中没有观察到任何不连续。这标志着观察到的结构转变发生在…CGCGCGCG…插入序列中。但是在这个过程中出现了什么：是一个十字形结构还是一个 Z 型？答案可通过流动性下降值（即在转变过程中，跳跃向上发生的拓扑异构体数量有多少）来提供。如果转变的结果是一个十字形结构，我们就可以预期发生一个 $m/10.5$ 个拓扑异构体的跳跃，其中 m 是回文中（即在…CGCGCGCG…序列中）的碱基对数目。但是，如果结果是 Z 型结构，我们就可以预期会发生一个 $m(1/10.5+1/12.5)$ 个拓扑异构体的跳跃（12.5 是 Z 型中左旋 DNA 螺旋每圈上的碱基对数量）。

王倬的实验中显示，下降值与 Z 型的形成有关，而不是与十字形结构有关。由此可见，在接近生理条件的情况下，…CGCGCGCG…序列可以翻转成 Z 型。这使我们可以希望，在细胞内的 DNA 中也许会产生 Z 型，并发挥某种生物学作用。

203

利用不同于双向凝胶电泳的其他一些技术，也可以使具有负的 DNA 超螺旋的 CG 序列中出现 Z 型。这一替代方法得到了 A. 里奇等人的广泛使用，包括将抗体用于 Z 型。这些抗体是通过使用在所有条件下的 Z 型中都存在的化学修饰 CG–聚合物使动物免疫而获得的。这样的抗体不与 B 型的 DNA 或 CG–聚合物结合，但与 Z 型的 CG–聚合物发生很强的结合。研究表明，当携带 CG 插入序列的人工质粒的负超螺旋变得足够高时，它们就会开始将抗体与 Z 型相结合。

对 Z 型 DNA 的空间结构进行分析后就得出了下面的结论：在两条互补链的任意一条中，嘌呤和嘧啶核苷酸有规律地交替，这对于这种形式的 DNA 是很重要的。假如没有这种交替，那么与 B 型相比，Z 型就会变得非常不利。因此人们预料，除了⋯CGCGCG⋯序列以外，在下面的两个简单嘌呤–嘧啶序列中，负的超螺旋结构也会有利于 Z 型结构：

$$\cdots GTGTGTGTGT\cdots$$
$$\cdots CACACACACA\cdots$$

和

$$\cdots ATATATATAT\cdots$$
$$\cdots TATATATATA\cdots$$

澄清这一问题尤为重要，因为具有这种序列的长片段以相当的频率出现在真核 DNA 中。人们构造出了带有这种插入片段的特殊质粒，并用双向凝胶电泳进行了实验。可以预见，这些实验证明在一个负超螺旋的 DNA 中，GT 插入片段会转变成 Z 型（在这样的序列中显然不可能形成十字形结构），而 AT 插入片段会转变成十字形结构。

Z 型的发现在分子生物学家之中引起了不小的轰动。除了证明在超螺旋DNA中存在十字形结构之外，这一发现还表明，尽管DNA的结构整体而言毫无疑问是B型的，但是其个别片段仍可能有截然不同的结构。于是人们开始了一项搜索，目的是在DNA中发现这些结构及其他一些结构，并弄清它们可能发挥的生物学作用。

H型

阐明（不同于B型的）其他结构可能发挥的生物学作用的最流行技术被证明是酶法，因为它不但简单，而且可以在DNA上定出被单链特异性内切酶攻击的那些位点。戴维·利利证明了十字形结构在回文中心受到攻击，威尔斯也表明了在Z型出现期间，攻击是在它和B型之间发起的。

基因工程学家们将来自多种生物体的较新的DNA片段插入质粒后，开始测试它们对单链特异性内切核酸酶的敏感性，以期发现十字形结构或Z型。事实证明高级生物体的某些DNA片段确实对这种酶非常敏感。它们被称为超敏感位点。当有可能精确找到这些位点时，人们发现它们总是位于基因组的重要调控片段中。但是研究人员对这些敏感部位进行测序后发现，令他们大为困惑的是，这些片段既不是回文，也不是交替的嘌呤–嘧啶片段。一般而言，对单链特异性内切核酸酶的超敏性表现为一条链中只含有嘌呤而另一条链中只含有嘧啶的序列——即$(G)_n \cdot (C)_n$或$(GA)_n \cdot (TC)_n$类型的同型嘌呤–同型嘧啶序列。

研究人员从中得出了什么结论？是否可能一种单链特异性内切核酸酶倾向于攻击这些序列，即使它们在正常的B型中也是如此？还是说这些序列可以在超螺旋DNA内部容纳一些新的、至今尚未发现的DNA形式？

后一种可能性尤其吸引人，因为这意味着关于DNA的结构，我们仍然不知道它的一些非常重要的东西，而这些"东西"对它在真核细胞中的功能可能具有极大的重要性。DNA结构专家们开始着手工作，尝试弄清同型嘌呤-同型嘧啶序列是否形成了另一种结构，如果它们确实构成了另一种结构，就尝试去确定这类结构。

有些人推断，这些序列可能形成一个左螺旋，不是Z型，而是其他某种左螺旋形式，是可以在分子模型帮助下构建的形式之一。其他的人反对说："不，整件事情是，这些都是非常均匀的序列，因此两条互补链可能会相对于彼此发生滑动，从沿着同型嘌呤-同型嘧啶片段的边缘形成两个单链的环。"单链特异性内切核酸酶攻击这些环，而这正是导致这些序列具有超敏感性的原因。还有一些人坚持认为："可能是这样的序列形成了四螺旋——这是理论学家们基于要弄分子模型而提出的另一种假设结构。单链特异性内切核酸酶攻击这样一种结构的顶部，那里必定存在着单链环。"

关于单链特异性内切核酸酶本身的选择性作用的问题持续的时间越长，对这种酶的超敏反应会导致什么样的结果就会弄得越清楚。然后，在1985年，我和维克托·莱亚米切夫、谢尔盖·米尔金（Sergei Mirkin）（当时我们在莫斯科分子遗传学研究所）决定应用双向凝胶电泳方法来研究这个复杂的问题。

超敏反应

我们的研究小组构造了一个携带$(GA)_{16} \cdot (TC)_{16}$序列的质粒。质粒的拓扑异构体被双向电泳法分离。在电泳图样中，我们观察到与十字形结构和Z型情况下相同的那种特有的不连续。在对照实验中（使用一种不含$(GA)_{16} \cdot (TC)_{16}$片段的质粒），则没有出现不连续。在用单链特异性

206

内切核酸酶处理含有插入序列的质粒后，与紧随在不连续之后的拓扑异构体相对应的那些斑点从二维图样中消失了。这些实验表明，在负超螺旋的影响下，在同型嘌呤–同型嘧啶序列中实际上形成了某种替代结构。

于是有一个问题产生了："是否有可能形成的是某种已知的替代结构——十字形结构或Z型——并且序列的要求并不像一般假定的那样具有限制性？"

这个问题的答案是否定的，因为结果发现在环境中添加酸性物质会大大促进转变。此外，如果有足够的酸度，就会在DNA中观察到这种转变，而得到的DNA是松弛的，完全不是超螺旋的！我们逐渐清楚了，有待判定的是某种全新的结构，因为之前已知的所有结构对酸性环境都不会如此敏感。由于这种神秘的结构可以用酸（也就是用氢离子）来稳定，因此我们把它叫做H型。

我们得到了H型的两个非常重要的定量特征。首先是凝胶电泳中流动性下降值，这表明了在H型中，两条链之间没有相互扭转（就像十字形结构的情况一样）。其次，超螺旋（在这种情况下发生从B型到H型的转变）依赖于酸性环境。对这种依赖关系的理论分析表明，在H型中，对于 $(GA)_{16} \cdot (TC)_{16}$ 插入片段的每4个碱基对都有一个质子附着位点。我们试图发明一种满足这一要求的结构，结果只是徒劳。

因此，当我们绞尽脑汁思考这个谜题时，加拿大阿尔伯塔大学（University of Alberta）的A. R. 摩根（A. R. Morgan）和杰瑞米·李（Jeromy Lee）早几年发表的一篇论文引起了我们的注意。他们研究了合成DNA，poly(CT) · poly(AG)复合体。他们发现在酸性环境中，一对这样的双螺旋结构合并成一个由两条CT链和一条AG链构成的三重复合体。第二条AG链证明是"多余的"。这种三重复合体由三联体组成，其

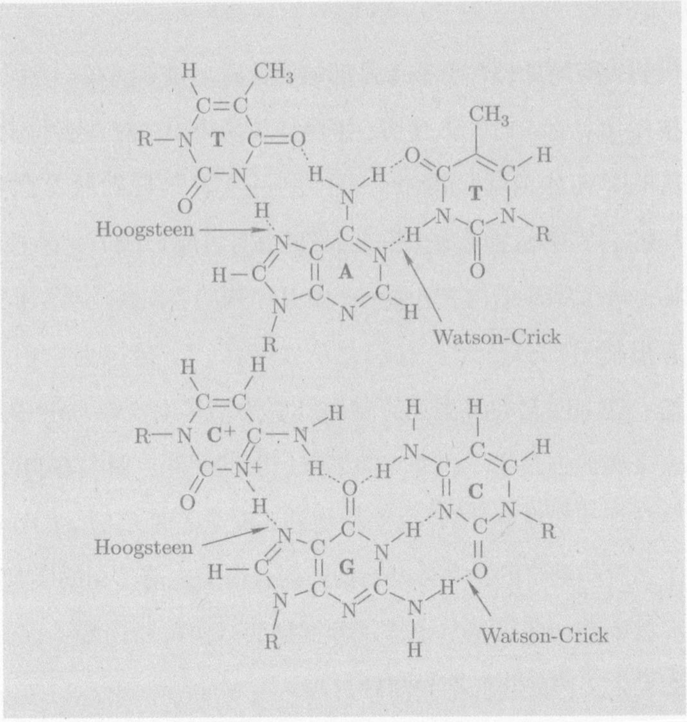

图42 组成DNA三螺旋的TAT和CGC⁺碱基三联体结构。每个三联体的基础都是普通的沃森–克里克T·A对和C·G对（参见图38），再加上第三个碱基。这种不按成规的连接方式最初是由胡斯坦（Hoogsteen）在晶体中观察到的。要形成一个GC胡斯坦碱基对，胞嘧啶就必须从溶液中接管额外的氢离子（也就是质子）。虚线表示碱基之间的氢键。就像在沃森–克里克碱基对中一样，这两个三联体中与糖相连的两个氮原子之间的距离相同

结构如图42所示。对我们来说意义重大的是，CGC⁺三联体是通过从环境中捕获一个质子而形成的。这解释了为什么只有在酸性环境中在没有超螺旋应力的情况下才形成这种结构。基于这些数据，我们假设H型的结构如图43所示。显而易见，这种结构必定对单链特异性内切酶非常敏感，因为插入片段的嘌呤链有一半处于单链状态。

我们还研究了$(G)_n \cdot (C)_n$插入片段和其他常规的同型嘌呤–同型嘧啶序列。在所有情况下均观察到H型结构。那么我们是否可以假

设 H 型可能出现在任何同型嘌呤–同型嘧啶序列中呢？根据我们的模型（见图 43），该序列的同型嘌呤–同型嘧啶特性不足。该序列也必须是镜像回文（即沿着同一条链从右到左和从左到右读起来是一样的——不像常见的回文那样构成沿着相反的链读起来一样的十字形结构）。因此，所有正常的同型嘌呤–同型嘧啶序列都形成 H 型的原因就显而易见了：它们之所以这样，正是因为它们属于镜像回文类。不过，要编造出一个不规则序列是很容易的——比如说像下面这个镜像回文：

AAGGGAGAAGGGGGTATAGGGGGAAGAGGGAA

TTCCCTCTTCCCCCATATCCCCCTTCTCCCTT

中间的 TATA 序列并不是同型嘌呤–同型嘧啶，这一事实无关紧要，因为该序列的中间部分形成了 H 型的一个环（见图 43）。

实验表明，与在即使只略微偏离镜像对称的序列中相比，H 型在镜像回文中更容易形成。这些以及其他许多研究都毫无疑问地表明了我们所提出的 H 型结构（见图 43）确实是正确的。

因此，我们现在知道负超螺旋可以导致在 DNA 中形成三种另类结构：十字形、Z 型和 H 型。关于这些结构的生物学意义这一问题是许多实验室广泛研究的课题。

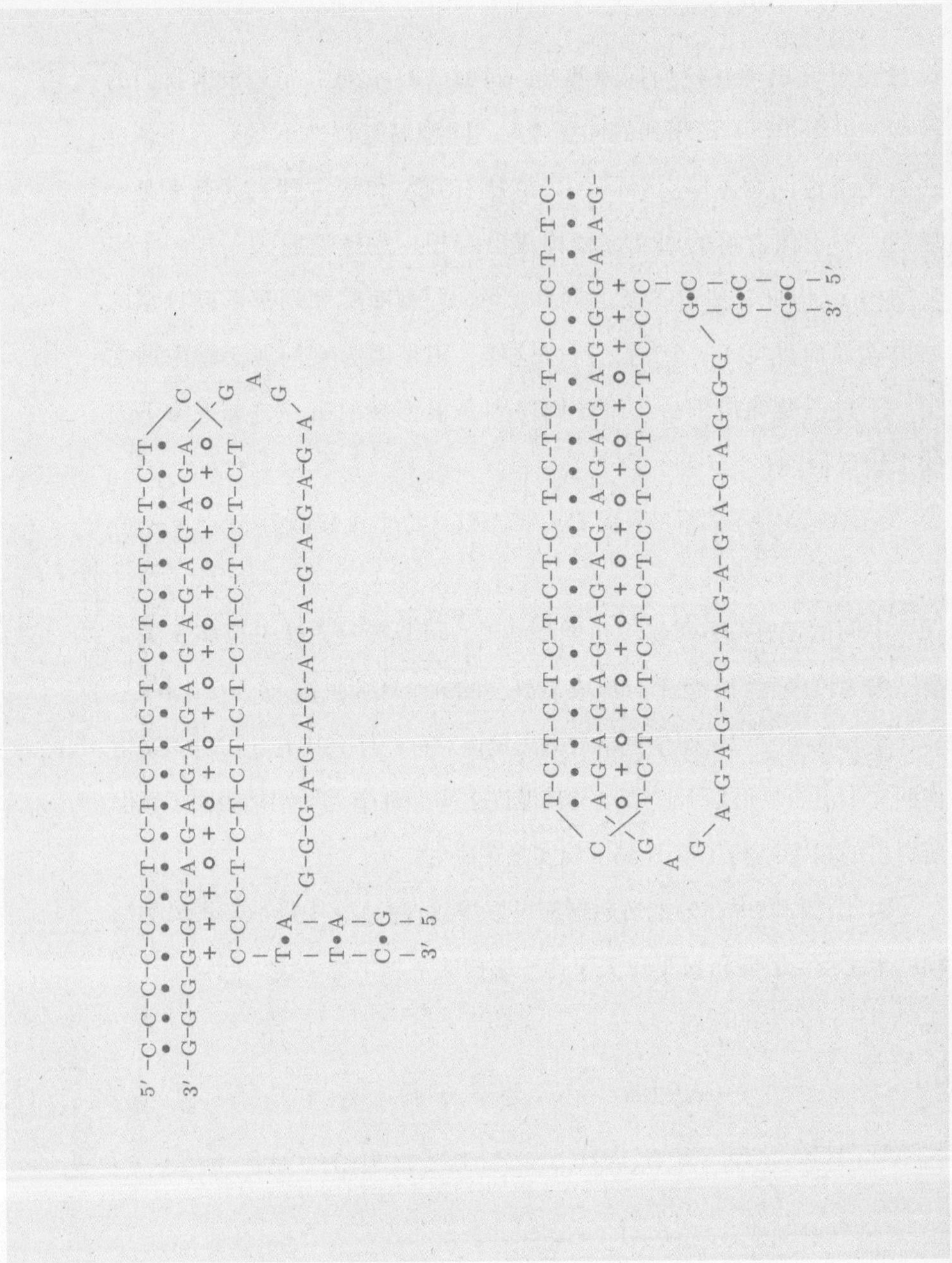

图43 对于插入质粒DNA 的(GA)₁₆ (TC)₁₆束，其DNA的H型结构。该结构的主要元素是一个由图42所示的三联体构成的三螺旋。图中显示了该结构的两种可能的同分异构形式。沃森－克里克碱基对用实心点表示，而包含一个额外质子的GC胡斯坦碱基对则用加号表示

基因工程与基因组编辑技术：危险与希望

　　我们现在正在进入的生物学世纪是非同凡响的。这是一场真正英勇的运动，是人类思想史上最伟大的一段插曲。正在推进这场运动的科学家们谈论的是核蛋白质、超离心机、生化遗传学、电泳、电子显微镜、分子形态学、放射性同位素等。但千万不要误以为这不过是小玩意。这是寻求解决癌症和小儿麻痹症问题、风湿病和心脏问题的可靠途径。这是我们解决人口和粮食问题所必须基于的知识。这是对生命的认知。

——W. 韦弗[1]，1949年

科学与发明

　　智人在作为一个物种存在于地球上的整个时期中（大约15万年），在生物学意义上没有发生任何重大的变化。现在出生的孩子完美复制了一万年前我们的女性祖先所生孩童的样貌。但世界已经变得焕然一新！

地球上覆盖着一张密密麻麻的铁路和公路网，还有成千上万的飞机和宇宙飞船沿着它们在大气层内外的隐匿路线飞行。人类已经拜访了月球，而人造飞行器已经到达过火星和金星，传回了木星和土星及其众多卫星的令人惊叹的照片，并探访了太阳系的远端。人们常说，所有这些辉煌的成就都是科学发展的结果。这是事实，但只是部分事实。

对改变我们周围世界的痴迷可能是人类的首要本能之一，这在科学出现之前早就已经存在了。甚至在亘古时代，人们就建造了道路、宏伟的庙宇、金字塔和其他建筑物。这些建筑物激发了无数代人的想象力，甚至臆测出现了外星人。外星人的传说是我们这个科学和技术革命时代的神话，在这个时代中，人们不再相信，倘若不是基于科学知识的话，纯粹靠独出心裁会营造出什么可能性。

然而，金字塔、庙宇、快艇和柴油机船、机车、汽车甚至飞机，它们更多的是发明精神的结果，而不是系统科学研究的结果。直到20世纪，科学之树才开始结出丰硕的果实。然而，事实证明这颗果实令人类以前所有的成就都相形见绌。20世纪，科学推出了两种全新的技术，它们彻底改变了我们生活的世界：核技术和电子学。所有这些都发生在一代人的一生中。最近，就在我们的眼前，20世纪的第三项技术（生物技术）诞生了，它正在改变21世纪的世界。

正如晶体管的面世标志着现代电子技术的出现，限制酶的发现和各种基因工程方法的发展都在令生物技术崭露头角。基因工程公司正在像雨后春笋一般不断涌现，它们利用最先进的技术原理生产药物制剂、疫苗和其他生物活性物质。当今科学技术的发展水平如何？在不久的将来，科学家和工程师大军最有可能忙于做什么？

让我们从头讲起。20世纪70年代中期，大家热衷于搞基因工程，并不仅是因为它获得了成功，还在于人们担心它可能带来不可预测的负面影响。最近，当基因组编辑技术出现时，这些恐惧再度强势爆发，这一点我们将在本章稍后进行讨论。

基因工程危险吗？

据说在对原子弹进行第一次试验之前，曼哈顿计划的领导者向理论学家们提出了这样一些问题："这是人类一场史无前例的全新爆炸，不会导致一场全球性灾难吗？原子弹不会充当了一根导火索，引爆一种覆盖整个地球大气层的热核链式反应吗？"理论学家们的第一反应是，很可能不会发生任何可怕的事情。但是在像这样一种情况下，**很可能**这几个字的意思是什么？通常可以接受的容忍度对于回答这类问题都是完全不能适用的，因为全人类的命运都很可能面临险境。

这就是为什么理论学家们在思考这个问题后决定，他们之中应该有一个人承担准备一个最准确答案的责任，以确定是否有丝毫的可能性会发生这样的灾难。这一人选落在了 H. 布莱特（H. Brait）身上，他是美国理论学家之中最缜密细致且头脑冷静的。那就将重担交给他吧！布莱特在对所有想象得到的可能性进行了最为艰苦的分析之后，他是这样回答的：一次原子弹爆发在大气中引起链式反应的可能性应该完全被排除。

基因工程的诞生为一场同样激烈的戏剧性事件奠定了基础。1974年，首批实验获得了重组 DNA 分子，并证明它们得以在细胞中成功发挥作用，紧跟其后科学家们就向他们自己提出了这些问题："如果基因重组（这在自然状态下是相当不可能发生的）产生了一个 DNA 分子，而它所拥有的特性对于人类是绝对致命的，那将会造成什么？如果这个假设的分子开始以一种不受限制的方式自我复制，感染大量的人，并最终杀死所有人，那该怎么办？"

由保罗·伯格（Paul Berg）领导的一群美国顶尖分子遗传学家，首先在主要科学期刊上公开发表了一封耸人听闻的信，然后通过大众传媒将其公之于众，信中声称他们已经中断了其基因工程研究。他们敦促世界各地的同僚们跟进，直至他们提议召开的一次特别专家代表大会，该会议将判定这些恐惧是否具有实质意义，并制定措施以最大限度地降低基因工程操作过程中的风险。

虽然1975年举行的阿西罗玛（Asilomar）大会决定禁止基因工程活动，但这项禁令在一年后解除。不过在此期间已经详尽制定了明确的指导方针，规定研究人员应该如何去继续进行涉及不同程度风险的基因工程活动。

显然，在这种情况下，问题无法一劳永逸地得到解决。考虑到基因工程潜在的风险与一组极其复杂的微生物、生态和其他因素有关，唯一的解决方法或是逐步放宽限制并仔细检查所有后果。原本非常严格的重组DNA研究规则被弱化了。

眼下看来，所有想象得到的、需要巨额经费的验证都未能发现基因工程实验对我们周围的微生物环境造成哪怕最轻微的影响。事实是，重组DNA一旦离开基因工程师培养它们的人工条件，就会失去全部活力。

我们有理由相信情况已经很好地得到了控制，如果确实出现了一些令人不快的意外，它们会在变得无法挽回之前被检测到，而潜在的威胁也会被消除。当你使用打火机、煤气炉或电熨斗（更不用说核反应堆）时，都会涉及一些风险。因此，仅仅出于这一考虑而放弃能够解决人类许多严重问题的研究，那是绝对愚蠢的。

现在，自从上文所描述的那些戏剧性发展的许多年以来，基因工程师们正在世界各地的数百个实验室中全速前进。那些忧虑的合理性有没有得到证明？难道不是像一些愤世嫉俗者所提出的那样，伯格和他的同事们的呼吁就是一个巧妙的把戏，旨在吸引公众和科学资助者们的注意力吗？

一方面，过去几年的经验表明，在适当的预防措施下，基因工程活动并不涉及重大风险。然而另一方面，人类在这些年里发现自己面对着一种新的、可怕的疾病，它毫不掩饰地展示了病毒的可怕的危害。读者可能已经猜到了，我们在讨论的就是臭名昭著的艾滋病（获得性免疫缺陷综合症）。20世纪80年代早期，人类第一次认识到这种疾病，它引发了一种类似于中世纪人们因瘟疫或霍乱而产生的那种恐惧感。

的确，艾滋病提醒了我们 DNA（和 RNA）可以多么奸猾和残忍。与此同时，抗击艾滋病取得的巨大成功为基因工程和生物技术能够带来的好处提供了最好的例证。

世纪之战

人们相信这种"新时代的瘟疫"起源于中非。它从那里被传入加勒比海盆地，并经由海地被带往美洲大陆。1983—1984年，法国和美国的两个病毒专家小组都得以分离出艾滋病病毒，或称为 HIV（人类免疫缺陷病毒）。这种病毒攻击 T 淋巴细胞（即负责免疫的血细胞）。其结果是，患者失去对任何感染的免疫力，因此可能死于肺炎或其他某种疾病。艾滋病像血清肝炎一样，主要通过血液和其他体液传播。不过，与　　　肝炎肝炎及医学所知的其他所有疾病不同的是，艾滋病患者面临着不可避免的死亡，因为作为人类唯一对抗病毒的免疫系统完全丧失了功能。

全世界的科学家联手一起抗击艾滋病。他们凭借着分子生物学和基因工程成就，对HIV进行了广泛的研究。病毒RNA的完整核苷酸序列被确定了。（这种病毒属于逆转录病毒的一类，提供遗传物质的是RNA，而不是DNA。）专门的艾滋病研究杂志纷纷出版，还有许多科学杂志定期刊登有关这种疾病的文章。人们已经开发出一种免疫学测试，可以检测血液中的HIV，识别其携带者，甚至查证供体血液。

自20世纪80年代末以来，已经有大量资源投入到研究HIV和抗击艾滋病。然而，研究人员起初并没有充分意识到这项挑战的凶险。毕竟，自从爱德华·詹纳[2]在200多年前发明了疫苗接种之后，许多病毒性疾病都已被成功地战胜了。最近历史上最引人注目的成就是发明了著名的预防小儿麻痹症的索尔克疫苗[3]。其结果是，一种给许多代人带来恐惧的臭名昭著的童年祸害基本上被根除了。我们只要回忆一下著名的富兰克林·德兰诺·罗斯福就够了，他是最受欢迎的美国总统。他带领美国度过了大萧条，也度过了第二次世界大战，却从未离开过轮椅。

针对艾滋病，世界各地的研究人员配备了制造疫苗的现代工具。他们所付出的前所未有的努力看似在迅速产生各种结果。不幸的是，多番努力均未能产生良好的结果。乔纳斯·索尔克本人在他生命的最后八年中都在试图让艾滋病再现他在小儿麻痹症疫苗方面取得的巨大成功。他失败了。事实证明HIV就像流感病毒一样，能够以非常快的速度发生变异。针对一种病毒株的免疫接种无法抵御另一种病毒株。尽管这些努力仍在继续，并可能最终取得成功，但是艾滋病疫苗的开发仍然与二十年前一样遥遥无期。

　　研制疫苗的失败凸显了研究人员在面对艾滋病时遇到的巨大挑战。如果没有可用的疫苗，医生在对抗病毒性疾病方面实际上是束手无策的。无怪乎在 20 世纪 90 年代早期，艾滋病患者几乎丧失了康复的希望。人们对于这种疾病产生了极度的恐惧，甚至 HIV 测试阳性也被普遍认为是被判了死刑。在许多情况下，早在这种疾病的任何症状出现之前，它便导致了患者生活方式的改变。

　　尽管疫苗方面的消息令人失望，但科学家们并没有放弃。直到现在，在研制疫苗失败后，他们才意识到通过传统手段可能无法找到治疗艾滋病的方法。必须精心设计一种对抗病毒感染的新方法。显然，只有真正深入了解 HIV 感染的所有阶段，才能实现这样一个雄心勃勃的目标。最大的希望在于找到该病毒的致命弱点，并用一种特殊设计的药物对它发起进攻。

　　事实上，HIV 病毒的一个易受攻击的弱点在其研究过程中的很早期就被发现了。当时发现 HIV 属于一类逆转录病毒，其遗传物质来自单链 RNA。1987 年面世的一种双脱氧胸苷的衍生物（AZT）——一种逆转录酶抑制剂——是用于对抗艾滋病的第一种药物（用于艾滋病流行的早期阶段）。由于病毒 RNA 的 DNA 副本的合成是感染过程中的一个关键步骤，因此抑制逆转录酶就有望预防感染。不过，尽管 AZT 取得了令人鼓舞的结果并减缓了感染，但并没有完全阻止感染。患者体内的病毒颗粒数量暂时减少，T 淋巴细胞——HIV 的靶细胞——数量暂时增加，但在一段时间后，这种致命的趋势又恢复了。主要的问题仍然是由于 HIV 的恶性变异：在体内的许多突变体中，有些突变体对 AZT 的抵抗力要强于其他突变体。因此，在存在 AZT 的情况下，发生了对病毒抗性突变体的选择。在此之后，AZT 对那个特

AZT

定患者就不再有效了。

这与医生们以前遇到过的细菌对抗生素产生耐药性的情况非常相似，这一点我们已经在第4章中与质粒相关的内容中讨论过了。两者的根本差别在于获得耐药性的速度。就细菌而言，只有在大量使用第一种抗生素（青霉素）数十年之后，耐药性才成为主要问题。到这时已有数以百万计的生命得到了挽救，而研制出的新的、更有效的抗生素也已取代了青霉素。相比之下，对第一种抗艾滋病药物——AZT——的耐药性则出现在每个患者的治疗过程中。

人们仍寄希望于一些抑制逆转录酶药物（RT抑制剂）的组合运用可能会比单独使用AZT更有效，或者是能够找到一些作用于对病毒生长发育至关重要的另一种酶的药。研究人员双管齐下。

不同于AZT的新RT抑制剂已经开发出来了。医生们开始使用它们的各种组合（或者叫"鸡尾酒"），试图在抵抗鸡尾酒的病毒种类进化出来之前阻止艾滋病病毒的增殖。效果仍然十分有限。

20世纪90年代中期，医生们开始在为患者准备的鸡尾酒中添加全新的药物——蛋白酶抑制剂，从而迎来了真正的突破。研究人员在对人体内HIV病毒进行艰苦的研究过程中，发现了HIV包衣蛋白（这种蛋白质为HIV遗传物质RNA构筑了一个外壳）的一种不同寻常的"成熟"模式。这些蛋白质首先以大的聚氨基酸分子的形式合成，而该分子又是由几条蛋白质链的线性阵列组成。然后一种特殊的病毒特异性蛋白酶切断长链，产生分离蛋白。如果蛋白酶被抑制，成熟的病毒颗粒就无法形成。这种蛋白酶受到了深入细致的详尽研究。它的结构问题在X射线分析下弄清了。经过多次不成功的尝试之后，来自几个大制药公司的多个小组开发出了专门用于抑制HIV蛋白酶的蛋白酶抑制剂。

蛋白酶

220

　　由此，医生们可以随心使用两种药物，以抑制参与 HIV 功能的两种不同但同样关键的酶。单独使用其中一种药物时，虽然表现出明显的效果，但并不能阻止艾滋病病毒的感染。然而，当艾滋病患者在长时间、大剂量地服用这两种不同类型药物组合的鸡尾酒时，他们体内的病毒颗粒数量急剧下降，并且在许多情况下达到了无法检测到的水平。1996 年，这个奇迹反复出现在不同诊所的几百名患者身上。药物鸡尾酒的先锋试验是在纽约市亚伦·戴蒙德（Aaron Diamond）艾滋病研究中心进行的。药物鸡尾酒的成功激发了公众的极大热情，因此该中心的主任何大一（David Ho）医生被选为《时代》（Time）杂志 1996 年的年度人物。

　　1996 年似乎是人类历史上的一个重要里程碑。人们将会记得，在这一年人类首次战胜了一种病毒感染，依靠的不是刺激大自然赋予我们的手段——我们的免疫系统，而是利用分子生物学和生物技术提供的整套强大的工具与装备。在此过程中，研究人员发现了如何攻击病毒生长周期中最敏感的那些环节，从而击败病毒。看来，如果对这些环节的攻击确实强烈且持久，那么病毒的增殖就会在它有机会对这种攻击产生防御之前被阻止。

　　在美国，艾滋病问题得到了解决。之前患者不得不在那度过其最后日子的特殊艾滋病临终关怀医院就荒废了。在很大程度上，艾滋病问题已经进入了政策、财政、尤其是教育领域。艾滋病鸡尾酒疗法相当昂贵，疗程也很长。在发展中国家，特别是在非洲，艾滋病已经成为一种真正的灾难，那里的患者并不总是能得到治疗。还有一个起重要作用的方面是，这些国家的性卫生水平很低，导致艾滋病迅速蔓延。当一个国家的人口可以毫不夸张地说正在死于艾滋病时（我们在说的是南非，那里有数以百万计的人感染了HIV），而这个国家的元首却受到江湖骗子的影响，开始否认艾滋病是由HIV病毒引起的，实在令人感到痛心。在塔博·姆贝基（Thabo Mbeki）总统执政期间就发生了这样的事情。现在艾滋病还在一些国家继续流行的主要原因是，我们这颗行星上的居民对于最基本的生物学、医学和性卫生知识的极端无知。不幸的是，没有任何药片能击败这场愚昧与无知的瘟疫。

如果没有基因工程技术，抗击艾滋病的战斗是不可能取得胜利的。而在不同的基因工程技术中，有一项占据了特殊的地位。这项我们已经简单地提到过的技术被称为聚合酶链式反应或PCR，它在基因工程和生物技术领域中掀起了一场真正的革命。

DNA链式反应

很难承认，我们每个人来到这个世界上只有一个原因：把我们的DNA传给下一代。我们的出生绝对没有任何其他目的。认识到我们的身体其实只不过是一个携带DNA的躯壳，这令人感到非常难受。就存在的目的而言，人类与细菌或简单的病毒甚至质粒之间没有任何区别。从生物学角度来看，人们一直在黑暗中徘徊，试图在邪教、宗教、音乐、诗歌、美术中找寻其存续意义。

尽管各种各样的物种都有着相同的目标，但是为了达到这一目标，可供它们支配的手段却迥然相异。如果考虑到这一目标的简单性，那么大自然所展现的多样性和复杂程度就显得真正令人惊叹。不过，如果你想想这件事，就会意识到在为了有限的资源而激烈竞争的情况下，比较原始的生物体最终应该会输给比较复杂的生物体，更不用说不同的物种了。人类是已经发展到足够高等，以至于不会步恐龙的后尘，这还有待观察。

有人可能会说，上述论点仅适用于已经相当复杂的生物体，比如说动物，而像细菌、病毒和质粒这样的原始生物体则可以惊人的速度繁殖，从而弥补了复杂性不足的缺陷。这在一定程度上是正确的——但前提是这种繁殖不会伤害人类。这种地球上最复杂的生物已经开发出能够根除有害微生物的强大工具，并且还在继续完善这些工具。这个不断增长的工具库中包含疫苗、抗生素和各种药物。在上一节中，我们讨论了我们最近的一次感到自豪的胜利，战胜了人类有史以来遇到的最狡诈的敌人——HIV。

虽然目前看来，人体是 DNA 繁殖的最佳包装，但我们仍然见证了种类繁多的 DNA 包装。DNA 的双链性质最适合快速繁殖。事实上，如果我们将这两条 DNA 链分开，并分别合成它们的互补链，我们就会有两个与母体 DNA 分子完全相同的子分子。如果对这两个子分子故技重施，我们就会有四个与祖分子完全相同的孙分子。在第 n 代，我们会有 2^n 个分子，它们全都和最初的那个分子完全相同。这样一个导致物种数量呈指数增长的过程被称为链式反应。

该术语来自一类重要的化学反应，而该化学反应是 20 世纪 30 年代由苏联化学家尼古拉·谢苗诺夫（Nikolay Semenov）和他的弟子尤利·哈里顿（Yuli Khariton）、雅科夫·泽尔多维奇（Yakov Zheldovich）以及本书作者的父亲戴维·弗兰克-卡米涅茨基（David Frank-Kamenetskii）发现的。尽管这样的指数式增长在生物学中已经广为人知，但链式反应对化学来说却是全新的。1956 年，谢苗诺夫因这项发现被授予诺贝尔化学奖。事实证明，链式反应在化学炸药中是至关重要的，在设计核反应堆和原子弹方面也同等重要。缘于公众对原子弹的关注，"链式反应"一词已逐渐被普遍使用。

因此，可以将生命视为一种DNA链式反应。当出生率与死亡率近似平衡，并且生物的数量基本不随时间变化时，这种链式反应就以一种受控的方式进行（如同核反应堆内的核链式反应那样）。然而，有时DNA链式反应也会像一场爆炸，例如在传染病流行期间就是如此。

在化学中发现链式反应后，链式反应与生物增殖之间的类比就显而易见了。在发现双螺旋体后，链式反应型的DNA增殖就变得清晰起来。令人惊讶的是，在20世纪80年代中期之前，尽管一切都已经就绪，却没有人尝试过在试管中进行DNA链式反应。DNA解链（即通过加热将DNA的两条链分开）在当时已经是一个研究得很透彻的过程。DNA引物的合成也已成为一项常规业务。延伸引物的DNA聚合酶I当时已相当容易获取，并已得到广泛使用（参见第5章）。

学术界的研究人员只是没有意识到他们需要扩增DNA的原因。科拉纳在他的一篇论文中提到，利用DNA聚合酶I，并在存在引物和四种dNTP的情况下周期性地加热和冷却样品，就可以在试管中进行DNA链式反应。那又怎样？他不想浪费时间去证明这个想法可行。当然，此想法将被证明！

凯利·穆利斯（Kary Mullis）很可能没有读到科拉纳的论文。他在Cetus公司工作，该公司是20世纪70年代末和80年代初迅速崛起的生物技术公司之一。在行业里，他清楚地认识到在试管中扩增DNA的可能性会引发一场生物技术革命。因此他对自己发明的PCR充满热情，还说服了他在Cetus公司的同事们开始实验。他们的初步实验方案如图44所示。

224

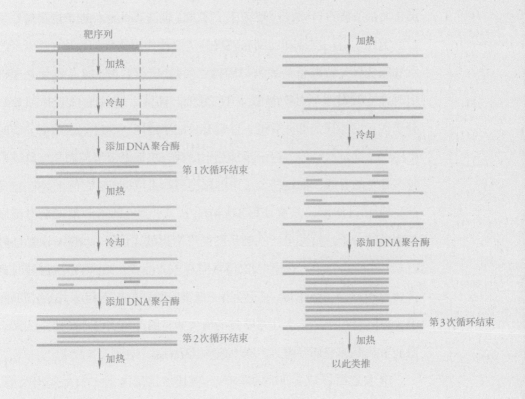

图44 聚合酶链式反应（PCR）的三个循环

　　首先，在DNA上选择一个靶序列。这个序列必须是已知的，或者至少知道它的两个末端。随后合成两个DNA引物。其中一个与下方DNA链上的靶序列的左端互补；另一个与上方DNA链上的靶序列的右端互补。相较DNA分子的数量而言，这两种引物被大量添加到样品中。（PCR实际上可以从单个DNA分子开始。）四种dNTP也全都足量加入。该样品被加热到确保DNA解链（即两条互补链分离）的温度。然后冷却样品。在冷却阶段，合成引物在两条分离的DNA链上找到互补的位点，而两条长的DNA链却无法找到彼此，这是因为它们的浓度很低。

因此，第一次冷却的结果就得到了两种为引物延伸反应（参见第5章和第7章）做准备的底物。因此，当DNA聚合酶I加入到此混合物中时，它就将两个引物向相反方向延伸。其结果是出现了两种子DNA分子。它们都只是部分双链，并带有长的单链尾。不过，这两个分子的靶序列全都是双链的。进一步加热→冷却→添加聚合酶的循环导致越来越多分子的合成，而这些分子中的靶序列都是双链的。

如图44所示，只有在第3次循环中，才会出现第一批完全由靶序列构成的分子。这些分子在随后的循环中指数式倍增。在第4次循环时有8个这样的分子，在第15次循环时有32 738个，在第30次循环时有多达10亿个。Cetus团队在进行第一批实验时还负担不起那么多次循环。主要的问题在于加热会使得添加的酶失活，因此每次循环都要一次又一次地重新添加一部分酶。

PCR之所以成为如此辉煌的一项技术，是由于一个重要的突破，其关键在于用所谓的Taq DNA聚合酶取代DNA聚合酶I。Taq聚合酶是从嗜热细菌中提取的，因此在加热到94℃时（此温度已高得足以使DNA解链）也不会失活。Taq聚合酶喜欢高温条件，因此引物延伸反应在72℃下进行。

Taq聚合酶的运用使得PCR能够在简单的自动机械（称为热循环仪或PCR仪）中以完全自动化的形式进行。准备一份由靶DNA、引物、dNTP和Taq聚合酶构成的混合物，将其置于热循环仪的普通试管中，而热循环仪则程序化地执行以下循环：加热至94℃（一分钟），冷却至60℃（也是一分钟，使引物退火至其在DNA上的位点），随后再加热到72℃（还是大约一分钟），在Taq聚合酶的最佳温度下进行引物延伸反应。然后这个循环重复、重复再重复。

PCR有许多显著的特征，其中之一是：你不需要从任何污染的DNA中纯化靶序列。引物严格决定了要扩增的序列，因此尽管有大量其他DNA你依旧可以从目标序列的单个副本开始复制过程。在经过足够多次循环之后，你将拥有任何你所希望数量的靶DNA。

凯利·穆利斯由于他的发明而被授予1993年诺贝尔化学奖。这项发明被认为是DNA技术发展史上为数极少的重大突破之一，众所周知，全都是非常了不起的发现。

一个本质上即使不能说微不足道，也是非常简单的想法，竟取得了如此巨大的成功，其原因是双重的。首先，也是最重要的，PCR的效果非常好，远超凯利·穆利斯当初的设想。其次，事实证明这样一种DNA扩增的好方法在许多应用中都是必不可少的。

如果生命的生物学本质只是DNA链式反应，那么在全球各地的实验室里，人工生命正在成千上万的PCR仪中蓬勃生长着。

基因工程药理学

制药公司首先对基因工程产生了浓厚的兴趣。在他们看来，大量地、相对低价地生产几乎任何蛋白质，这一前景意味着空前的机遇。事实上，蛋白质除了作为细胞的主要"工作分子"，在调节整个生物体的工作过程中也起着关键作用。几乎所有激素都是小的蛋白质分子，它们的氨基酸残基数目从一个到几十个不等。

以前，产生激素通常是一种精细的操作。如果像胰岛素那样，一种

激素

氨基酸残基

227

（大型的牛或猪的）动物蛋白质可以作为人类激素的替代品，那就是最好的情况了。但很多时候这是不可能的。因此制药公司觉得这是个千载难逢的机会。在他们的要求下，基因工程师们在短期内就获得了产生不同人类激素的细菌菌株。

其中一个例子是生长激素。有些儿童的身体由于遗传缺陷而不能产生生长激素，如果不加以治疗，这些儿童就会变成侏儒。他们显然迫切需要这种激素，而这种激素一直以来只能从人类的尸体中获得。不过，基因工程已经找到了一种大规模生产这种激素的方法。

糖尿病

当然，胰岛素是一种用途广泛的激素，因为糖尿病（一种非常普遍的疾病）患者都需要胰岛素。尽管大多数糖尿病患者都能很好地耐受动物蛋白，但也有些人对它过敏，因此需要人胰岛素。同样，基因工程使生产人胰岛素成为可能。

然而，最激动人心的挑战是有望获得人类干扰素。干扰素虽然是多年来争论不下的话题，但在许多方面仍然是一个谜。关于干扰素，唯一确定的是，它是一种对大多数种类的病毒高度有效的蛋白质。

可以说，干扰素对抗病毒的作用与抗生素对抗细菌的作用是一样的，但是它们之间有一个重要的区别。如果所讨论的细菌缺乏必不可少的耐药基因，那么一种抗生素就可以有效抑制细菌在任何生物体内的增殖。而干扰素就其本身而言则是非常挑剔的，这在于人类生物体内的病毒感染只能被人类（或我们的近亲猿类）的干扰素抑制。尽管对（对抗生素完全不敏感，而通常只会屈服于疫苗的）病毒的控制依旧是我们面临的主要问题，但是在很长一段时间里，人们都不可能获得足量的、价格相对便宜的纯干扰素。事实上，干扰素的氨基酸序列使得一切企图读取它的尝试都落空了。然而，基因工程只不过花了一年左右的时间就彻底改变了这种状况。

对于干扰素，正如第4章所讨论的那样，研究人员已经能够应用两种技术来诱使细胞产生一种外源蛋白质。针对第一种，基因工程人员进行如下操作：他们从人体血细胞中将干扰素mRNA分离出来（人体血细胞中产生干扰素是由于受到病毒感染的刺激）；然后，他们利用逆转录酶在分子上合成干扰素基因，并将其整合到质粒中，从而产生了第一个菌株，这个菌株以极高的速率产生人工干扰素。干扰素的完整氨基酸序列最终得以确定。

第二种技术是纯化学的。氨基酸序列允许我们在遗传密码的帮助下，推演出干扰素基因的核苷酸序列，然后用化学方法合成人工基因。该基因也被整合到质粒中，从而制造出另一种产生干扰素的菌株。

事实证明人工干扰素是一种强大的抗病毒制剂，下列实验证实了这一点。选六只猴子，分成两组，每组三只。给所有猴子都植入脑心肌炎病毒，由于它们对这种病毒缺乏免疫力，因此都难逃一死。事实上，对照组的三只猴子在受感染后几天死亡。而第二组猴子则在植入病毒前四小时和感染后多次接受人工干扰素治疗。它们都存活了下来。

人工干扰素使人们有可能对这种制剂开展广泛的生物和临床试验。其结果是，干扰素已经作为一种药物用于治疗某些病毒性疾病，如肝炎和由乳头状瘤病毒引起的性传播疾病。倘若没有基因工程的话，直到现在并且在今后的很长一段时间内，干扰素将仍然是一种虽然很有希望但又神秘难解的蛋白质。

疫苗的生产已经成为基因工程在医学和农业中的另一个有广泛应用的领域。疫苗接种是预防病毒流行的最有效手段。通常情况下使用的都是死的病毒，它们的 DNA（或RNA）通过一种特别的程序被破坏，但那些蛋白质被保留了下来。当这些死病毒被植入生物体时，机体开始产生针对这些蛋白质的抗体，于是假如随后有"活"病毒侵入机体，它们就会被这些抗体识别出来，并被免疫系统转变成无害的。

疫苗接种预示着许多杀死了数百万人的疾病（首当其冲的是天花）将被彻底消灭。然而，至今仍有一些病毒未被击败。最令人类头疼的是导致艾滋病和流感的病毒；最令动物不安的是导致口蹄疫的病毒。人们试图用疫苗来控制这些病毒，但成效甚微。

原因之一是这些病毒显现出高度的变异性。它们经常发生突变，其蛋白质影响单个氨基酸的替换，从而使"老"抗体失去识别这些蛋白质的能力。其结果是，疫苗接种必须反复进行。大规模地频繁接种疫苗有一个主要缺点——难以保证疫苗的完全惰性（即确保注射制剂中的所有病毒颗粒都完全被杀死）。如果并不是所有病毒颗粒都被杀死了，那么疫苗扮演的就不是救星的角色，而是可能会引发一场流行病，从而变成一个杀手。

原则上，基因工程能够制造出绝对无害的疫苗。只需要使细菌产生一种（或几种）病毒壳体蛋白，并利用该蛋白质进行疫苗接种。在这种情况下，疫苗不携带任何传染源（DNA或RNA），因此它可以使免疫力发挥作用而不会引起疾病。人们获得了一种全新的疫苗，并对其进行了测试。实验是采用口蹄疫病毒的一种壳体蛋白来进行的。结果还不错，只不过事实证明，用这种疫苗实现的免疫效果大概只是使用死病毒所制造疫苗效果的千分之一。

然而，许多流行病学家认为，这种全新的疫苗不会得到广泛的应用。他们持怀疑态度是基于这样一个事实：像肝炎和艾滋病这样的由病毒引起的疾病在发展中国家更为普遍，而这些国家的医疗水平尚无法接纳这些过于新颖和复杂的疫苗接种技术。他们还指出：在世界范围内遏制病毒性疾病的最大成功就是通过使用活疫苗消灭天花。

流行病学家们确实应该为之自豪的疫苗接种成功史，其源头可以追溯到天花仍在欧洲肆虐的时候。1798年，英国医师爱德华·詹纳（Edward Jenner）注意到，那些曾经从奶牛那里感染过轻型天花的挤奶女工就不再罹患这种疾病了。他开始故意用牛痘去感染健康人，从而保护他们免受天花的侵袭。这就是疫苗接种的开始。（拉丁语中"疫苗"（vaccine）这个词表示的意思正是"牛的"。）

后来，多亏了詹纳的发明，天花在欧洲几乎被根除，而此时人们发现两种天花都是由病毒引起的。这两种病毒虽然不同，但彼此相关。位于牛病毒表面的某些蛋白质（称为天花疫苗病毒）与天花病毒表面的蛋白质相同。因此，在接种了天花疫苗病毒后，免疫系统就会处于戒备状态，从而很好地确保机体免遭天花病毒的侵袭。

事实证明天花疫苗病毒对于流行病学家而言是一个极好的发现。它对于人类几乎无害，而在免疫方面非常有效，并且很容易在感染它的牛中进行增殖。所有这一切使世界卫生组织（World Health Organization，缩写为WHO）得以开展了一项广泛而持久的天花控制运动，并取得了辉煌的成功。1977年，世界卫生组织宣布，这种不久前还在数以百万计地杀死人类的疾病已经被彻底根除了。

美国国立卫生研究院的B. 莫斯（B. Moss）和他的研究助理们决定使用基因工程技术来修改天花疫苗病毒，从而保护人们免受天花和肝炎的侵害。他们将一种肝炎病毒表面蛋白基因插入到已配备有效启动子的天花疫苗病毒的DNA中。在兔子身上进行的实验表明，在接种这种病毒后，兔子产生了肝炎蛋白，并且针对产生的这种蛋白质具有下列反应：在血液中开始出现许多针对肝炎病毒的抗体。如果莫斯的想法实现了，那就很可能一举多得——也就是说，一次性根除病毒引起的几种疾病。

基因组编辑技术

正如我多次指出的，导致基因工程和现代生物技术出现的决定性事件是限制酶的发现。限制酶能识别出双链DNA中的特定序列，并在一些非常特殊的位置造成双链断裂（参见第4章）。但限制酶识别的是基本上只包含六个碱基对的短序列，因此每一种特定的限制酶都将基因组DNA切割成许多片段。对于基因组编辑（即对DNA文本进行局部校正，而不会影响其他部分）而言，这种工具是不适用的。要做到这一点，需要一种能在整个基因组中如外科手术一般切出单个切口的工具。

为了估计一个序列必须要多长才能被这样一个工具所识别，简单起见我们假设基因组DNA是一个由四种核苷酸A、T、G、C构成的纯随机序列，并且这四种核苷酸都以同样的概率出现。（这当然是一个粗略的假设，但对于粗略估计来说是可以的。）在这种情况下，找到一个由n个核苷酸构成的特定序列的概率是4^{-n}。在由N个核苷酸构成的基因组中，可以$N4^{-n}$次找到这一序列。因此，对于只遇到一次的序列，我们得到以下条件：$N4^{-n}=1$。由这个方程我们可以很容易求出$n=\log N/\log 4$，并且我们记得人类基因组由3×10^9个核苷酸组成，由此得到的就是$n=16$这个值。因此，为了使序列是唯一的，它必须包含至少16个核苷酸。现在我们就能看出限制酶对基因组编辑为何毫无价值了。

在寻找合适工具的过程中，研究人员首先提出的想法是利用DNA形成三螺旋的能力，这是我们在第9章中讨论过的。这个想法看起来很有吸引力。只要比如说在由16个核苷酸构成的基因组中选择一个靶序列，合成一条对应的由16个核苷酸构成的单链DNA链，而这条链会形成一个具有基因组DNA上的靶序列的三螺旋。在合成DNA的一端可以附加一个活跃的化学基团或能切割双链DNA的内切核酸酶。但三螺旋带来的问题是，它们只在基因组的一个区域中形成，其中一条链仅由嘌呤（A和G）构成，而其互补链因此仅由嘧啶（C和T）构成。这种包含16个或更多核苷酸的片段在基因组中是很罕见的。由此可见，选择可切割靶位点的范围就大幅度缩小，而这意味着我们必须舍弃利用DNA三螺旋编辑基因组的想法。

另一种想法是利用PNA（或称为肽核酸），这是一种DNA合成类似物。这种非常有趣的类似物是1991年在哥本哈根大学（Copenhagen University）彼得·尼尔森（Peter Nielsen）实验室中发明出来的。PNA与DNA具有相同的碱基，但是这些碱基不是附着在磷酸糖主链上，而是附着在肽主链上，类似于蛋白质链的主链（见图45）。由于与DNA不同，PNA不携带任何负电荷，因此两个PNA分子与一条DNA单链形成一个非常稳定的三螺旋。这些三螺旋是如此稳定，以至于两个PNA分子在一定条件下可以打开双螺旋结构，与其中一条链形成一个三螺旋，从而留下那条失去了配对链的互补链（见图45）。PNA已经有了许多应用，但在这里我们感兴趣的是，在这些应用中是否有一种应用可以将传统的限制酶转化为具有更大选择性的工具。图45中显示了这是如何进行的。

为了形成三螺旋，就要选择结合两个PNA分子的靶位点，使其与

233

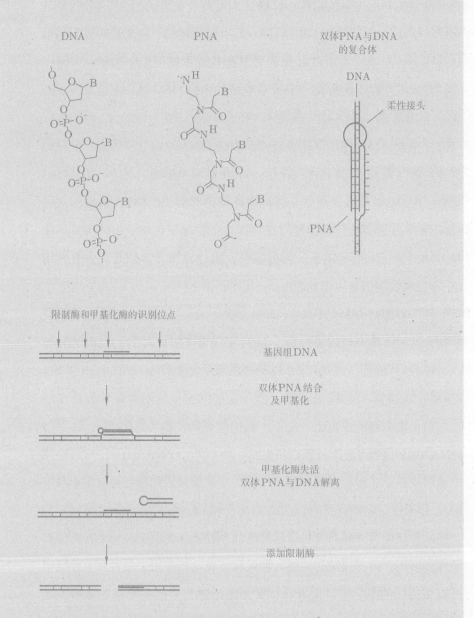

图45 PNA与DNA具有相同的碱基（用B表示），但它们附着在与DNA完全不同的主链上。PNA附着在类似于蛋白质分子的主链上。所谓的双体PNA由两个以柔性接头连接的短PNA分子构成，它与DNA链（通过图42中所示的三联体）形成一个三螺旋，从而使DNA的互补链变成单链。图中的下半部分是一张示意图，表明如何利用双体PNA将传统的限制酶转化为DNA稀有的切割工具（见正文）

限制酶的结合位点略有重叠。将 PNA 与 DNA 结合后，用一种对应于该限制位点的甲基化酶来处理这种制剂。这种酶甲基化了基因组中的所有限制位点，只有一个除外，事实证明这个位点不可用于甲基化酶结合是因为它的双螺旋结构被 PNA 结合给破坏了。然后使 PNA 和 DNA 之间的复合体解离，并恢复限制酶唯一未甲基化的结合位点。所有其他的结合位点都是甲基化的，因此不可用于限制酶的结合。限制酶会在最初为此被选中的准确位置切割 DNA。虽然在整个基因组中可能有一些非甲基化位点，但是这种方法显然会大大增加限制核酸酶的选择性。我在波士顿大学的实验室中通过实验证实了这一过程。这项工作是与彼得·尼尔森（Peter Nielsen）合作完成的。

这种方法的困难在于它非常复杂。更重要的是，它不能在活细胞中使用，而直接在活细胞中进行基因组编辑才是我们最感兴趣的。到 21世纪 10 年代的初期，生物技术公司开发出两种非常复杂的生物化学方法，可以在活细胞内进行 DNA 序列的特异性切割，且已被广泛用于基因组编辑。随后，在 2013 年初，一项突破彻底改变了局面。有人发明了一种完全基于细菌获得性免疫系统的方法。该系统被称为 CRISPR-Cas，在前面的第 6 章中已有讨论。

在基因组编辑中，细菌获得免疫系统的主角 crRNA 和 Cas 蛋白被转移到真核细胞中。crRNA 分子的间隔序列与真核细胞基因组 DNA 中的所选位点完全相同。读者的第一反应可能是，"这一系统会在基因组 DNA 中导致双链断裂，因而细胞会死亡。"不，不一定。我们是二倍体生物，这并非毫无道理：在我们的常染色体 DNA 中的每一个位点都在姊妹染色体上有两个同源位点。同源位点的存在使我们的体细胞能够治愈或修复经历过最危险的破坏（双链断裂）的 DNA。这种修复双链断裂的机制被称为同

二倍体生物

常染色体

源重组（*homologous recombination*）。细菌DNA更容易受到双链断裂的伤害，因为细菌是单倍体生物，它们只有一个基因组副本，因此也就不可能进行同源重组。同源重组是一个复杂的过程，不仅发生在修复过程中，也会发生在其他情况下。

很重要的一点是要注意，要通过同源重组来修复双链断裂，在细胞核中就必须有一段DNA所携带的两个序列与双链断裂处两侧的两个序列完全相同。同源重组不仅在crRNA和Cas蛋白被注入真核细胞时挽救了这些细胞，还使基因组编辑成为可能。这是如何做到的？

让我们来考虑一个具体的例子。假设我们已决定对一位镰状细胞病（SCD）患者进行基因治疗，这种疾病在第2章中讨论过（并且将在第12章中再次讨论）。我们希望用健康的、没有SCD突变的血红蛋白β链的基因取代患者的突变基因（见图46）。我们利用基因工程制备了一个载体，它可能是质粒或失活的腺病毒DNA。我们把额外的区域插入到这个载体中：编码两个crRNA分子的两个区域，其中一个区域设计用于导致SCD基因的左边缘断裂，另一个区域导致其右边缘断裂；还有cas基因。我们在体外增殖来自患者的细胞，这些细胞是血红细胞的前体细胞，用我们的载体来转染它们，此外还有一段由健康的血红蛋白β链基因组成的双链DNA片段，其左边和右边（图46中标为HL和HR）与基因组DNA双链断裂处左边和右边具有完全相同的序列，而这个基因组DNA是在编码在载体中的两个crRNA的帮助下，在去除SCD基因后形成的。

携带健康基因的载体和DNA只需要穿透细胞核。两种crRNA分子和cas基因的mRNA副本被合成；mRNA被转运到细胞质中，并被翻译成Cas蛋白，而后者又返回到细胞核。crRNA–Cas蛋白系统从基因组中删去突变基因，并在治愈双链断裂的过程中，修复系统使用携带血

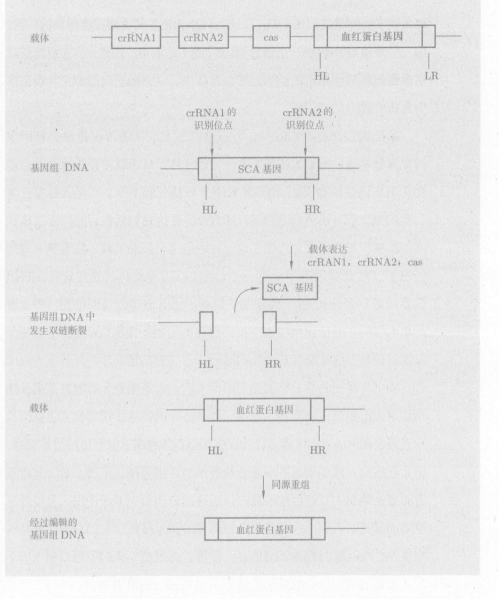

图46 使用CRISPR–Cas技术进行基因组编辑。根据基因工程的标准方法,创建一个载体(质粒或失活的腺病毒),载体中包含的基因编码两个crRNA,它们能识别出要取代的基因(在本例中是SCA基因)的左端和右端、cas基因和我们想要用来取代SCA基因的基因(在本例中是血红蛋白β链的一个正常的基因)。血红蛋白基因的左边和右边的区域应该在基因组中与它相邻(也与SCA基因相邻)的区域是同源的(即完全相同)。将载体引入到血红细胞前体之中会发生crRNA1和crRNA2以及Cas蛋白质的表达这一结果,而这又导致SCA基因从基因组中被敲除,并在DNA中形成一个双链断裂,这在第6章中已有解释,参见图25。作为对双链断裂的反应,一种被称为同源重组的修复系统在红细胞的前体中启动。载体(或一个单独引入的携带健康基因的DNA片段)中的HL和HR区域可用,结果就导致在双链断裂的修复过程中插入血红蛋白的β链基因——于是完成了用健康的血红蛋白β链基因取代突变基因

红蛋白β链健康基因的DNA段进行同源重组。结果就是我们所要寻找的：一个突变基因被一个健康基因取代（见图46）。剩下的事情就是将这些经过基因组编辑的细胞送回患者体内，这样他们就能产生含有正常健康血红蛋白的红细胞。

基因组编辑技术CRISPR-Cas相对于本章早前曾讨论过的基因工程和其他基因组编辑方法都有着巨大的优势。这项技术使得我们有可能在活细胞内编辑DNA，而且其程序十分简单和廉价。当然，还存在着一些问题。其中最主要的是将crRNA和表达它们的Cas蛋白或载体送入细胞核。有几种方法可以完成这样的运送，但它们都不够完美。理想情况下，在真核细胞中会有一个Cas蛋白的类似物，并且只有crRNA需要运送，就像RNA干扰系统中只有siRNA需要运送的情况一样（参见第12章）。但是直到目前为止，在真核生物中搜寻Cas蛋白类似物并未取得成功，鉴于其优势，我们必须对此感到满足。

在世界各地的数百个实验室中，人们正在不懈地、有时甚至是狂热地将基因组编辑这项新技术应用于各种各样的领域。这项技术为基因治疗展现了激动人心的前景，正如我们在SCD的例子中所讨论过的那样，但是在医疗实践中实施一项全新的技术总是很缓慢。不过，对于那些没有必要去编辑人类基因组的情况，这种新方法的应用正在以闪电般的速度向前推进。人们已经创造出各种新型的蔬果品种，它们对除草剂具有耐受性，在运输过程中不会腐烂，等等。据报道，美国专利局相当于平均每天都收到一份CRISPR-Cas技术领域的专利申请书。

这个研究方向上最鲜明的例子莫过于伦敦帝国理工学院（Imperial College）的托尼·诺兰（Tony Nolan）领导的一个团队在2015年末发表的那项研究成果。我们在谈论的正是要开发出一种导致对人类有害的物种（例如传播疟疾的蚊子）绝迹的方法。

众所周知，导致疟疾的疟原虫是由特定的某种雌蚊传播的。只有雌蚊需要血液来繁殖后代。雄蚊是完全无害的。有一种想法是通过基因方法改造雄蚊，使它们携带雌性不育基因。与 SCD 基因一样，雌性不育基因是一种常染色体隐性基因（也就是说它位于非性染色体上），并且它必须在纯合状态才能导致不育（也就是说它必须在蚊子细胞的两个等位基因中都存在）。如果在其所有配子（即游动精子）中都携带不育基因的雄蚊被释放到正常的疟蚊种群中，它将不会导致第一代后辈中的任何雌蚊不育。但是，当第一代雌蚊与携带不育基因的雄蚊交配时，就会产生不育的雌蚊（而且仍然只有一半的情况）。但如果第一代雌蚊与正常雄蚊交配，就不会出现不育的雌蚊。因此，为了减少蚊子的数量，就必须繁殖大量携带不育基因的雄蚊，并将它们释放到生态系统中。委婉地说，这不是一个非常有效的方法。

诺兰和他的团队把这种想法更推进了一步，给雄蚊植入一种含有 crRNA 基因、cas 基因和雌性不育基因的载体。crRNA 的设计方式要使染色体上不育基因应该在的位点必须发生双链断裂。这个三基因结构的侧邻区域与双链断裂处的侧邻序列（图 47 中的 HL 和 HR 区域）是同源的。雄蚊细胞中载体的表达明显导致位于两个末端区域之间的整个结构（我们称之为 CRISPR 结构）被整合到雄蚊的基因组中（见图 47（a））。当配子中携带 CRISPR 结构的、经过基因改造的雄蚊（转基因蚊子）被释放到正常疟蚊种群中时会发生什么？它们与正常雌蚊交配，产生的第一代后代中的雌蚊和雄蚊根据孟德尔遗传定律应该是杂合的。但在每个第一代合子中都出现了 CRISPR 结构的表达，从而导致整个 CRISPR 结构（包括不育基因）插入正常的母体染色体中（见图 47（b））。第一代

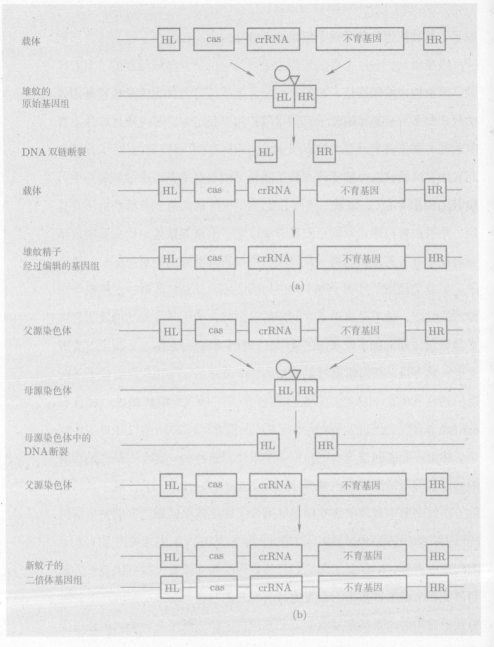

图47 利用CRISPR–Cas技术创造出无法繁殖的蚊子。(a)构造出一个载体，它包含一个由雌性不育基因、crRNA基因和cas基因组成的结构。这个结构的左右两端有两个区域：HL和HR，这两个区域与基因组中该载体所表达的crRNA分子可识别的位点的两个侧邻区域是同源的。该载体被植入雄蚊，而其结果是，这种转基因蚊子的所有配子都携带整个结构。(b)当转基因蚊子与正常雌蚊交配时，一开始受精卵对整个结构而言是杂合的，而且也必定是这样。然而，在受精卵形成后不久，这种结构的基因，即crRNA基因和cas，开始在父源染色体中表达，因此正常的母源染色体就被编辑：整个结构从父源染色体被转移到母源染色体上。所有出生的蚊子都是关于这种结构的纯合子。如果它是雄蚊，那么它的所有游动精子都携带整个结构，如果它是雌蚊，那么它就是不育的

蚊子虽然被认为是杂合子，但是在不育基因方面已经历了转为纯合子的一次蜕变！

这种纯合的雌性是不育的，而纯合的雄性给人感觉完全正常并准备交配。由于所有的雄性配子都携带着 CRISPR 结构，因此几代之后不育基因就占据了整个种群：没有剩下任何有生育能力的雌性。疟蚊种群从此灭绝。从经典孟德尔定律和种群遗传学的观点来看，这种发展是不可能的。CRISPR-Cas 系统一开始就在细菌中推翻了遗传获得性特质的禁令，而当它被转移到动物身上时，又推翻了孟德尔遗传定律和种群遗传学定律。事实上，这是闻所未闻的：一个杂合子突然转变成了一个纯合子，于是不育基因占领了整个种群！但这并不是一个离奇的幻想——这种转基因蚊子已经存在于诺兰的实验室里。成功生产出转基因蚊子表明了基因组编辑 CRISPR-Cas 技术向前跨出了多么根本的一步。与基因工程不同的是，基因组编辑是在活细胞中进行的，因此一旦启动了基因重组的自主程序，它就会在未来的每一代中一次又一次地自主启动，而不需要实验者干预，这是对经典遗传学定律的公然违背。

然而，疟疾问题提出了一个非常困难的选择。一方面，将这些转基因蚊子立即释放到非洲疾病肆虐地区的疟蚊种群中似乎是势在必行的。但另一方面也存在着一种危险，即携带不育症基因的 CRISPR 结构有可能从疟疾蚊子转移到普通无害的蚊子，而它们是生态系统的一个不可或缺的组成部分。这些蚊子和它们的幼虫为鱼和青蛙提供了食物，而且它们很可能还在大自然这一系统中发挥着其他一些作用。我们想消灭它们吗？一如既往，专家们分成了两个阵营。有些人强烈要求我们首先得充分了解可能存在的风险。而其他人却说，在这种情况下，不作为就是犯罪：每天大约有 1000 人死于疟疾，这些人几乎都在北非。随着基因组编辑技术的发展，这类难题将会滚雪球般增多。俄罗斯国家杜马采取了极端的立场：对所有转基因生物强制实施全面禁令，并且毫无转圜余地。当我听到这样一个选择时，我想起了我一再对我的学生们说的话："有一种比癌症、心脏病、瘟疫、霍乱甚至艾滋病更可怕的疾病，它的名字叫做无知。而且这是一种不治之症。"

所幸，在智人这个物种的代表中，除了有异乎寻常的无知者之外，也有个别具有惊人洞见的人。沃伦·韦弗就是这样一个人，本章题记就是他那真正具有预言性的话。正是这位韦弗，在1932—1955年间担任洛克菲勒基金会的自然科学部主管，也正是他，在1937年得以将马克斯·德尔布吕克从德国带到了美国。德尔布吕克后来的一个门徒就是詹姆斯·沃森。假如没有像韦弗这样的人出现在合适的时间、合适的地方，谁知道DNA双螺旋的发现（这是本书的源起）会被推迟多久？

黄金时代的到来

因此，配备了现代基因工程和基因组编辑工具的生物技术已经开始了一场崭新的对抗传染病的运动。我们有充分的理由认为，这场攻坚将为医学和兽医科学带来类似于发现抗生素那样的突破。事实上，生物技术对人类生活的影响不仅仅局限于药物。不过到目前为止，我们还很难预测这一突破在其他领域产生的影响。

尽管在医学和兽医领域，看起来许多事情都进展顺利，但在其他地方，一切基本上仍然局限于一个"黄金时代"的笼统承诺。不过，有一项任务已经呈现出一个足够清晰的轮廓——工业生产蛋白质来作为动物饲料。事实是，传统的动物饲料（如干草或玉米的绿色部分）缺乏蛋白质，特别是缺乏某些氨基酸。要补偿这种不足，就意味着需要大幅提高传统饲料的功效。我们知道这一点已经有相当长时间了，工业上多年以来一直在使用微生物法生产氨基酸，然后将其添加到饲料中。基因工程有可能设计出具有空前生产力的菌株，这无疑将有助于解决生产具有最均衡蛋白质成分的饲料的任务。

然而，我个人认为这一切并不是什么新鲜事。即使没有基因工程，这个问题过去也得到过不同程度的解决。完全过渡到利用基因工程技术来工业化生产动物饲料是否会有利可图，我们仍需拭目以待。如果生物技术证明这一方案是切实可行的，那么这将成为一场名副其实的革命。对我来说，这样的黄金时代是可期的。

在沙漠里的某处矗立着太阳能发电站，它们发出的电力，再加上来自沙漠深处的矿物，一起供应给庞大的生物技术工厂。利用细菌或酵母菌，生产出人造食品和最佳均衡的饲料，并将它们用方便使用的包装运送到饲养家禽、猪和奶牛的工厂。在那里，类似于今天用来孵化小鸡的孵化器中饲养着各种动物，其中也许包括着在基因工程和基因组编辑技术帮助下创造出来的全新动物。

种植小麦等作物的传统农业在一定范围内得到了保护。但是，对这些非常昂贵的农产品的需求已经下降到一定程度，以致仅在具有完美的灌溉和其他条件的特定气候区域才种植这些农产品。在前生物技术时代被用于农业生产的大片土地可提供给那些离开了拥挤城市的人们，他们来到有着森林、河流、湖泊的广阔空间，开着无人驾驶的电动汽车去工作、到附近购物，或者去看望朋友。

一项新技术的出现，迟早会改变人们的日常生活，但很难预测这种改变会如何发生。例如，电子技术已经给以往获取和处理信息的惯常方式带来了根本性变化。由于互联网的发展，这些变化的频次愈发迅猛起来。随着互联网的发展迈入到小型化的新阶段，它正在渗透到生活的方方面面。生物技术也会步其后尘吗？毫无疑问，答案是肯定的。

1　沃伦·韦弗（Warren Weaver，1894—1978），美国数学家，机器翻译的早期研究者之一，美国许多科学研究的推动者，他在1938年创造了"分子生物学"一词。第1章的"噬菌体小组"一节中提到过此人。

2　爱德华·詹纳（Edward Jenner，1749—1823），英国医生，以研究及推广牛痘疫苗、预防天花而闻名。

3　索尔克疫苗又称为脊髓灰质炎疫苗或小儿麻痹疫苗，是一种用来预防和消灭脊髓灰质炎（小儿麻痹）的有效手段，是美国实验医学家、病毒学家乔纳斯·爱德华·索尔克（Jonas Salk，1914—1995）在1955年发明的。

DNA 和命运

……关于细胞的生命和进化，我们了解得很多，然而就如何预防癌症，我们仍知之甚少。相反，我们看到了诱发癌症的因素和机制的多样性，这就破灭了普适疗法的希望。于是《传道书》中的这些话从脑海里浮现出来："……多有智慧，就多有愁烦。加增知识，就加增忧伤。"但是科学家们并没有放弃。

——罗曼·B. 赫辛（Roman B. Khesin），
《基因组的不稳定性》（*Genome's Instability*），1984年

DNA 与癌症

我们与癌症的长期斗争是一场真正的战争。这场战争中的伤亡人数是无法计算的：世界上没有任何一个家庭会不受到影响。尽管我们付出了巨大的努力，尽管希望一再出现，尽管治疗方法在取得缓慢而稳定的进展，但仍有人在濒临死亡。癌症和心血管疾病仍然是发达国家的主要死亡原因。

癌症与其他疾病不同，因为癌细胞是机体自身的细胞。但它的行为

就像一个外来入侵者，如果你愿意的话可以称它为"第五纵队"。这种细胞一开始行为正常，与其他细胞在任何方面都没有区别，它确实遵守多细胞生物中公认的"游戏规则"。在一个成年生物体内，这些规则规定细胞的分裂在不同的组织中被严格控制着，并且严格禁止某些细胞（如神经细胞）的分裂。不可能有其他的情况，因为如果听任每一个细胞自由分裂的话，那么这个生物体就会迅速转变成一大堆无定形的失控细胞。

分化

然而在某个特定时间，分化细胞群体中的一个"守法"者突然不再遵守游戏规则，发起狂来。它开始无限制地增长——也就是说，它变成了一个癌细胞。在此过程中，细胞将这一特性传给它的所有后代。最终

转移

会出现转移（这个词的字面意思是"无法控制"）——不断分裂的癌细胞通过血液从疾病的原发位置扩散到身体各处的新部位。这一切都是由单个细胞的变性引起的。

这些叛逆细胞从何而来？考虑到它们的不良行为是可以遗传的，因此首先想到的是认为这些问题细胞的DNA发生了某些变化。（顺便说一句，这对细菌而言同样适用，正如第1章所描述的艾弗里的实验所示。）

我们知道，多细胞生物的细胞即使DNA保持不变，仍能极大程度地改变其行为。因此，单单一个受精卵细胞就可以产生一个由性质和功能不同的细胞（例如肝脏细胞和骨骼细胞）组成的完整生物体。然而，几乎所有这些细胞都包含所有原始遗传信息。

在大多数情况下，细胞的分化与基因活性的变化有关；基因本身以及DNA序列通常保持不变，但在多细胞生物的某些细胞中是一组基因在起作用，而在其他细胞中则是另一组基因在起作用。这或许暗示着自治理论，即癌症只是由一些内部原因引起的细胞分化。但是这种理论也

有其困难之处。其中最主要的困难在20世纪初变得明显，当时在动物实验中发现，癌症可以由外界诱发（例如用病毒去感染动物）。能够诱发动物癌症的病毒（有很多这样的病毒）被称为致癌病毒。

20世纪40年代，杰出的俄罗斯科学家列夫·齐尔伯（Lev Zilber，1894—1966）提出了他的病毒遗传理论——这是在癌症研究的漫长历史中提出的最富有成效的观点之一。该理论可以归纳如下：致癌病毒的 DNA穿透一个健康的细胞，从而将自身整合到细胞DNA中，于是改变了后者的遗传特性，并导致其发生不受控制的分裂。入侵病毒与细胞自身的DNA一起复制，并传给后代。

致癌病毒

病毒理论经过很长时间才慢慢被接受。当然，没有人反对动物中观察到的某些肿瘤是由病毒引起的这一事实。然而，对于这一概念的潜在普适性，包括它对人类肿瘤的适用性，人们仍然存有严重的疑问。因为众所周知，癌症可以由多种物理和化学原因诱发。我们已经知道有各种各样的化学物质（被称为**致癌物**）会大大增加肿瘤形成的可能性。那么病毒和这一切有什么关系呢？

致癌物

对病毒理论的致命一击是发现了作为许多致癌病毒遗传物质的是 RNA，而不是DNA，并且RNA不能整合到DNA中。那么，是什么让病毒将遗传信息整合到DNA中去的呢？早在发现RNA能够合成整合所需的DNA之前，人们就发现致癌病毒通常携带的是RNA而不是 DNA。因此，在当时看来，好像导致癌症形成的变化可能在没有DNA 的情况下发生，于是病毒遗传理论就无法立足了。

不过，有些生物学家还不愿意放弃齐尔伯的理论，因为这种理论简明扼要，令大家印象深刻，实验仍在继续，以提供证据证明致癌病毒可以诱发癌症。虽然这显然与当时的分子生物学概念不一致，但人们仍在继续寻找使RNA病毒能将其遗传信息传递给细胞的机制。霍华德·特明（Howard Temin）表现得尤为执着，并最终得到了回报。1970年，特明和戴维·巴尔的摩在包含RNA的致癌病毒中发现了一种名为逆转录酶的酶，一旦病毒进入细胞内部，这种酶就会在病毒RNA上合成DNA。这种"病毒"DNA被整合到细胞的DNA中，从而导致恶性肿瘤。

这一发现（正如第4章所提到的）可谓是分子生物学的一个里程碑，无可置疑地证实了癌症的病毒遗传理论的正确性。致癌物的效应和病毒理论中的许多不相符之处都已慢慢不为人所注意了。下一个目标是分离出与不同类型的癌症相对应的病毒，并学习如何去控制它们。

然而，时间的流逝没有带来任何实际的进展。未能在人类身上发现致癌病毒，这是一块绊脚石。一般而言，对动物癌症的研究远远超前于对人类癌症的研究，这并不令人惊讶。当然，这种致癌病毒可以从血液或从外科手术切除的人类肿瘤中获得。但是，如何确定这确实是一种癌症病毒呢？你会感染一个健康人来证实它是一种癌症病毒吗？这一困难确实已被解决，但只是解决了一部分而已。

很久以前，生物学家们就学会了在体外（即在活的生物体之外）培养人类和动物的细胞。与细菌或酵母细胞相比，培养这些细胞很是困难，但允许对其进行一些原本不可能的实验。

此外，体外分化的细胞，通过遵守它们在多细胞生物中学会遵循的那些规则，通常表现出一种"文明行为"。例如，在玻璃容器平坦的底部，它们只形成一层，然后它们的生长就停止了。癌细胞不是这种情况！当癌细胞分裂时，它们会冲破单层的限制，形成一个通过显微镜相当容易看见的致密物。这意味着细胞的癌变可以在体外成功地进行研究。

最终，国家癌症研究所（National Cancer Institute）的罗伯特·加

洛（Robert Gallo）取得了成功。他获得了造成人类的一种白血病的致癌病毒。（顺便提一下，后来发现了HIV病毒，才知道这两种病毒原来是近亲。）然而，只有罕见的几种人类癌症有病毒起源。绝大多数癌症病例与病毒没有任何关系。

尽管无处不在的致癌病毒令人感到十分头疼，但动物癌症研究的进展也并不更加顺利。似乎在大多数情况下，病毒DNA在动物出生时就已经整合进其DNA中。那么，为什么不是所有的动物都从一出生就患上癌症呢？于是人们推测，除了存在病毒DNA以外，细胞还需要某种其他东西，即一种触发癌症的命令。致癌物是刺激病毒DNA开始行动的信号吗？

这就等于说致癌物正是诱发癌症的罪魁祸首。如果病毒DNA总是从一开始就存在于细胞中，那为什么还要讨论病毒？会不会某种动物的DNA是这种情况，而癌变则是由致癌物引发的？也许是致癌物激活了已植入的病毒DNA或其他DNA片段。或者致癌物宽宏大量地不去惹DNA，却可能会发出一种迄今未知的分化信号，而细胞遵循这种信号，就"忘记"了"游戏规则"。

因此，在癌症病毒理论胜利后不到10年，研究人员又回到了起点。车轮已经绕了一整圈，仍然没有摆脱可恶的分化问题。不过一如既往，仍有一丝希望尚存。如果致癌物确实会影响DNA（不管是病毒还是其他一个片段都无关紧要），从而改变DNA的文本该怎么办？换句话说，如果致癌物实际上是诱变剂，那会如何呢？

致癌物的问题长期以来一直吸引着研究人员的注意力，这不仅仅是因为他们对癌症起源的理论研究。事实是，必须对人类所接触到的每一种新的化合物都检测其致癌性。有许多例子表明，在这方面的轻率或疏忽就类似于植入一枚定时炸弹，最终会表现出致命的结果。

由于化学物质的致癌性检测仍然是所有新药投放市场前最昂贵、最耗时的必经步骤，因此人们进行了许多尝试，企图设计出快速和合理的廉价技术来进行这项测试。不过人们仍然认为有必要用试验动物检验新制剂的效用，并将它们的行为与对照组动物进行比较，直到它们自然死亡（或非自然死亡，如果该药物恰巧是致癌物的话）。这一步骤就不能简化吗？

加州大学伯克利分校的布鲁斯·艾姆斯（Bruce Ames）通过对致癌性药物进行大量测试，积累了丰富的研究成果，从而得以设计出一种高效的检测技术。1975年，他建议应该测试物质的诱变性，而非致癌性。诱变测试可以省去对动物进行试验，甚至不必对动物细胞的培养基进行试验。对于这些测试所使用的细菌，快速计算其变异率（即DNA文本的改变）的技术存在已久。艾姆斯继续改进这些技术，同时证实了诱变性和致癌性实际上可归结为同一回事这个假设。

似乎为了进行测试，人们必须服用已知会致癌的化合物，并测试它们的诱变效应。然而，正如人们常说的那样，事情往往功亏一篑。事实是，致癌化合物在生物体的血液循环中会发生化学变化。例如，肝脏里简直塞满了能够诱导各种变化的酶。因此，癌症很有可能（在某些情况下已经毫无疑问地得到了证实）不是由最初的物质引起的，而是由它们一旦进入机体内，便发生的新陈代谢的产物引起的。出于这个原因，艾姆斯在测试物质的诱变效果之前，先用动物肝脏提取物来对它们进行处理。

艾姆斯测试了300种物质的诱变性，包括"根深蒂固的"致癌物和相当无害的物质。他的测试表明，致癌性和诱变性之间存在着清晰而明确的关联。在90%的情况下，事实证明致癌物也是有效的诱变剂；与

252

此同时，只有13%的非致癌物表现出诱变效应。

这些结果非常令人信服。它们表明艾姆斯的试验是有效的，至少对化合物的大规模测试是有效的。请自行判断：艾姆斯只在一个助手的协助之下，就能在短时间内测试300种物质！如果用传统方法对所有这些物质的致癌性要积累其研究成果，将需要许多人耗费数十年的艰苦工作。

艾姆斯为自己设定了一个纯实用性目标——开发出一种有效的、廉价的致癌性测试方法。不过，他的发现也证明了理解癌症的本质是非常重要的。事实上，这些发现毫无疑问地确定了致癌物正是通过改变细胞的DNA（即通过引起突变）而导致癌症的。

艾姆斯给出的明确信息是，最终导致癌症的那些初始事件是在DNA中（即在遗传物质中）发生进化的。在这种情况下，分子生物学家重新受到鼓舞，再次冲向前去攻克癌症问题。不过这一次，由于是在特明和巴尔的摩取得成就的10年之后，他们已经很好地装备上了基因工程强大的DNA操作技术。

1979年，有一批实验一劳永逸地证明了癌症的遗传特性，即DNA本质。然而，这些在小鼠身上进行的实验与艾弗里40年前的那些关于在肺炎球菌中发生的转化的实验没有原则上的区别。麻省理工学院的罗伯特·温伯格（Robert Weinberg）是这项实验的创始者，他进行了如下推理：从艾姆斯的实验中得出的结论是，致癌物必定会激起DNA中的某些变化，在此之后它就获得了将正常细胞转化为癌细胞的能力。如果真的是这样，那么，假如将DNA从癌细胞中分离出来并转移到健康细胞中，我们就应该（自然要考虑到一定的概率，就像任何转化过程中一样）观察到正常细胞转化为癌细胞的过程。

温伯格从老鼠的肿瘤细胞中分离出DNA，这些细胞的癌变是由强致癌物诱发的。然后他进行了转化实验。将癌变DNA加入健康小鼠细胞培养基（以代号NIH3T3命名）。这个实验的结果如下：在15例NIH3T3中，有5例发生癌变。另一方面，将正常DNA加入NIH3T3培养基中的10个对照实验中，没有任何一例发生恶性病变。

在小鼠身上检验了通过转化技术变性的细胞的性质：将癌变的NIH3T3细胞植入健康小鼠体内，由此形成恶性肿瘤。然而，这并不是故事的全部。整合进从人体癌细胞中分离出的DNA，也可以使NIH3T3细胞变成癌细胞！从健康的人体组织中提取的DNA没有导致NIH3T3细胞的恶性病变。

在这个阶段，是时候让基因工程师们参加到这项工作中来了。既然人类DNA导致了转化，那么这就意味着它携带了一个致癌基因（即含有导致致命变化的片段）。寻找致癌基因的工作开始了。事实证明致癌病毒在寻找致癌基因方面非常有用。原来它们拥有现成的致癌基因。在一段很短的时间内，大约30种致癌基因得到了克隆和详细的描述，其中包括它们的完整核苷酸序列。专家们认为，这组相对较小的基因实际上是导致动物和人类罹患各种癌症疾病的缘由。

事实证明每种致癌基因都有一个细胞"兄弟"，是一种叫做**原癌基因**（*protooncogene*）的正常基因。从分子遗传学观点来看，致癌基因与原癌基因一样，都是普通的结构基因（也就是说它们各自携带着关于一种特定蛋白质结构的信息）。原癌基因本身并不危险。此外，原癌基因的蛋白质产物在细胞内及细胞间的通讯中发挥着至关重要的作用。

事实上，为了在多细胞生物细胞的和谐大家庭中表现出模范行为，每个细胞都必须服从传入的信号。例如，有一种至关紧要的信号会告诉细胞要增殖（分裂）。比如说你在剃须时割伤了自己，那么伤口周围的皮肤细胞就会开始急剧分裂，以治愈伤口。给细胞带来分裂命令的信使是一些专门的蛋白质分子——生长因子。它们将"信息"传递给其他蛋白质分子，即内置于细胞外壁中的受体。

于是细胞接收到信息：生长因子与受体发生接触。但细胞内的一切都服从隐藏在细胞核内的 DNA。信号要被听到，还必须穿透细胞的外壁、细胞质和核壁。这个信号在这趟复杂的旅程中进行多次转化，由专门的细胞内信使传递，其间有一些蛋白质参与了这个过程。一个至关重要的事实是，这些蛋白质——原癌基因的产物——是生长因子、受体以及细胞内和细胞间的其他通讯蛋白质。

我们现在知道了一些将原癌基因转化为致癌基因的机制。它可能只不过是一个点突变——一个氨基酸残基被替换。它也可能是染色体结构的重组，其结果导致原癌基因转移到另一个染色体上。这一过程的一个附带特征是，正常的原癌基因产物的合成规则被扰乱，或者在重组过程中基因本身被截断。另一种可能性是，原癌基因本身将停留在它的位置，而来自另一个染色体的调控区域则会转移到这个原癌基因上。

我们从侦探小说和电影中知道，最致命的间谍是混入敌军的指挥人员链的人，这样他就可以逐级向下假传攻击命令。这正是致癌基因的惯用套路。由于生长因子的加速生长，结果产生了一个有缺陷的受体或某些细胞内通讯蛋白质，致癌基因就迫使细胞的 DNA 遵照错误的信号分裂。携带致癌基因的细胞开始以不受控制的方式分裂，而它们的子细胞也携带致癌基因（即被给予了分裂信号）。癌症就是这样开始的。

因此，对癌症本质的研究就完全转移到分子水平上。我们比以前更清楚地了解如何才能战胜这种可怕的疾病。要么必须杀死所有癌细胞，要么必须停止使细胞发生癌变的致癌基因的表达。研究人员对此双管齐下。

死亡命令

所谓的自杀综合症是最严重的精神障碍之一。此病症的患者会表现出持续的、几乎无法阻止的自杀企图。在许多情况下，尽管亲友们竭力阻止，但患者还是设法结束了自己的生命。在这种疾病中，某种东西将自我保护的自然本能转化为一种完全不合常情的自我毁灭的欲望。患者的行为就仿佛他被规划好要自杀一样。

毫无疑问，从个人角度来看，自杀综合症是令人感到迷惑不解的。在自然界中，由遗传规划的完全或部分自我毁灭现象经常发生。例如，为了给予下一代生命，鲑鱼会遵循它的遗传程序，离开海洋的广阔空间，进入小河小溪，克服重重阻碍缓慢上行到其出生地。在这条死亡之路上，鲑鱼自始至终不吃任何东西，只使用在海洋里积攒的能量。在排出鱼卵或精子后，这种动物就会精疲力竭而亡，遗传程序让它为了后代的安全诞生而甘愿舍弃自己的生命。

每年秋天当落叶树的树叶按照严格的遗传程序飘落时，我们也目睹了一次大规模的"临时自杀"。真核和多细胞生物的每一个细胞的DNA都携带这一特殊的程序，以致如果这个程序被启动，就会引发一系列导致细胞死亡的事件。这种程序性的细胞自我毁灭被称为**细胞凋亡**（*apoptosis*），这个词在希腊语中的意思是"脱落"。

细胞凋亡 细胞凋亡的发现及其在生物学和医学中的作用是20世纪末分子和细胞生物学领域中最重大的突破之一。令人惊奇的是，这种基本的、广泛的、重要的现象长期以来一直从本质上遭到了忽视。不过，由于麻省理工学院的罗伯特·霍维茨（Robert Horvitz）的研究所发挥的主要作用，使细胞凋亡的重要性被公认为是非凡的事。（霍维茨获得2002年诺

256

贝尔生理学或医学奖。）自此，它成为一大批研究人员和医生的关注焦点。（"细胞自杀综合症"应该得到的关注不止于此。事实上，如果细胞配备有杀死自己的必要工具，并且只需要一个适当的信号就能做到，那么我们需要学习的就只是如何将这些信号发送给我们想要从身体清除的那些癌细胞。）

有一个向肿瘤细胞发出死亡命令的信号蛋白早已为人们所知。这种蛋白质被称为肿瘤坏死因子（tumor necrosis factor，缩写为TNF）。和其他信号蛋白一样，它与细胞表面的特殊受体结合，而这种结合启动了一长串接连通向DNA的事件。其结果是，特殊的凋亡基因被激活，新的酶被表达，其中包括蛋白酶和核酸酶，它们消化细胞蛋白质和核酸。细胞被支离成碎片，而这些碎片又被一些特殊的细胞吞噬，这些细胞被称为巨噬细胞，是我们身体的门卫。接收到死亡命令的细胞没有留下任何痕迹。

TNF

如果TNF只针对肿瘤细胞，而正常细胞不会接收到死亡命令，这不就是治疗癌症的终极方法吗？毫无疑问，TNF是一种很有前途的抗癌工具。然而，40年前发现TNF之后不久，人们就明白TNF并不会杀死大多数的癌细胞。它的正常功能很可能在于消除由极少数癌细胞组成的肿瘤胚胎。与此同时，当TNF的死亡命令被正常细胞误接收时，即使是非常罕见的情况，机体也需要保护自己免于陷入这些状况。因此，研究发现，当TNF启动细胞凋亡过程的同时，也会诱导产生一种蛋白质，这种蛋白质会激活与细胞死亡相抗衡的基因。这种蛋白质被称为核因子κB（NF-κB）。

NF-κB蛋白质被看作是防止细胞出现自杀行为的几个因素之一。麻省理工学院的巴尔的摩研究小组用所谓的敲除小鼠（knockout mice，这些小鼠的编码为NF-κB的基因被特意破坏）所进行的实验表明，

NF-κB缺乏会导致小鼠肝细胞的大规模自杀，以至于使这些动物在出生之前就夭折了。这就间接表明了另一个对抗癌症的可能性：去寻找抑制NF-κB的药物，以及去寻找使癌细胞更服从来自TNF蛋白质的死亡命令的药物。但抑制NF-κB的药物可能看起来更有前途。

我们已知细胞凋亡不是TNF引起的，而是由其他途径触发的。如果细胞（特别是DNA分子）严重受损，它们就可能会选择自杀。然而，通常NF-κB会阻止它们这样做。没有NF-κB，被放射疗法或化学疗法损伤的肿瘤细胞将自行通过细胞凋亡这一途径来完成自杀这项工作。

在DNA过度损伤的情况下，执行自杀的决定是由一种名字并不起眼的蛋白质p53做出的。这种蛋白质引起了研究人员和医生的大量关注，它在多细胞生物发育过程中控制着众多细胞分裂期间的DNA损伤。我们已经知道DNA损伤、体细胞突变以及其他DNA转化是癌症的主要起因。如果p53发现一个细胞内的DNA遭到严重损伤，那么它就有能力宣判这个细胞死亡：它会触发细胞凋亡过程。如果p53因突变或其他一些机制而被灭活，那么DNA损伤就无法得到适当控制，于是就可能出现多种形式的癌症。研究人员得出的结论是，在绝大多数病例中，p53的失活是导致癌症的主要原因。1976年，美国副总统休伯特·汉弗莱（Hubert Humphrey）死于膀胱癌，当研究人员重新研究1967年储存下来的尿液样本时，发现他的尿液细胞中含有突变的p53。事实证明在大约60%被研究的癌症病例中，p53是受损和失活的。因此，目前人们正在努力寻找保持p53活性的各种方法。

在21世纪的前10年里，用新一代测序方法对单个细胞进行DNA测序已成为可能。其结果是，癌细胞和正常细胞之间存在显著的遗传差异这一事实得到了充分的证实。突然出现了这样一个问题：那么我们的免疫系统为什么不去对付癌细胞？事实上，癌细胞表面的突变蛋白必须被 T 细胞受体识别为外源蛋白质，而 T 杀手必须攻击它们。

结果表明，癌细胞以对它们有利的方式利用细胞凋亡现象。在一些最恶性的癌症，比如说黑色素瘤的情况下，癌细胞向 T 杀手（免疫系统的细胞）发送自杀信号。通常正是这些 T 杀手识别并杀死癌细胞（正如前文和第 6 章曾讨论过的那样）。这就好像罪犯利用警方的无线电频率，向警察们发送自杀的命令，而警察们服从命令自杀了！虽然这看起来只可能出现在怪异的好莱坞惊悚片里，但是在黑色素瘤的情况下，人体内部确实发生了这样的事情。身体的主要警察力量——T 杀手——服从最危险的杀人犯——黑色素瘤细胞——的邪恶命令而自杀了。这一惊人发现解释了为什么事实证明我们的免疫系统面对那些最可怕的癌症时显得如此无助。

在过去的 30 年里，我在不断更新这本书的同时，总是试图以乐观的态度来完成这一章节。我这样写道："我们对于从正常细胞变性为癌细胞的原因已有了这样的理解，我们发现了细胞凋亡，我们在理解免疫力方面取得了巨大的进步，在这一切的引导下，不可能不出现全新而有效的方法来对付癌症。"然而，当我想起了本章题记中所引用的著名俄罗斯遗传学家罗曼·赫辛的睿智之言时，我的乐观情绪一次又一次地被冲淡。我引用的这些话出自赫辛的一本专著，而在这本专著正式出版的一年之后，赫辛本人死于癌症。的确，这样的情形似乎一再表明："关于细胞的生命和进化，我们了解得很多，然而就如何预防癌症，我们仍知之甚少。"

现在，一切开始出现了变化。近年来，癌症治疗发生了一场真正的革命。在细胞生物学、免疫和 DNA 测序领域积累的知识和新技术已经从根

T 杀手

恶性的

本上改变了医生治疗癌症患者的方式。而这就是下一节的主题。

癌症免疫治疗

利用患者的免疫系统来攻击恶性肿瘤，这个想法并不新鲜。20世纪初，威廉·科利（William Coley）博士故意用链球菌感染癌症患者，以引起剧烈的免疫反应，结果有10%的患者的癌症被治愈了。然而，由于这种方法疗效很低，因此并没有得到广泛的应用。20世纪80年代中期，美国国家癌症研究所的史蒂文·罗森博格（Steven Rosenberg）

癌症免疫疗法

开始着手研发癌症免疫疗法，他使用的是一类特殊的T淋巴细胞，这种T杀手能够识别并使癌细胞失活（简单地说就是将它们杀死）。

为了实现这一目标，用一种特化的蛋白质（即T淋巴细胞的生长

白细胞介素–2

因子）来处理从患者血液中提取的T杀手。这种蛋白质被称为白细胞介素–2，是通过标准基因工程技术大量生产出来的。然后将这些增殖后的T杀手重新注射到患者的血液中。通过这种方法，罗森博格得以治愈了一种以前被认为无法治愈的黑色素瘤。对于其他患者，观察到肿瘤明显变小。

罗森博格的研究结果引起了专家和公众的极大兴趣。但是这种方法的成功率也很低，这很可能是由于癌细胞学会了保护自己免受T细胞的伤害。经过30多年的艰苦努力，癌症免疫疗法终于开始得到广泛应用。

其中最先进的方法被称为"免疫检查点阻断"，这是得克萨斯大学安德森癌症中心（MD Anderson Cancer Center at the University of Texas）的詹姆斯·艾利森（James Allison）首先研发的。研究人员得以弄清了癌细胞是如何避免被T杀手摧毁的。实际上，在癌细胞的武器库

中有好几种这样的方法，我们将关注其中的一种（见图48）。

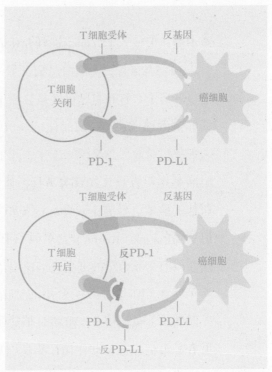

T细胞表面携带一种叫做PD-1蛋白质的受体。狡猾的癌细胞表面则呈现另一种蛋白质，即PD-1的配体，或者称为PD-L1。当T杀手细胞接近癌细胞，要去杀死它时，PD-L1蛋白与PD-1受体接触，而在T细胞内部，命令"死亡！"传递到它的DNA，于是细胞凋亡机制被启动（PD是"程序化死亡"（programmed death）的首字母缩写）。事实证明，这种反应并没有原来想象的那么戏剧化：T细胞并不会自杀，它会接受命令

图48 基于免疫检查点阻断的癌症免疫治疗。上图：癌细胞呈现PD-1的配体PD-L1，从而关闭T细胞。下图：PD-1和PD-L1的抗体可防止受体与配体结合，从而阻止癌细胞的强占：T细胞识别出癌细胞表面上的抗原并摧毁它

"停止！"，于是拒绝杀死癌细胞。因此，研究人员决定开发一种特殊的抗体，它会与PD-1受体或与它的配体PD-L1结合，又或者与两者都结合，从而阻断受体与配体之间的相互作用。其结果是，命令"停止！"就不会通过，而T杀手则会高高兴兴地去摧毁癌细胞（见图48）。这是通往癌症治疗革命的一个灵光乍现的时刻。

抗体是免疫检查点的阻断剂。当给患有黑色素瘤的患者服用抗体时，真正的奇迹发生了：恶性肿瘤缩小然后消失了。这种抗体对第四期黑色素瘤特别有效，而这种疾病在免疫疗法时代之前被认为是不治之症。免疫疗法也适用于其他类型的癌症。当然，并不是所有的患者都能

被治愈，但成千上万原本被判处死刑的人现在仍然健康地活着。

　　2015年8月，美国前总统吉米·卡特（Jimmy Carter）突然出现在电视屏幕上，宣布自己已经被诊断出患有第四期黑色素瘤，而且在他的脑部也发现了转移。那时他已经90岁了。情况看起来很绝望，但卡特表现得很勇敢，总是说笑连连、面带微笑。医生给他开的处方是用抗体阻断免疫检查点。2016年3月，他再次出现在电视屏幕上，说医生宣布他的癌症已经完全治愈。这要归功于2015年底美国总统巴拉克·奥巴马（Barack Obama）宣布的一项抗击癌症的联邦计划，它推动了对这些以前毫无希望的癌症进行免疫治疗的发展。这个项目现在由副总统乔·拜登（Joe Biden）领导，而他的儿子在正值壮年时死于癌症。

　　然而，免疫检查点阻断对于某些癌症并不总是有效，也肯定不是对所有类型的癌症都起作用。为什么有些患者的肿瘤对治疗的反应极佳，就像卡特的情况那样，而在其他情况下却不是如此呢？让我们尝试去理解其中的原因可能是什么。免疫疗法的核心在于T细胞识别出癌细胞为异类的能力。发生这种识别是因为癌细胞携带着体细胞突变，而突变蛋白存在于它们的表面，并被免疫系统识别为抗原。由于这些抗原对身体而言是新奇的，所以它们被称为新抗原。

　　对治疗产生不同反应的主要原因，可能是每个患者的癌细胞表面都有一些特殊的新抗原，而且有些新抗原是免疫反应的强刺激因子，而其他的则不是。这就表明，我们应该帮助免疫系统对新抗原的出现做出足够的反应。我们确实有办法通过使用疫苗来帮助免疫系统对病毒感染做出足够的反应。而这就引导出了抗癌疫苗的想法。与抗病毒疫苗不同的是，抗癌疫苗并不能预防这种疾病，却可以治愈它——它们属于一类"治疗性疫苗"。尽管这种疫苗尚未在临床实践中应用，但是在用小鼠进行的实验有了非常有希望的结果之后，现在临床试验也正在进行中。当这样一种疫苗开始在医院使用时，它将成为个性化医学革命的开始，因为抗癌疫苗的目的是为了刺激 T 细胞去攻击特定患者身上的特定肿瘤的癌细胞。

要了解个性化抗癌疫苗会如何发挥作用，在此有必要澄清一下，T 细胞受体（T cell receptor，缩写为 TCR）与 B 细胞受体不同，它不识别抗原蛋白本身。相反，TCR 识别的是由大约 10 个氨基酸残基组成的单个肽，这些氨基酸残基是抗原蛋白消化的产物。这种肽出现在细胞表面，而在其中蛋白质抗原则是通过一种作为免疫系统重要组成部分的特殊蛋白质部件表达的。这种实质上身体每个细胞都配备的部件被称为**主要组织相容性复合体**（*Major Histocompatibility Complex*，缩写为 MHC）。因此，TCR 识别由 MHC 呈现的肽。取决于 T 细胞的类型不同，这种识别的结果，要么会产生 T 杀手，它们能够杀死这些表面上呈现这种特殊肽的细胞，要么在识别肽的细胞本身就是 T 杀手情况下破坏该细胞。个性化抗癌疫苗是如何确切发挥作用的呢？

这个过程如下：对从患者肿瘤细胞中分离出来的 DNA 进行测序，并将其序列与患者正常细胞的 DNA 序列进行比较，从而确定其中的大量新抗原。这些新抗原并不是完整的蛋白质，而是由大约 10 个氨基酸残基组成的短肽。这些具有氨基酸替换的肽在与患者正常的非癌细胞 DNA 相对应的肽作比较后，被列入一长串候选疫苗的清单之中。在特殊的计算机软件的帮助下，选出与 MHC 具有最大亲和力的肽构成一个简短的列表，目标是鉴定出 5 ～ 10 种有可能刺激患者免疫系统的肽。所选的肽被合成，将它们全部或只是其中一些混合起来，就是一种用于治疗该患者的抗癌疫苗。这一过程已经在小鼠身上完成了，对于患者的临床试验也已经开始。这种全新的癌症免疫疗法是否会达到期望目标，我们很快就会清楚。

　　免疫检查点阻断和抗癌疫苗的方法是基于调动患者自身免疫系统的全部潜力。一种更激进的方法已经被开发出来，这种方法可以追溯到罗森博格对于免疫治疗的早期研究。其中的想法是，从患者的血液中获取T细胞，并以某种方式操纵它们。罗森博格使T杀手细胞增殖后将它们重新注入患者体内。但是如果我们操纵T细胞的基因组，将它们的TCR替代为另一种TCR，后者能以更高的效率识别出某个患者肿瘤中固有的抗原，并向它的DNA发送一个关于T细胞内在发生非常活跃的增殖的强烈信号，那将会如何呢？以色列魏兹曼科学研究所（Weizmann Institute of Science）开发的技术体现了利用转基因细胞进行癌症治疗的一种真正尖端的方法。它被命名为 *T细胞的嵌合抗原受体*

CAR-T

（ *Chimeric Antigen Receptor of T cells*，或简称CAR-T）技术。

　　尽管这种武器的巨大潜力已经在患者身上得到了证实，但是就其目前的形式而言还太可怕，无法在与癌症的对抗中实际投入使用。当经过基因改造的T杀手细胞在健康细胞的表面探测到即使只是微不足道的抗原时，这些杀手细胞就会扑上去摧毁它们。结果是有数位患者在临床试验中死亡。但是，这项技术取得的一次非凡成功得到了全世界各大众媒体的报道。

　　此事发生在2015年的伦敦。一个名叫蕾拉（Layla）的女婴在三个月大的时候得了一种非常急性的白血病。这种疾病的标准治疗方法无一对她起作用，看来这孩子已难逃厄运。甚至免疫疗法也不起作用，因为这个婴儿几乎还没有发育出她自己的T细胞。随后，在征得该女孩的父母同意，并得到监管部门的许可后，医生们采取了孤注一掷的措施。他们联系了最近开发出一种新型CAR-T技术的研究人员，这种技术正是针对白血病治疗的，而且不使用患者的T细胞。虽然施用供体T细胞通常会引起排斥，但是研究人员利用基因组编辑技术修改了供体T细胞的基因组，使这些T细胞中不存在供体的抗原。换句话说，研究人员得以制造出患者的免疫系统无法识别的T细胞。

结果超过了所有预期。蕾拉不仅康复了，而且茁壮成长。最近，在同一家诊所里，医生们对另一个孩子成功使用了相同的程序。应该再次强调，这种情况是绝无仅有的，CAR-T方法还远远没有成为医生们的一种治疗手段。但是这种方法显然有着很大的潜力。

DNA 与心脏

DNA这个"最重要的分子"有许多面。它以其"严丝合缝"的结构令人们感到高兴，并彻底变革了医学和农业。但是，就像异教的神灵一样，它也能给人一种近乎神秘的恐惧感。请试想一下：只要它的化学结构发生一个轻微的变化，就可能由福变祸。一个人可能忙于自己的事务，毫不提防地、无忧无虑地沉溺于尘世的欢愉，但他其实已经携带着恶性基因，将在生命盛年时带来死亡。与神话中的诸神不同的是，DNA不懂得同情或正义。在其无情的法律之下，父亲所遭受的不幸命运也可能会威胁到儿子。

过去（就此而言现在也常常如此），人们深信他们所有的麻烦都是上帝安排的，或者是由邪恶之眼或他们的罪孽造成的，而现在他们不得不接受这样一种观念：他们的麻烦是由DNA造成的，是由基因导致的。不仅癌症和镰状细胞性贫血是如此，还有动脉粥样硬化也是

动脉粥样硬化

这样，因为损伤的基因在这里也起着至关重要的作用。在疾病的早期时候尤其如此。

折磨早期动脉粥样硬化患者的是一种受损伤的基因，该基因负责位于细胞（主要是肝细胞）表面的特殊受体的结构。这些受体识别在血液中循环的特殊脂肪颗粒，即所谓的低密度脂蛋白（low-density lipoprotein，缩写为LDL），其中实际上塞满了胆固醇分子。LDL小体与它们的受体结合后进入细胞内，它们所释放的胆固醇在其中被用来生产激素以及其他目的。受损的基因会产生一种无法结合LDL的缺陷受体。这就导致了LDL在血液中积累和胆固醇水平急剧升高。胆固醇开始沉淀在血管壁上，于是导致动脉粥样硬化。细胞中完全没有LDL受体的患者会死于动脉粥样硬化导致的各种并发症（通常是心脏病发作），有时死亡年龄还不到20岁。

所幸，这种情况很少发生（百万分之一）。事实上，要发生这种情况，两个（即父亲的和母亲的）LDL受体基因都必须受损。按照遗传学家们的说法，患者必定是受损基因的纯合子。更频繁看到的情况（五百分之一）是由低密度脂蛋白受体基因杂合而致病，也就是说这些人只从父母中的一方得到受损基因。在这种情况下，好的那个基因保证了有正常数量一半的好的低密度脂蛋白受体，于是一般情况下会在45～50岁时产生动脉粥样硬化。

虽然心脏病不是由基因单独引起的，但恰恰是对早期遗传性动脉粥样硬化的研究，导致人们发现了LDL受体以及它们在调节血液中的胆固醇水平方面所起的关键作用。这转而又最终证明了胆固醇水平是心脏病形成的决定性因素。

由此这就为寻找预防动脉粥样硬化的方法提供了新的科学依据。有一种方法是增加 LDL 受体的数量。一些通称为他汀类（statins）的非常有效的药物（洛伐他汀（lovastatin）、默伏卡（mevacor）、辛戈他汀（zocor）、立普妥（lipotor）、瑞舒伐他汀（crestor））到现在已经使用很长时间了，它们使 LDL 受体的数量有可能增加（当然，必要条件是患者至少有一个好的 LDL 受体基因）。这些药物降低了全球数百万患者的胆固醇水平，大大降低了他们死于心脏病的概率。立普妥成为历史上第一种被美国食品和药物管理局（US Food and Drug Administration，缩写为 FDA）称为延长生命的化合物的药物。

另一种人人都能做到的降低胆固醇水平的方法是减少胆固醇进入血液的量（即降低 LDL 本身的量）。日常摄入的食物中胆固醇含量最高的是蛋黄。那些有动脉粥样硬化史的家庭（现在几乎没有一个家庭幸免于这种疾病）最好还是避免食用蛋黄。这就意味着早餐要告别鸡蛋了。即使只是一杯牛奶也并非完全无害。

20 世纪 80 年代早期做出的这些发现改变了数百万人的生活方式和预期寿命。它们的发现者是得克萨斯州西南医学中心（Texas Southwestern Medical Center）的两位得克萨斯人迈克尔·布朗（Michael Brown）和约瑟夫·戈尔茨坦（Joseph Goldstein），他们在1985 年因此而获得了诺贝尔生理学或医学奖。

细胞重编程

我们在第 3 章开头处已经讨论过多细胞生物的一个显著特征：每个细胞都携带着关于整个身体的完整信息，即完整的基因组。这个特性预

267

示着克隆的可能性。克隆是这样完成的：将特化的（按照生物学家们的说法是分化的）细胞的基因组（以细胞核的形式）转移到合子（受精卵，其细胞核已预先被破坏或去除）中，由此成体生物遵循整合进来的基因组程序进行发育。人们已经对许多物种进行了这种克隆。近年来，一个打开全新视野的新研究方向出现了。

研究人员们自问，如果不把整个基因组从一个细胞转移到另一个细胞，是否就不可能改变这个程序？是否有可能对细胞进行重新编程，从而使分化细胞的基因组出现全新的演绎？为了达到这个目的，我们有必要弄明白为什么虽然不同分化细胞的基因组都是相同的，但它们演绎的方式却不同。

在胚胎发育那些早期阶段，所有的细胞都是相同的。而且它们与原始合子也相同，它们都是由这个原始合子通过简单的分裂而产生的。这些尚未分化的细胞被称为**干细胞**（*stem cell*）。它们引起我们巨大兴趣的原因在于这样一个事实：在一个特定的环境中，同一个干细胞可能会有不同的表现，也就是说它可能会变成各种不同的分化细胞。在干细胞的帮助下，就有可能进行细胞治疗，比如说使受损组织再生。

最初完全相同的干细胞如何会转化成各种不同的特化细胞？我们现在还无法对比一一解答，但是显而易见的是：有一些叫做转录因子（transcription factor，缩写为TF）的特殊调节蛋白发挥了关键作用。TF识别出在DNA基因间区域中的一种特殊核苷酸序列，它的一部分与这个DNA区域结合，而其另一部分与RNA聚合酶结合。这种结合是给予RNA聚合酶信号来启动从该基因开始的mRNA合成（即启动转录过程，参见第2章），合成从TF的结合位点附近开始。存在着许多不同的TF。

因此，某一个 TF 与一个特殊的 DNA 序列结合，就开启了一个基因，从而产生由该细胞合成的一个新蛋白质。哪些基因被开启，哪些基因被关闭，决定了不同细胞之间的区别，尽管它们的基因组是相同的。事实证明，细胞中的全套 TF 决定了细胞的身份。

在多细胞生物中，这一全套 TF 以某种方式依赖于细胞形成的外部条件，而这种依赖性是非常复杂的。但是如果这一全套 TF 受到人为干扰，结果会发生什么呢？如果我们把细胞从其正常环境中取出，然后改变这个细胞中的 TF 的功能，那样的话会发生什么呢？假如其结果是细胞程序突然发生改变，即细胞被重新编程，从而将皮肤细胞比如说变成了肝细胞，结果将会如何？或者更好的情况是：分化的细胞变成了干细胞，于是可以将其用于细胞治疗！

2006 年，京都大学（Kyoto University）的两位研究者山中伸弥（Shinya Yamanaka）和高桥和利（Kazutoshi Takahashi）进行了以下这些实验。他们通过注射一种特别制备的使病毒失活的 DNA，开始向小鼠成纤维细胞（结缔组织细胞）中引入各种 TF 基因。这两位日本科学家利用标准的基因工程技术制备出病毒 DNA，从而当它在细胞内部时，TF 基因就会活跃地开启，于是大量产生从外部引进的 TF。山中伸弥和高桥和利尝试了许多不同的 TF 组合——无一奏效。当这两位研究人员向细胞中引入由四种特定 TF 组成的"鸡尾酒"后，成纤维细胞就在他们眼前变成了干细胞，你可以想象他们是何等的喜悦！

日本科学家们的工作引起了研究人员和医生以及广大公众的极大兴趣。将人类成纤维细胞重新编程为干细胞的实验已经成功展开。这为产生特定患者在细胞治疗中所使用的特定干细胞开辟了道路。2012 年，山中伸弥因其在细胞重编程方面的研究而获得诺贝尔生理学或医学奖。

成纤维细胞

他和约翰·格登分享了这一奖项，我们在第3章开头处提到过约翰·格登在克隆方面的开创性工作。

自从日本研究人员取得的这一突破性进展以来，干细胞研究和细胞重编程领域的进展一日千里，简直不可思议。照此下去，我们可能不用等很长时间，就会看到一些基于细胞治疗的新抗病方法的出现。

无处不在的 DNA

DNA 是我们的一切

在1983年发行第一版时，本书的书名是《最重要的分子》（*The Most Important Molecule*），一些同事抱怨说，我在这个标题中夸大了DNA的作用，压低了蛋白质和RNA以及活细胞中其他重要分子的作用。如今已经没有人会这样抱怨了。这些年以来，我们逐渐理解了DNA在生命现象中的首要地位。我们已经认识到，DNA所包含的远不只是关于我们的身体结构的指令。通过研究DNA序列，就可能明确地识别出该DNA属于哪个人，比如说验明在犯罪现场留下只有通过显微镜才能看到的一小块皮肤的罪犯；还可能确定无疑地鉴定近亲关系，以及确定一群人的种族起源。DNA就像上古卷轴一样，承载着关于人类祖先的历史的信息，而这段历史不仅可以追溯到几个世纪前，而且可以追溯到几千年前，即还不存在书面语言的那个时代。

事实是，人类基因组（即生物体每个细胞内的全套DNA分子）是一个包含30亿个字母（核苷酸A、T、G和C）并由多个区域组成的文本。有些区域中包含着关于蛋白质结构的指令，即真正的基因，在人类基因组中有大约2万个这样的区域。这比第一个人类基因组被破译之前的预期要少得多。这些蛋白质编码区（外显子）只占整个基因组的2%。

那么，基因组中的其他部分又是怎么回事呢？虽然除了蛋白质编码区以外，还存在着许多其他重要的序列，但基因组中有很大一部分是毫无意义的。它只是在进化过程中积累起来的垃圾，或者所谓的"垃圾DNA"。

用一个类比可以帮助解释我们的基因组是如何累积起这么多垃圾的。每隔几年，我就会更换我的个人计算机，并将我所有的个人文件从旧计算机转移到新计算机。我在这样做的过程中不会丢弃旧的和无用的文件——这将是一项艰巨的任务，并且也无法保证将来会不会突然必须用到某个文档或某些旧电子邮件。考虑到今天的计算机计算能力，由于内存不受限制，通常不需要在硬盘上腾出空间来存放新文件，因此没有任何清理计算机的压力。其结果是，多年来，在我的计算机硬盘上除了我所珍视的那些非常重要的且必不可少的文档、图片、视频等，还积累起许多垃圾。我想象我们的基因组就像这样一个硬盘驱动器。在高等生物体中，自然选择不会对基因组施加任何清除垃圾的压力。基因与垃圾DNA一起代代相传。一方面，如果个体与这些垃圾一起存活足够长的时间而到达生育年龄，那么它们就是无害的。另一方面，清理基因组，也就是切除一些DNA区域，会招来真正的麻烦。

原核生物的情况则完全不同。由于复制垃圾DNA会浪费时间和资源，因此就有选择压力会阻止它们的基因组积累垃圾。对于这些生物来说，DNA复制的速度和在稀缺资源下繁殖的能力，在激烈的生存斗争中是非常重要的因素。因此，细菌的基因组要精打细算得多——它们几乎不携带任何垃圾。

由于垃圾 DNA 没有任何用途，显然也就没有任何选择压力会阻止其序列变化的快速积累。因此，垃圾 DNA 的某些区域是高变的：它们从一代到下一代就会发生变化。这些区域在法医学中很有用。当英国莱斯特大学（Leicester University）的亚历克·杰弗里斯（Alec Jeffreys）在 20 世纪 80 年代中期首先提出一种 DNA 个人识别方法（也称为 DNA 指纹图谱）时，是用限制酶消化这些高变区并通过凝胶电泳分离得到片段的。结果得到的是一个因人而异的条带系统。如果犯罪嫌疑人的 DNA 片段的位置与犯罪现场发现的 DNA 样本的位置相符，嫌犯可以被定罪并判刑。有了这样一个证据，唯一还能辩护的理由只能是警方蓄意将嫌疑人的 DNA 偷偷混入从犯罪现场取得的样本中。

高变区

虽然研究垃圾 DNA 的高度可变区域可以确立个体与个体之间的密切关系，但当涉及确定两个生物体是否属于同一物种时，垃圾 DNA 就毫无用处了。甚至是蛋白质编辑区域，也进化得太快了，而且一般而言，事实证明基因组 DNA 对于物种识别这一目的也毫无用处。这种评定依赖于一种非常特殊的 DNA——线粒体 DNA（mtDNA），它不在细胞核中，而是在细胞质中（第 5 章中已经讨论过这种 DNA）。它非常短，只包含 15 000 个碱基对。这样一个短 DNA 是没有垃圾的，因此它的序列在进化过程中变化得非常缓慢。经过坚持不懈的搜寻，研究人员选定了一个有 600 个 mtDNA 核苷酸的特定区域，这是编码细胞色素 C 氧化酶的基因的一部分。他们通过测试许多不同的动物来确定这个位点的序列，并且得以证明这个区域的序列在同一物种内是相同的，而在不同的物种中则有明显区别。于是一个数据库应运而生，该数据库中包括了地球上几乎所有动物物种的mtDNA的600-核苷酸区域的序列。加拿大的一家公司现在使用一种被称为"DNA条形码"的方法商业化地进行物种鉴定。

2008年，在这家公司成立后不久，两名女学生走访纽约的数家寿司店和海鲜店，收集到各种不同种类的生鱼片样品。她们把所有样品都寄给了这家加拿大公司，并将DNA条形码的结果与她们认为自己所购买的鱼的种类进行比较。结果令人震惊：四家寿司店中只有两家是诚实的，而十家海鲜店中只有四家是诚实的。其他各家则是用价格较便宜、外形相似的品种来冒充较贵的鱼。《纽约时报》（*New York Times*）对此发表了一篇报道，从而爆出了一桩被称为"寿司门"（Sushigate）的丑闻。《波士顿环球报》（*Boston Globe*）重复了女孩们的实验后，波士顿也爆发了类似的丑闻。从那时起，至少纽约和波士顿的寿司店和海鲜店都要定期接受DNA条形码测试。

最近，在一种植物DNA条形码方法被开发出来以后，爆出了一桩更大的丑闻。人们发现，几乎所有在美国销售的食品添加剂都不是标签上标明的成分，而是由其他某种东西构成的。例如，其中可能并没有来自西藏的外来草药，而是含有一些便宜得多的成分。

在涉及熟食制品时，情况就不那么确定了，因为在加热过程中，DNA会发生非常快速的降解：它的链会发生断裂，因而测序就变得不可能了。DNA降解对于重新复活已灭绝物种的项目实施也是一个非常重大的障碍。20世纪90年代早期，斯蒂芬·斯皮尔伯格（Stephen Spielberg）在拍摄《侏罗纪公园》（*Jurassic Park*）时，正值PCR发明后不久。最初看起来，它似乎是建立在科学基础上的，因为著名的科学杂志《自然》（*Nature*）曾刊登过一则轰动一时的报道：从侏罗纪时期

（距今数百万年）以来一直保存在琥珀中的一只蚊子的 DNA 序列得到了测定！

如果这样一只蚊子能吸食与它同时期的一只恐龙的血液，并且这只恐龙的 DNA 因此得以在琥珀中保持至今，那样的话会发生什么呢？事实上，研究人员确实声称他们已经发现了属于恐龙的 DNA 序列。看起来似乎有可能重建恐龙的基因组序列，从而合成完整的恐龙 DNA，将其放入某种爬行动物的受精卵中，于是就会生长出真正的恐龙。简单地说，大概就是这样一个过程。

然而，《侏罗纪公园》情节的科学基石很快就坍塌了：结果水落石出，发表在《自然》杂志上的那篇文章是错误的。不，那不是恐龙的 DNA。由于琥珀样本被污染，因此研究人员测序的东西原来是他们自己的 DNA。人们逐渐清楚地认识到，从古代琥珀中是不可能提取出DNA 的：经过这么长的时间，以及在这样的温度下，DNA 已经完全降解了。虽然 DNA 可以在冰中储存很长一段时间，也许可达几百万年，但它在温暖的状态下不可能久存。自从恐龙灭绝以来，地球经历过一些非常温暖的时期。来自恐龙的 DNA 样本在这数千万年的时间里一直以冰封的状态保存至今，这种设想看来并不合理。

不过，确实存在着一个野心不那么大的项目：重建猛犸象。我们拥有从上一个冰河时期以来保存在永久冻土中的猛犸象尸体，而且已经对几只猛犸象的基因组进行了测序。将猛犸象的 DNA 注入受精卵的可能性看起来很不确定，尽管一些猛犸象的基因已经被植入大象的基因组中。重建猛犸象的任务很可能是可行的，但它需要大量的资金和多年的努力，而最终的结果——出现一只活的猛犸象——似乎并不值得花如此大的代价。

RNA 干扰

限制酶的突破性发现导致了基因组被破译，但即便如此，研究人员仍然感到不知所措。他们怎么才能理解这成千上万个乱糟糟的基因呢？它是否意味着必须要再次依靠突变体和分析突变的繁琐工作？如果是这样的话，我们得到了什么？即使我们知道DNA水平上的哪些变化会导致疾病，这对找到治愈方法又会有什么帮助呢？要测试数百万种不同的化合物，以期能找到一种能起作用的化合物，这一想法确实令许多研究人员陷入绝望。

而随后，正如20世纪70年代初所发生的危机（参见第4章的描述）一样，破解之法完全出乎意料，只不过这次更令人吃惊。毕竟，在20世纪70年代早期，关于DNA的科学——分子生物学——还很年轻，还有很多东西有待发现。21世纪初的形势已全然不同。一大批研究者已对这个领域进行了长达半个世纪的上下求索。他们怎么可能错过某些基本的东西呢？

事实证明他们确实可能。这种长期以来一直未被注意到的机制被称为RNA干扰（RNA interference，或缩写为RNAi）。这就是第6章末尾处介绍的与植物免疫相关的那个RNAi系统。这个系统包含着短干扰RNA（short interfering RNA，或缩写为siRNA）分子，这些分子可以保护植物抵御病毒，并且在进化过程中被保存下来。不过siRNA在动物体内发挥着不同的作用。显然，研究人员把这些分子误认为是RNA垃圾，即各种RNA分子自然降解的产物，因此忽视了它们。但是，细胞内的siRNA分子所做的，正是我们获知如何从后基因组危机中摆脱出来所需要的：它们选择性地使一些基因沉默。

它们是在 mRNA 水平上这样做的。siRNA 有着几乎严格定义的长度：21 个核苷酸，并且它们根据通常的互补规则结合到 mRNA 上的一些区域中去。RNAi 系统的特殊酶能识别出这种复杂的、降解的 mRNA。由于通常只有一种类型的 mRNA 分子（与一种特定的蛋白质相对应）携带一个与长度为 21 个核苷酸的 RNA 互补的区域，因此一个给定的 siRNA 分子只切断一种特定蛋白质的产生。

事实上，一切都更为复杂：siRNA 必须是双链分子，才能令 RNAi 机制发挥作用。但这些都是细节。最本质的事情是，除了众所周知的在转录水平上的基因表达调控机制之外，人们还发现了一种通过 RNAi 途径来"抑制"基因表达的新方式，这种方式是通过降解已经合成的 mRNA 起作用的。这种新机制的美妙之处在于，如果实验者想要抑制某一特定蛋白质的表达，他就可以悄悄放入一个合成的 siRNA 分子，其序列被选择为与该蛋白质的对应 mRNA 上的一个区域互补。信不信由你，RNAi 系统既与天然的也与人工的 siRNA 一起运作：抑制了所选蛋白质的表达。

1998 年，当有关此类实验（实验对象是一只小虫子）成功的消息传遍世界各地的实验室时，一场真正的淘金热开始了。基因组开始得到充分利用。很快就发现几乎所有植物和动物（包括人类）都有 RNAi 系统，且均可选择性地沉默基因。

虽然对 RNAi 系统及其应用的研究还处于初级阶段，但毫无疑问，这一发现注定会在后基因组时代中发挥关键的作用，限制性内切酶的发现在基因工程和生物技术涌现的时期也发挥过同样的关键作用。世界各地实验室的研究人员可以使用一种通用的方法来单独或成组关闭基因，从而得以认真寻找基因组中所有基因的功能。

各生物技术公司正在开发在医学上直接利用 siRNA 的方法，因为 RNAi

系统的潜力有望带来一类全新的药物。事实上，正如第11章讨论过的那样，多种癌症都与一种缺陷蛋白的产生有关。如果用siRNA或通过其他方法来关闭这种蛋白的生产，那么疾病就会被治愈。有一种激动人心的可能性是，如果能以这种方式治疗一种疾病，那么治疗另一种疾病所必需的就只是用一种siRNA来取代另一种。这听起来可能像是炼金术士的点金石。不过这种炼金术正被一些非常可敬的科学家转化为现实。当然，还有很多障碍，但其中没有一个看起来是不可逾越的。

维多利亚女王的恶性基因

只要你谈论的不是几十万年前，而是几百年前的事，那么有关的DNA片段即便在非常不利的条件下也能够保存下来。例如，最后一个俄国沙皇家族成员的遗骸已经通过DNA分析得到了完全确认，这主要是由俄裔美国科学家伊格列·罗革耶夫（Evgeny Rogaev）完成的。但他做的可不止这些：他通过分析沙皇家族的DNA，得以准确地确定了维多利亚女王（Queen Victoria）的基因组中，有哪些突变最终导致了

血友病 阿列克谢皇储（Prince Alexei）的血友病。

这种变异的重要性无论怎么强调都不过分：它在俄国历史上起着至关重要的作用，而且就此而言在世界历史上也起着至关重要的作用。我们有充分的理由相信维多利亚是从她的父亲肯特公爵爱德华亲王（Prince Edward, Duke of Kent）那里遗传到凝血因子突变基因的。爱德华是在50岁时才生育维多利亚的，我们现在知道男性生殖细胞中的突变是随着年龄累积的——平均每年产生两个突变。虽然维多利亚的母

亲当时比较年轻，但她的年龄并不重要，因为女性的所有卵子都是在出
生之前产生的。她们的生殖细胞不会随着年龄的增长而累积突变。

卵子

　　这个恶性基因在维多利亚女王自己身上并没有显现出来。事实上，
直到最近，她还是英国历史上在位时间最长的君主。（现任女王伊丽莎
白二世最近在这一方面"超过"了维多利亚。）她有许多孩子，而她的
统治时期则是大英帝国的辉煌年代，后来被称为"维多利亚时代"。

　　维多利亚从父亲那里遗传到的血友病基因并没有对女王造成影响，因
为它只存在于她的两条X染色体中的一条。虽然X染色体上的这个突变基
因产生了一个无功能的凝血因子，但维多利亚从她母亲那里得到的另一条
X染色体产生的有功能的血凝因子已经足够了。这个恶性基因只在维多利
亚的儿子、孙子和曾孙身上显现出来，他们都在年轻时因为流血不止而死
亡。Y染色体不携带任何凝血基因，这意味着当男孩从母亲那里获得突变
基因时，他们不会有任何功能凝血因子。由于健康女性是这种恶性基因的
携带者，因此它可以继续传播。当时欧洲各处的最高特权统治阶层中就出
现了这种情况。不久血友病就有了"皇室疾病"这个称呼。

　　血友病基因的携带者之一是维多利亚的外孙女，俄国皇后（或者
叫沙皇皇后）亚历山德拉（Alexandra）。当她与俄国沙皇尼古拉斯二
世（Nicholas II）订婚时，对俄国以及对世界而言，避免可怕命运的
概率变成了50%。不幸的是，俄国的皇位继承人阿列克谢皇储获得了
一条携带突变基因的X染色体。1904年他出生的时候，整个俄国帝国
隆重庆祝，但这个男孩身患疾病，任何意外的伤口都可能致命。结果，
一个庸医说服了这对皇室夫妇，使他们相信他能阻止阿列克谢王子流
血，从而导致这个庸医得以接近皇权。他的名字是格里戈里·拉斯普
京（Grigori Rasputin）。在所有俄国人眼里，他出现在宫廷中要比任何

其他一切都更加有损于君主政体的正统性。尽管拉斯普京最终被贵族谋杀，但是已经造成了不可挽回的损害：1917年，君主政体垮台，俄国政权最终转交给了约瑟夫·斯大林（Joseph Stalin）。

沙皇家族的命运是悲惨的。1918年，他们落入乌拉尔山脉（Urals）叶卡捷琳堡（Yekaterinburg）的布尔什维克手中，当时白卫军上将高尔察克（Kolchak）的军队逼近这座城市，叶卡捷琳堡面临着陷落的真正危险。布尔什维克的秘密警察（苏联"肃反委员会"（cheka）成员）杀死沙皇全家——尼古拉斯二世、亚历山德拉、他们的四个女儿和阿列克谢，而他们的尸体在被部分焚烧后匆忙掩埋在周围森林的浅坑里。由于秘密警察们没有完全烧毁尸体，因此沙皇家族的DNA就没有完全降解。苏联共产主义政权在20世纪90年代初解体之后，沙皇家族的遗骸被发现，研究人员对他们的DNA进行了分析。尤其重要的是在2007年发现了阿列克谢皇储的遗骸。

2009年，罗革耶夫的团队得以分析了这个恶性突变。事实证明它是从内含子末端开始第三个位置上的那个单个核苷酸被替换（A被替换为T）所引起的。这个核苷酸位于编码血液凝血因子IX的基因的3号和4号外显子之间（见图49）。这一替换的结果是，在内含子末端出现了一个新的剪接信号，于是剪接发生错误：在由此产生的mRNA分子中，两个核苷酸插入到3号和4号外显子之间。在3号外显子发生框架移动后，核糖体立即阅读mRNA就会显示出蛋白质链中包含完全不同的氨基酸。在终止密码子出现后不久，蛋白质链就终止了（参见图49）。结果不仅产生了一个突变蛋白，还有与任何正常蛋白无关的东西。这就是肯特公爵爱德华亲王在1818年给予他女儿维多利亚女王的恶性突变（恰好发生在乌拉尔悲剧事件的一个世纪之前）。

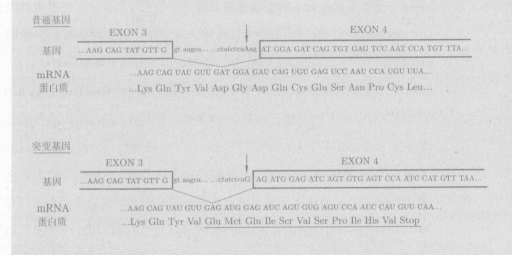

图49 维多利亚女王的基因组发生了一个突变，结果导致了阿列克谢皇储的血友病。上图明示的是正常凝血因子IX的序列，下图是突变基因的序列。这两个序列只有一个字母不同，图中标注了一个箭头并用大写字母表示：正常基因中的字母A在突变基因被G取代。位于3号和4号外显子之间的内含子核苷酸序列用小写字母表示。内含子两端带有下划线的两对字母gt和ag是剪接信号。该突变产生一个新的信号aG，它出现在正确的信号之前两个字母。其结果是，在4号外显子起始处插入了两个来自内含子的核苷酸：AG。因此，在3号和4号外显子的剪接位点后，核糖体对mRNA的读框发生了移位，于是产生一条携带完全错误序列的蛋白质链，其序列完全不同于正常凝血因子IX（下划线）的氨基酸序列。然后一个终止密码子（UAA）出现了：蛋白质链被截断

犹太基因

沃森和克里克发现的双螺旋结构是我们对生命现象的理解中最重要的突破，但并不是唯一的突破。早在19世纪60年代，查尔斯·达尔文和格雷戈尔·孟德尔的两种理论就引导人们认识到，我们目睹的生命形式的非凡多样性是进化过程的结果。进化论的基石是可变性和选择性这两个概念。变异是由于基因的突变，这正如我们现在知道的，就是改变

DNA中的核苷酸序列。然后通过选择只允许适者生存。

进化论解释物种起源的能力，使得适者生存这一概念得到了更为广泛的应用。除了解释物种起源之外，它还被用于解释人类群体中某些基因的流行程度。最著名的例子曾经是而且仍然是镰状细胞贫血（SCA）的基因。这一现象在北非人（以及他们的后代非洲裔美国人）中普遍存在，这一事实数十年来已成为一个令人信服的论据，说明在基因疾病（SCD）的情况下，适者生存这一选择原则确实在发挥作用。因为事实是，非洲SCD非常高发的那个区域与受到疟疾侵袭的区域高度吻合。

在第2章中，我们讨论了导致SCD的突变。与血友病基因不同的是，SCD基因不是位于性染色体上，而是在常染色体上（除了性染色体之外的所有其他染色体都被称为常染色体）。常染色体基因总是有一个双重的（或者说等位的）变异体。如果两个等位基因都携带SCD突变，即存在纯合子的情况，那么这个人就会患有SCD。在杂合子情况下，即当两个等位基因中只有一个携带SCD突变时，不仅在血液中有足够的正常血红蛋白分子运输氧气，而且突变血红蛋白的出现在某种程度上防御了疟疾。防御的机制尚不完全清楚，但其防护效果已得到了确认。因此，相对于SCD基因，杂合子群体的积聚是对来自疟疾的选择压力的纯达尔文式反应。从整个群体的角度来看，不可避免地出现致命的纯合子是一个相当可接受的代价，因为它保护了杂合子免受疟疾的侵袭。

不过，事实证明SCD的故事并非常规，而是一个特例。随着对其他遗传病的研究，事实证明，其达尔文式的分布特性在不同种族之间没有那么显著。对于由常染色体隐性突变基因引起的许多其他疾病，遗传学家们找不到任何理由认为杂合状态下的突变基因携带者比不携带任何突变基因的纯净个体更健康。因此，近年来有一种完全不同的概念流行起来。这就是所谓的**创建者效应**（*founder effect*）。

想象有一个很大的种群，其中发生随机交配，并且有一小部分个体携带突变基因。现在设想其中有一个非常小的群体，不管是出于什么原因，比如说是因为宗教迫害，决定远航到一个无人居住的小岛，在那里永久定居。这个群体将是一个新种群的"创建者"。由于创建者群体是由少数个体组成的，因此其中突变基因携带者的比例可能为零，但也可能是相反的情况，即比种群总体中的比例要大得多（见图50）。后一种情况是我们最感兴趣的，因为这一过高的比例在下一代的岛民中会保持不变，而当这个种群逐渐增殖并变得很大时，这种突变就会变成这个种群的特征之一。这将在没有任何选择压力的情况下发生，只是因为创建者基因组成中的一个随机巧合。

重要的是，创建者的这个群体很小，不仅比他们脱离出来的那个原始种群小得多，而且从绝对意义上来说也很小。如果创建者群体很大，那么大数定律就会起作用，因此创建者中的突变基因携带者比例与原始种群中携带者比例显著不同的概率就会是无穷小。

要想看到这种现象的出现，并不需要远航到一个岛上。一群创建者可以就生活在一个大种群之中，但由于某种原因而没有与之融合。如果严格禁止该群体成员和大种群中的普通成员通婚，就会发生这种情况。在过去的2000年里，欧洲犹太人正是这样一个群体。严格的宗教规定使犹太人和基督徒之间不可能通婚，犹太人和基督徒之间的任何接触都被维持在最低限度。这种情况一直持续到犹太人解放的时代才得以改观，这个时代是随着启蒙运动和拿破仑统治而在欧洲开始的，因此拿破仑在改变犹太人命运中所起的积极作用怎么强调都不会过分。由于犹太教的严格饮食教规，当时犹太人甚至不能与他们的基督徒邻居共餐。而

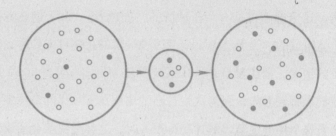

图 50 创建者效应。在原始的大种群（左边的大圈）中，突变基因的载体（实心点）表现为正常个体的一小部分（空心点）。一小群创建者（中间的圈）完全偶然地碰巧包含着不成比例的大量突变基因携带者。突变基因携带者的这种剧增的比例，将在这个分离出来的群体的进一步增长过程中被保存下来（右边的大圈）。突变基因携带者的比例增加并不一定是由于一群创建者分离出去而导致的，也有可能是由于原始种群的急剧缩减。在这种情况下，遗传学家们就会说，这个种群通过了一个人口瓶颈

就基督徒这方面来讲，他们对犹太人设置各种各样起居限制，要么是将他们完全驱逐出境，比如说中世纪的英国、法国和德国以及15世纪晚期的西班牙，要么是建立定居区，比如说在直至1917年二月革命之前的俄罗斯帝国。

出于这个原因，犹太人的DNA样本对于研究创建者效应及其在人类遗传学中的作用极具价值。尽管在犹太人2000年大流散间将犹太人与周围人群隔离开来的那些因素已经明显减弱，但即使是在今天，也不难找到一群非常具有代表性的"纯"犹太人来进行基因分析。我们谈论的不是所有犹太人，而是欧洲的犹太人，或者更确切地说是源自中欧的犹太人，他们被称为**德系犹太人**（*Ashkenazi Jews*，缩写为AJ）。这些犹太人说的是意第绪语，是在莱茵河两岸作为一个单独的族群出现的。德系犹太人对于创建者效应具有特别的意味，因为在他们的历史中出现过好几个人数急剧下降的时期，被称为人口瓶颈（见图50），结果就产生了显示出创建者效应所必需的那种小群体。

根据最近的基因组分析，在德系犹太人历史上的一次主要人口瓶颈发生在14世纪，那时他们的绝对数量已经下降到大约只剩350人。这种灾难性的下降是多种因素共同作用的结果。首先，在十字军东征之前，基督教士兵用当地的犹太人来"训练"，结果摧毁了他们的整个社区。在13世纪末到14世纪初，犹太人被驱逐出英国、法国和德国的国土，而与这些驱逐事件相伴的是犹太人的大量死亡。这也是"黑死病"的时代，这种疾病使欧洲人口减少了一半。犹太人受到这种瘟疫的磨难比基督徒少，这是因为宗教习俗要求他们经常洗手。虽然这可能对社区起到了保护作用，但是因瘟疫死亡的犹太人较少，这个事实足以向基督徒们证明了犹太人是可疑的，因此他们以更大的愤怒来消灭犹太人。

德系犹太人
AJ

287

德系犹太人数量的这一急剧下降导致在德系犹太人及其后代中出现了创建者效应，有一些突变基因在他们之中被过度表达。这些基因后来被称为**犹太基因**（*Jewish genes*）。犹太基因有好几种，但最重要的是一种泰-萨克斯病（Tay–Sachs disease，缩写为TS）的基因。TS基因在德系犹太人中被过度表达可能是由于14世纪的人口瓶颈，或者是由于这一现象的更早期起源。在德系犹太人及其直系祖先的历史上出现过几次人口瓶颈，起始于导致公元70年耶路撒冷圣殿遭到毁灭的犹太战争。犹太战争几乎灭绝了犹太人，极少数幸存者被罗马人驱散或掳掠为奴。虽然当时已经存在着犹太人大流散的现象，即在圣地之外也存在着一些犹太社区，但德系犹太人2000年的流散是从那个时候开始的。显然，有一群仍然忠实于摩西法典的奴隶被驱逐到罗马，他们通过阿尔卑斯山进入中欧，而其成员就成为德系犹太人的创建者。我们没有关于这方面的数据，但是我们可以很自然地假定德系犹太人的创建者数量相当少。

与SCD突变一样，TS也是一种隐性的常染色体突变。它主要是在位于15号染色体上的一个基因的11号外显子中插入了四个核苷酸（TATC）。很明显，四个核苷酸的插入使读框发生了移位，从而产生了一个完全无功能的蛋白质。这会导致婴儿的神经系统损伤和早夭。在DNA时代到来之前，德系犹太人中发生TS的频繁度要比一般人群高100倍，每出生3500个德系犹太人就会有1例。这种疾病在犹太人和非犹太人中的巨大发病率差异，使TS基因被看作是犹太基因的主要象征。随着DNA时代的到来，情况发生了巨大的变化。人们已经研制出TS突变的DNA诊断，德系犹太人族裔会在婚前接受测试。如果新郎和新娘都是TS基因的携带者，那么他们就会得到警告说，他们的孩子

288

会有25%的概率生来就带有TS基因。如果拉比没有看到新娘和新郎出示已经通过了基因测试的凭证，就不会为他们举行婚礼。统计数字表明，如今犹太人中的TS病例已经少于非犹太人。虽然有害基因仍然存在于许多犹太人的基因组中，但是有了DNA诊断和常识，各个家庭就能避免由于生育出罹患重病儿童而带来的痛苦。倘若尼古拉斯二世（Nicholas II）在选择他的新娘时已经存在DNA诊断，结果将会如何！俄罗斯帝国历史和整个20世纪的世界史都将以另一种方式发展……

TS病

有趣的是，第11章中讨论过的会导致被称为**家族性高胆固醇血症**（*familial hypercholesterolemia*，缩写为FH）的突变型LDL受体基因也被认为是一种犹太基因。这种疾病在德系犹太人中的发病率并不像TS病那么明显：平均而言，杂合状态下的突变基因每70代后裔出现一次，而不是像TS基因那样每30代后裔就出现一次。这种突变是删除（丢失）三个核苷酸GGT，导致LDL受体在蛋白链的197位失去了甘氨酸。这样一个突变受体是不能正常发挥其功能的。对德系犹太人后裔的DNA进行分析后得出的结论是：德系犹太人中FH疾病的发生率增加是由于创建者效应所致。基因组数据表明，FH基因并不是在德系犹太人的所有后裔中都被过分表达，而只是在一些人的后裔中被过分表达。这些人的祖先是14世纪在犹太人被驱逐出德国国土之后兴起的立陶宛犹太人聚居群体的创建者。

FH

FH的遗传机制不同于传统隐性突变的遗传机制，像血友病、SCD和TS这样的传统隐性突变在杂合状态下并不表现出来。正如第11章所讨论的，由杂合子产生出LDL受体正常量的一半就会导致血液中胆固醇含量增加，并且在缺乏治疗的情况下会导致在40～50岁时出现动脉粥样硬化。

对数千个犹太基因组的研究及把它们与其他人种基因组进行比较，为分析其他因素（遗传因素和环境因素）在个体发育中的作用提供了素材。到目前为止，我们在这方面的问题还多于答案，这些问题之中包括犹太人在智力活动的各个领域中做出了不成比例的巨大贡献，其原因何在？ DNA发挥了什么作用，各种环境因素又发挥了什么作用？

这方面的事实令人震惊。只要说一件事就足够了：所有诺贝尔奖之中，有20%颁给了犹太人，而犹太人仅占世界人口的0.2%。令人侧目的是，几乎所有犹太人诺贝尔奖得主都是德系犹太人。如果我们将获得诺贝尔奖的原因归功于"天才基因"，并假设这是一种在纯合状态下充分表现出来的常染色体基因，那么我们就会得到与TS基因完全类同的状况：患有"天才病"的个体在德系犹太人中所占的比例比一般人群要高一百倍。我们很容易想象这种"天才基因"由于创建者效应而在德系犹太人中传播。这才是唯一最公平的。为什么创建者效应只会以TS和其他疾病的形式给犹太人带来额外的不幸呢？毕竟也应该有些好处才对！

"天才基因"尚未被发现。但这不应使研究人员感到气馁。在这方面，寻找精神分裂症基因的故事非常具有启发意义。由于这种疾病的盛行，因此对该基因的研究很早以前就开始了。当然，自从第一个人类基因组在2000年测序以来，这一研究的力度大大增强。在很长一段时间里，这些努力都毫无成果。不过，研究人员的坚持不懈得到了回报。2016年初，来自哈佛医学院（Harvard Medical School）和波士顿布罗德研究所（Broad Institute）的一组研究人员在《自然》杂志上发表了一篇文章，其中阐明了精神分裂症的遗传本质。结果表明，精神分裂症并不是由在基因组蛋白质编码区中的那类点突变引起的，而在血友病、SCD、TS、FH等遗传疾病的情况中所发生的就是这种点突变。相反，精神分裂症的发生是免疫系统某些基因在大脑中的表达增加所致。这些基因的蛋白质产物在大脑发育过程中负责修剪神经元突触。这些蛋白质表达的增加会导致突触被过度修剪，而这与精神分裂症的形成有关。

也许，天才基因会是某种与此相似的东西。结果将证明它不是在基因组外显子区域的点突变，而很有可能是一种改变了基因调控的突变，其结果会产生发育过程与"正常"人大脑不同的"天才"大脑。

因为正如我们所看到的，犹太人的遗传特征与犹太历史的悲剧篇章是不可分割的，因此我们不可能不提到纳粹对犹太人的大屠杀。这是犹太人历史上最悲惨的一页，它会对犹太人的基因库产生影响吗？当然，在谋杀犹太人的绝对数量方面，希特勒创造了一项记录，超过了与维斯帕先共同执政时的提图斯[1]，还有皇帝哈德良[2]，更不用说像宗教法庭审判官托尔克马达[3]这样的"小"恶棍了。但是在纳粹对犹太人进行大屠杀的时候，犹太人的数量已经增加到大约1400万（相比之下，14世纪德系犹太人数量只有350人）。人类人口遗传学中有一个特殊的术语——"德系犹太人的人口奇迹"——指的就是从拿破仑解放欧洲犹太人到第二次世界大战期间，德系犹太人数量发生的异乎寻常的增长。希特勒成功地使犹太人数量几乎减少了一半，但在苏联、美国、英国、加拿大、拉丁美洲和澳大利亚、北非和南非以及中东的其余800万犹太人仍然是他鞭长莫及的。其结果是，全世界的犹太人数量还是相当庞大。尽管发生的事情令人惊骇，但大屠杀并没有造成人口瓶颈。因此，这场大屠杀不可能导致犹太民族基因库的改变。

在变革之际

由于我在准备本书目前这一版本的过程中，想方设法尽可能多地强调DNA科学的新方向，因此我越来越体会到我们的文明正处在前所未有的变革之际。我们所积累的知识以及我们对于生命现象的理解，开辟了真正不可思议的前景。癌症免疫疗法已经挽救了成千上万的生命。基因组编辑技术正在彻底变革农业和卫生保健。简直可以说，每个星期都必定会有一条打开新篇章的轰动新闻发布。

我们在这里只举一例。2016年4月，《自然》杂志发表了哈佛大学教授刘如谦（David Liu）的一篇文章，他在文中说明了如何在不造成DNA双链断裂的情况下修正基因组中的点突变。刘如谦及其合作者们使用了一种突变的Cas蛋白质，这种蛋白质无法切断DNA，但保留了打开双螺旋和把crRNA与打开区域杂交的能力。刘如谦利用一个短肽把脱氨酶与这种突变的Cas蛋白质连接起来。

Cas蛋白质

正如我们在第6章中解释过的，脱氨酶不能在G·C对的内部攻击C，它需要单独的C。因此，被crRNA–Cas复合物打开的DNA短区域内的胞嘧啶就成了脱氨酶的目标。随着经过这样编辑的DNA的进一步复制，U会表现得像T，其结果就会发生一个点突变——C被T取代。刘如谦的方法在编辑点突变方面远远优于双链断裂方法，因为双链断裂方法只因为一个不正确的核苷酸就要切断整个基因，然后插入基因，我们在第10章中详细讨论过这一过程。双链断裂方法当然有其局限性，例如需要避免附近存在着脱氨酶可及的其他胞嘧啶：你不会希望在修正某些突变的同时又创造出一些新的突变。而刘如谦引用了许多例子，说明采用他的方法可以正确地修正造成遗传疾病的突变。顺便提一下，他的方法在原则上适用于那种造成皇室疾病的突变：必须要用 T 取代 C 来实施修正。在引入 DNA 的局部变化这一新方法出现之前，似乎在可预见的将来基因组编辑技术将主要用于其他生物，而不是人类。我不确定现在情况是否仍是这样。

还记得在第 11 章中讨论癌症时，我们曾谈到过 p53 吗？这种蛋白质可以监测细胞内的 DNA 损伤，如果损伤扩大，它就会启动细胞凋亡机制，从而及时杀死潜在的癌细胞。突变的 p53 做不到这一点。此外，它还阻止杂合状态下的 p53 正常等位基因变体发挥作用。这种突变基因的携带者罹患各种癌症的可能性会大大增加。p53 基因中最常见的突变可以通过用 T 取代 C 来修正，而刘如谦在他发表在《自然》上的文章中展示了在一定比例的培养细胞中对这种突变的修正。当然，这仅仅是一个开始，但是如果研究人员学会了如何高效且无显著副作用地进行这种修正，那么谁还能阻止一个带有突变 p53 基因的患者去进行基因治疗来修正这一差错呢？

有一种强烈的感觉是，无论是好还是坏，我们现在正处于大规模干预特定个体基因组的时代变革之际。岌岌可危的是健康和生命本身。然后……当天才基因最终被发现的时候，有多少妈妈会迫不及待地想要稍稍调整她们的孩子们的基因组，从而使他们成长为雅沙·海菲兹[4]和阿尔伯特·爱因斯坦？

1 维斯帕先(Vespasian, 9—79)和提图斯 (Titus, 39—81)分别是罗马帝国的第九位和第十位皇帝, 他们是父子二人, 两人的名字都叫提图斯·弗拉维乌斯·维斯帕西亚努斯(Titus Flavius Vespasianus), 因此分别称他们为维斯帕先(Vespasian)和提图斯以示区别, 其中维斯帕先(Vespasian)是维斯帕西亚努斯(Vespasianus)的英文拼法。提图斯在与父亲共同执政期间手段专横暴虐, 但继公元79年任帝位后发生彻底转变, 受到人民的普遍爱戴。公元70年, 提图斯围攻耶路撒冷并在破城后烧毁整个城市, 城内百万犹太人葬身于这场浩劫。

2 哈德良(Publius Aelius Traianus Hadrianus, 76—138), 罗马帝国五贤帝之一。他在位时曾出兵巴勒斯坦, 镇压犹太人起义, 屠杀了58万犹太人。

3 托尔克马达(Tomás de Torquemada, 1420—1498), 西班牙宗教裁判所首任大法官。他本人具有犹太血统, 却带头排犹屠犹, 判决烧死了上万异教徒, 并驱逐了17万犹太人。

4 雅沙·海菲兹(Jascha Heifetz, 1901—1987), 俄裔美籍小提琴家, 其演奏技巧和影响力都罕有比肩者。

词汇表

➤➤➤ **艾滋病**（AIDS）：获得性免疫缺陷综合征。由一种含有RNA的病毒（被称为HIV）引起的非常严重的疾病。这种病毒攻击T淋巴细胞，其结果是导致患者失去免疫反应能力。

➤➤➤ **癌症的免疫疗法**（Immunotherapy of cancer）：引导患者的免疫系统来对抗他/她自己的恶性肿瘤的一组方法。

➤➤➤ **氨基**（Amino group）：$-NH_2$。

➤➤➤ **氨基酸**（Amino acid）：一种结构为$H_2N-CHR-COOH$的化合物，其中R为任意自由基。氨基酸是蛋白质合成的起始产物。

➤➤➤ **氨基酸残基**（Amino acid residue）：一种结构为$-HN-CHR-CO-$的化学基团，是蛋白质链的残基。它是氨基酸被并入蛋白质链中后剩下的东西。

➤➤➤ **AJ**：德系犹太人（Ashkenazi Jews），具有德国血统的犹太人。

➤➤➤ **ATP**：三磷酸腺苷的缩写名称。它是细胞内的蓄能器。能量储存在这种分子的三磷酸"尾部"。"放电"是由于一个磷酸基分离而产生的。"充电"在线粒体中进行。

➤➤➤ **AZT**：一种抑制逆转录酶的药物，被广泛用于艾滋病的治疗。

➤➤➤ **白细胞介素-2**（Interleukin-2）：一种蛋白质，它是T淋巴细胞的生长因子。

➤➤➤ **胞嘧啶**（Cytosine）：一种化学基团，DNA和RNA的组成部分。它是核酸的四种碱基之一，缩写为C。

➤➤➤ **苯丙氨酸**（Phenylalanine）：20种典型氨基酸之一。

➤➤➤ **表型**（Phenotype）：经典遗传学中的一个概念，指的是一个生物体的外部特征和性质的总和，是在其发育过程中进化而来的。

➤➤➤ **病毒**（Virus）：一种细胞寄生虫，自然界中最简单的生物之一。在细胞外，病毒是由核酸（DNA，有时是RNA）和几个蛋白质（形成病毒外壳）构成的分子复合体。当一个细胞被病毒（或它的核酸）侵入时，细胞就会将它的资源转化为用于合成病毒的核酸和蛋白质。当这个细胞的资源被耗尽时，它的细胞膜就会爆裂，于是"成品"病毒颗粒从中溢出。动物病毒的结构比细菌病毒（噬菌体）简单得多。病毒会导致许多传染病，如流感、天花、脊髓灰质炎、肝炎、艾滋病等。在某些情况下，病毒进入细胞时并不会摧毁它，而是将其DNA整合到细胞中，然后病毒DNA开始与细胞DNA一起繁殖。不过，细胞本身的行为可能会发生剧烈的变化。

➤➤➤ **泊松分布**（Poisson distribution）：概率论中的一个重要概念。

➤➤➤ **布朗运动**（Brownian motion）：悬浮在液体中的微粒所发生的一种混沌运动，是分子热运动的结果。

➤➤➤ **残基**（Residue）：出现在聚合物中，聚合物链中反复出现的单元，例如聚乙烯中的CH_2基团、蛋白质中的氨基酸残基以及DNA中的核苷酸。

➤➤➤ **CAR**：嵌合抗原受体。

➤➤➤ **Cas蛋白质**（Cas protein）：CRISPR系统中的关键蛋白质。它打开DNA双螺旋结构，将crRNA与打开的DNA的互补区域杂交，并造成DNA双链断裂。

➤➤➤ **测序**（Sequencing）：测定DNA或RNA中的核苷酸序列和蛋白质中的氨基酸序列。

➤➤➤ **常染色体**（Autosome）：非性染色体。

➤➤➤ **超螺旋**（Supercoiling）：环形闭合DNA的一个特征。当DNA中的连环数Lk不同于N/γ_0值时就会出现超螺旋，其中N是DNA碱基对数量，γ_0是相同条件下线性DNA中每圈双螺旋的碱基对数量。它与superhelicity是同义词。

➤➤ **超螺旋**（Superhelicity）：Supercoiling的同义词。

➤➤ **超敏反应**（Allergy）：免疫系统的过度反应。

➤➤ **缠绕**（Writhing）：条带理论中的一个概念。缠绕的值只取决于条带的轴线在空间中所呈现的形状，而不是条带如何绕着这根轴线扭转。表示它的符号是 Wr。

➤➤ **成纤维细胞**（Fibroblasts）：结缔组织的细胞，在伤口愈合过程中起着重要作用。

➤➤ **创建者效应**（Founder effect）：人口遗传学的概念，如第12章和图50给出的解释。

➤➤ **传染的**（Infectious）：具有传染性的。

➤➤ **纯合**（Homozygous）：经典遗传学中的一个术语，意思是等位基因的表现形式相同。

➤➤ **重组DNA**（Recombinant DNA）：不同天然DNA片段通过基因工程技术合成的人工分子。杂合DNA（*hybrid DNA*）和嵌合DNA（*chimeric DNA*）这两个术语也具有相同的含义。

➤➤ **CRISPR**：细菌对抗噬菌体和质粒的一种获得性免疫系统。这是一个缩写词。

➤➤ **crRNA**：参与CRISPR系统的短RNA分子。

➤➤ **促旋酶**（Gyrase）：一种酶（实际上是一种分子马达），它使ccDNA形成负超螺旋，消耗ATP能量，属于II型拓扑异构酶。

➤➤ **大肠杆菌**（*Escherichia coli*）：一种生活在人类肠道中的自然条件下的细菌。缩写为 *E. coli*。经常被分子生物学家们用于研究。

➤➤ **单倍体**（Haploid）：只包含一组染色体。

➤➤ **单链断裂**（Single-strand break（nick））：两条DNA链之一的糖磷酸主链断裂。

➤➤ **单体**（Monomer）：聚合物链的一个重复单元。例如，在聚乙烯中，它是CH_2基团；在蛋白质中，它是氨基酸残基；在DNA中，它是核苷酸。更正确的说法是"单体单元"而不是"单体"，因为化学家所说的单体通常是指聚合物合成的前体（乙烯、氨基酸等）。

➤➤ **胆固醇**（Cholesterol）：一类复杂的类固醇类有机分子。在适量的情况下是构建细胞膜所必需的，并且充当着激素（包括性激素）的前身。血液中的胆固醇过量会导致动脉粥样硬化。

➤➤ **蛋白酶**（Protease）：一种分裂蛋白质的酶。

➤➤ **蛋白质**（Protein）：活细胞的主要成分。它是一种形成复杂空间结构的多氨基酸链。天然蛋白质是由20种氨基酸残基构成的异聚物。一种蛋白质与另一种蛋白质之间的区别就在于氨基酸残基序列不同。

➤➤ **等位基因**（Allele）：负责某种特定特征的两个基因之一。两个等位基因分别来自父亲和母亲。

➤➤ **德系犹太人**（Ashkenazi Jews, AJ）：具有德国血统的犹太人。

➤➤ **电泳**（Electrophoresis）：分子在电场中的运动。

➤➤ **低聚物**（Oligomer）：单体和聚合物之间的中间物。

➤➤ **低密度脂蛋白**（low-density lipoproteins, LDL）：一种脂肪颗粒，其作用是转移血液中的胆固醇分子。

➤➤ **DNA**：脱氧核糖核酸。包含遗传信息的分子。它由两条形成双螺旋的多聚核苷酸链组成。线性DNA有两端。闭环DNA（ccDNA）没有两端。ccDNA中的两条多聚核苷酸链都是闭合的。单链DNA由一条多聚核苷酸链组成。

➤➤ **DNA聚合酶**（DNA polymerase）：负责在DNA模板上合成DNA的一种酶。这个过程被称为DNA复制（*DNA replication*）。

➤➤ **DNA条码**（DNA barcoding）：利用DNA分析来确定物种。使用的是线粒体DNA的一个特定区域。

➤➤ **dNTP**：脱氧核苷三磷酸，它充当着由DNA聚合酶合成DNA的前体。

➤➤ **动脉粥样硬化**（Atherosclerosis）：一种由血管收缩引起的慢性疾病，主要起因是在血管内壁上形成的斑块，而这些斑块通常由胆固醇构成。

读框（Reading frame）：核糖体阅读mRNA核苷酸序列的相位。由于遗传密码是三联体，因此某给定序列可能有三种不同的读框。这三种读框都产生不同的氨基酸序列。

端粒（Telomere）：染色体DNA的末端区域，是一个简单主题的冗长重复。在所有的脊椎动物中，这个重复序列是TTAGGG。

端粒酶（Telomerase）：一种延伸染色体DNA端粒末端的酶。

二倍体生物（Diploid organism）：由携带同源染色体对的细胞构成。

恶性的（Malignant）：致癌的。癌变肿瘤的形成过程被称为组织的**恶性病变**（*malignant degeneration*）。

翻译（Translation）：以mRNA为模板在核糖体上合成蛋白质。

分化（Differentiation）：细胞在多细胞生物发育过程中的特化。分化的结果形成了各种不同的器官、组织和细胞类型，如肝、脑、皮肤、淋巴细胞等。最主要的情况是，在分化过程中，整个基因组被不加任何变化地传送到所有已特化的细胞中去（除了免疫系统细胞，即淋巴细胞，在它们的形成过程中存在着特定的基因组重排，这在第6章中解释过）。

FH：家族性高胆固醇血症。

复制（Replication）：基因材料的加倍。DNA上的DNA的合成。

干扰素（Interferon）：机体内对于病毒感染做出反应而产生的一种蛋白质。它不同于免疫球蛋白，并且与免疫系统无关。由于它能有效对抗各种病毒，因此是最有希望的抗病毒制剂之一。通过基因工程，已经可能实现其大批量生产。

感染（Infection）：微生物侵入生物体，这些微生物可能是细菌、病毒、真菌等。

肝炎（Hepatitis）：一种由病毒引起的严重肝脏疾病。

干细胞（Stem cell）：多细胞生物的未分化细胞。干细胞是分化细胞的前体。

高变区（Hypervariable region）：基因组中的一个区域，具有很高的突变率。

GMO：转基因生物。

共价键（Covalent bond）：保证分子完整性的强化学键（例如H_2、N_2、CO等分子中的键）。

共生（Symbiosis）：两个或两个以上物种的互利共存。共生对地球上所有生物都具有重大意义。正是由于固氮细菌和块茎植物的共生，空气中的氮才能进入植物。氮作为蛋白质和核酸中的一种元素，在植物中是绝对不可缺少的。植物自身无法从空气中固定氮。

寡核苷酸（Oligonucleotide）：一段短的单链核酸。

合成测序（Sequencing by synthesis, SBS）：一类DNA测序方法，依赖于DNA聚合酶引物延伸反应的保真度。桑格法是这类方法中的第一种。

核酸（Nucleic acids）：DNA和RNA。

核苷酸（Nucleotide）：DNA和RNA的残基。

（核酸或含氮）碱基（Base（nucleic or nitrogenous））：一类化合物，包括腺嘌呤、鸟嘌呤、胸腺嘧啶、胞嘧啶和尿嘧啶。

核酸酶（Nuclease）：一种分裂DNA或RNA的酶。

核小体（Nucleosome）：染色体的主要结构元素。由长度为140个碱基对的DNA缠绕一个蛋白质（组蛋白）核组成，大约这样缠绕两圈。

核糖体（Ribosome）：一种由RNA和蛋白质组成的复杂复合体，负责细胞内的翻译过程。

核糖核酸（Ribonucleic acid）：RNA分子的全称。

核酶（Ribozyme）：一种具有催化剂作用的RNA分子。

合子（Zygote）：受精卵细胞，整个生物体都是由这个单细胞发育而来。

>>>< **HIV**：人类免疫缺陷病毒，是导致艾滋病的病毒的名称。

>>>< **宏观**（Macro）：前缀，表示由大量原子组成的东西。

>>>< **互补性**（Complementarity）：DNA双螺旋的性质，其功能是使腺嘌呤恒与胸腺嘧啶配对（反之亦然），使鸟嘌呤恒与胞嘧啶配对（反之亦然）。

>>>< **获得性特征**（Acquired characteristic）：不是先天固有的，而是在外部影响下出现的特征。获得性特征通常不遗传，因为它们在基因中没有体现。例如，不管一个女人把她的头发染成什么奇异的颜色，都不会影响她未来孩子的头发颜色。

>>>< **回文序列**（Palindrome）：从左到右或从右向左读起来都一样的短语。书面回文中不考虑单词之间的空格和标点符号。例如："Madam, I'm Adam"（意为"夫人，我是亚当"）。在DNA的情况下，这样的回文被称为**镜像重复**（*mirror repeat*）。真正的DNA回文是双螺旋结构的一段，在沿着同一方向读取其任一条链时都具有相同的序列，这是由DNA链的化学结构决定的。例如：

$$\overrightarrow{}$$
ATGCGCAT
TACGCGTA
$$\underleftarrow{}$$

>>>< **Illumina**：生产DNA测序仪的公司的名称。Illumina公司在从事DNA测序的生物技术市场中牢牢占据领先地位。

>>>< **家族性高胆固醇血症**（Familial hypercholesterolemia, FH）：一种遗传病，主要症状是血液中的胆固醇含量急剧升高。

>>>< **甲基**（Methyonine）：20种典型氨基酸之一。

>>>< **甲基化**（Methylation）：添加甲基基团CH_3。

>>>< **甲基化酶**（Methylase）：一种具有甲基化功能的酶。

>>>< **剪接**（Splicing）：真核生物中mRNA成熟的过程，结果导致内含子被释放，而外显子结合成一条RNA链。

>>>< **焦磷酸测序**（Pyrosequencing）：一种读取DNA序列的合成测序（sequencing by synthesis，缩写为SBS）方法之一，这种方法是基于这样一个事实：在DNA模板上合成DNA的每一步都有一个焦磷酸分子被释放出来。

>>>< **焦磷酸盐**（Pyrophosphate）：一种二磷酸基团。当核苷酸通过聚合酶被结合到正在生长的DNA（或RNA）链中时，这种基团就从dNTP（或NTP）中被切割出来。

>>>< **胶原**（Collagen）：一种连接组织的蛋白质。它是一种蛋白质的主要例子，这种蛋白质不是酶，而是起着结构作用的。胶原是骨骼和肌腱的主要成分。在日常生活中，它被称为**明胶**（*gelatin*），被用于制作果冻、胶水和凝胶。

>>>< **激素**（Hormones）：调节机体许多过程的蛋白质和其他来源的分子。某种特定激素的缺乏或过量会引起许多慢性疾病。诸如胰岛素、生长激素等激素都是广为人知的。

>>>< **接种**（Inoculation）：将疫苗植入机体，以产生对一种疾病的免疫力。

>>>< **聚**（Poly）：一个前缀，用来表示聚合物。

>>>< **聚合物**（Polymer）：一种化合物，表现为一连串反复出现的基团，其中最简单的是用于制作包装、手提袋和其他许多东西的聚乙烯：

$$\cdots - CH_2 - CH_2 - CH_2 - \cdots$$

同聚物（Homopolymer）由完全相同的残基组成。生物聚合物是异聚物，因为在每一种生物聚合物中的残基虽然属于同一类（蛋白质中是氨基酸，而核酸中是核苷酸），但它们的结构却不同。一种蛋白质由20种残基和4种核酸组成。

>>>< **（聚合物）卷曲**（Coil（polymer））：聚合物物理学中的一个概念，表示聚合物分子在空间呈

现的形式。由于热运动，聚合物卷曲的形式在不断发生变化。

聚合酶链反应（Polymerase chain reaction, PCR）：一种可以在试管中扩增选定 DNA 片段的技术，在第 10 章中对此进行了详细描述。这是基因工程和生物技术的一个主要工具。

基因（Gene）：经典遗传学中的主要概念。在很长一段时间内，这个术语的意思都是指不可分割的遗传颗粒。随后在 20 世纪 50 年代和 60 年代，"基因"一词成了一个连续的 DNA 片段的同义词。关于一种蛋白质的氨基酸序列的信息以核苷酸序列的形式记录在这个片段上。如今，在第 5 章和第 6 章中所讨论的那些发现之后，基因的概念已经不再那么狭窄了。这个词仍被用作一个 DNA 片段的名称，但在某些情况下，它指的是仅与蛋白质链的一部分相对应的连续片段，而在另一些情况下，它指的是与一个完整蛋白质分子相对应的一组片段。同一个 DNA 片段很可能同时属于两个甚至三个基因。

基因表达（Gene expression）：在基因中编码的蛋白质的产生。

基因工程（Genetic engineering）：分子生物学的一个应用分支，通过切割和"缝合"DNA 分子，并随后将其植入活细胞，来进行有目的的遗传修改。

基因型（Genotype）：来自经典遗传学的术语，指的是特定生物体的全部基因。如今，具有相同含义的**基因组**（genome）这个术语使用得更为频繁。

基因治疗（Gene therapy）：用于医疗目的的基因工程。

基因组（Genome）：生物体的全部遗传信息。

基因组编辑（Genome editing）：在活细胞中根据实验者的意愿定向改变 DNA 序列。

菌株（Strain）：由单个细胞获得的一组细菌细胞。**克隆**（Clone）这个术语用于同样的意义。

抗生素（Antibiotic）：一种抑制细菌繁殖的有机物质，但对人类或动物而言并不是毒药。第一种抗生素是青霉素，由亚历山大·弗莱明（Alexander Fleming）在 1929 年从真菌中分离出来。抗生素的发现在治疗许多以前抵抗任何药物治疗的疾病方面取得了革命性突破，如肺炎、肺结核等。然而，广泛而不受控制的依赖抗生素导致细菌对它们产生了抗药性。其结果是，如今传统抗生素的有效性已经远远低于应用它们的头几十年。抗生素对于治疗病毒性疾病完全不适用。

抗体（Antibody）：免疫系统对外来物质（抗原）侵入机体做出响应而产生的一种蛋白质，**免疫球蛋白**（immunoglobulin）的同义词。

抗原（Antigen）：引起机体免疫反应的外来物质。

（库恩或统计）链段（Segment（Kuhn or statistical））：在聚合物物理学中，一种理想化聚合物链的元素，由松散的铰链连接的线性片段组成。

克隆（Cloning）：从同一细胞获得大量细胞。现在也用在与 DNA 分子相关的方面。这个术语还被用来描述一种技术，该技术主要在于将分化细胞的细胞核移植到受精卵中，目的是获得"副本"，或者称为克隆体（clone）。

垃圾 DNA（Junk DNA）：基因组的一部分，没有任何功能。

拉马克学说（Lamarckism）：一种思想学派，根据这种学说，进化是由于新获得的特征被遗传而发生的。该学派的创始人是法国博物学家让-巴蒂斯特·拉马克（Jean-Baptiste Lamarck）。

连环（Link）：两条或更多条轮廓线构成的拓扑状态，其中至少有一条断裂才有可能把它们拆开。

连环数（Linking number）：两条轮廓线连环程度的一个定量特征。它等于一条轮廓线穿过另一条等高线的次数，用 Lk 来表示。

连接酶（Ligase）：一种 DNA 断裂处连接起来的酶。

镰状细胞病（Sickle-cell disease, SCD）：一种无法治愈的遗传疾病。

链式反应（Chain reaction）：一种过程，它的产物会启动同类型的新过程。

淋巴细胞（Lymphocytes）：负责免疫功能的白血球。

磷酸盐（Phosphate）：一种化学基团，是核苷酸的一部分。

卵子（Egg）：雌性生殖细胞。

卵子（Ovum）：雌性生殖细胞。

螺旋（Helix）：螺旋状结构。

酶（Enzyme）：在细胞中负责特定化学反应的一种蛋白质分子。酶是催化剂，也就是说它们在反应过程中自身不发生变化，但是会极大地加速反应进程。酶还赋予细胞内发生的那些反应高度的特异性和选择性。

嘧啶（Pyrimidine）：包括胸腺嘧啶、尿嘧啶和胞嘧啶在内的一类化合物。

密码的简并（Degeneration of the code）：遗传密码的一种属性，即多个密码子可能对应相同的氨基酸。

密码子（Codon）：与遗传密码相关的术语，表示对应着一种氨基酸残基的三核苷酸。有几种没有意义的（无义的）密码子，它们不对应任何氨基酸。通过核糖体上的mRNA，在进行蛋白质合成过程中扮演终止信号角色的密码子被称为终止密码子。起始密码子充当启动蛋白质合成的信号。

免疫力（Immunity）：过去曾罹患过某种特定的疾病而对该疾病产生的抵抗力。对于免疫力的研究导致了免疫系统被发现，它从机体中除去入侵的外来物质，首先是蛋白质、病毒和细菌。这种免疫称为获得性免疫。它依赖于B淋巴细胞和T淋巴细胞，以及B细胞产生的免疫球蛋白。最近人们发现了一种完全不同的免疫系统，称为先天免疫。

免疫球蛋白（Immunoglobulin）：免疫系统对外来物质渗入机体做出反应而产生的一种蛋白质，通常被称为抗体（*antibody*）。

模板（Template）：一种聚合物分子，其序列用于为另一个聚合物分子制定序列。DNA在复制过程中充当DNA合成的模板，而在转录过程中充当RNA的模板。RNA在翻译过程中充当蛋白质合成的模板，而在逆转录过程中充当DNA的模板。

纳米（Nanometer, nm）：一种度量长度的单位（一米的十亿分之一，1纳米=10^{-9}米）。

内含子（Intron）：分隔外显子的DNA片段。

内切核酸酶（Endonuclease）：在链上的一个随机位置分裂核酸的核酸酶，不像外切核酸酶那样只从端点分裂。

尿嘧啶（Uracil）：一种化学基团，是RNA的组成部分。它是四种RNA碱基之一，缩写为U。

鸟嘌呤（Guanine）：一种化学基团，是DNA和RNA的组成部分。它是核酸的四种碱基之一，缩写为G。

凝胶（Gel）：浸润在一种溶剂中的聚合物网络。像固体物质一样，凝胶会保持其形状（例如明胶和果冻）。凝胶电泳技术广泛应用于DNA序列解码、基因工程和环形DNA研究中。

逆转录病毒（Retroviruses）：一类动物病毒，其遗传物质是单链RNA。艾滋病毒和致癌病毒都属于这一类。

逆转录酶（Reverse transcriptase）：一种负责在RNA模板上合成DNA的酶。这个过程被称为逆转录（*reverse transcription*）。

嘌呤（Purine）：包括腺嘌呤和鸟嘌呤在内的一类化合物。

嵌合DNA（Chimerical DNA）：一种人工分子，它是通过基因工程技术将不同的天然DNA片段结合在一起而构成的。嵌合DNA（*hybrid DNA*）和重组DNA（*recombinant DNA*）这两个术语也具有相同的含义。

启动子（Promoter）：一个DNA片段，它与RNA聚合酶结合以启动mRNA的合成。

起始密码子（Initiation codon）：正在生长的蛋白质链中的第一个密码子。

氢键（H键）（Hydrogen bond, H-bond）：在两个O–H和N–H基团之间以及O原子和N原子之间形成的分子间键。氢键在DNA中的碱基对形成过程中起着重要作用。

青霉素（Penicillin）：亚历山大·弗莱明发现的第一种抗生素。

青霉素酶（Penicillinase）：一种分裂青霉素从而使其失活的酶。由某些细菌产生的这种酶可以保护它们不受青霉素的影响。

染色体（Chromosome）：细胞核内部的一种结构复杂的DNA与蛋白质的复合体。它存储遗传信息。

热循环仪（Thermocycler）：一种用于对试管进行周期性加热和冷却的装置。它被用来执行聚合酶链式反应（PCR），通常被称为PCR仪。

RNA：核糖核酸。一种生物聚合物，其化学结构类似于DNA。它能够形成双螺旋，但在自然界中通常以单链的形式存在。在某些病毒中，它是遗传信息的载体，也就是说它取代了DNA。它在细胞中没有遗传作用，但在从DNA向蛋白质传递信息的过程中起着重要作用。根据它们发挥的功能区分为三种主要的RNA类型：信使RNA（messenger RNA, mRNA）、核糖体RNA（ribosomal RNA, rRNA）和转移RNA（transfer RNA, tRNA）。

RNAi：RNA干扰。真核生物中的一种特殊系统，由蛋白质和短RNA（siRNA）构成，能够对分离的基因施行特殊的"抑制"。在植物中，RNAi途径的作用相当于一种免疫系统，保护植物免受病毒侵害。

RNA聚合酶（RNA polymerase）：一种在DNA模板上合成mRNA的酶，它执行转录过程。

RNA世界（RNA world）：一种假说，根据这一假说，在生命起源时，目前细胞中所有由DNA、RNA和蛋白质执行的功能，无一例外全都是由RNA分子完成的。

溶血素（Hemolysin）：一种由致病微生物产生的毒素。它是一种具有纳米尺寸的圆柱形孔（纳米孔）的蛋白质。这种蛋白质插入目标细胞的细胞壁，使细胞膜多孔，从而导致细胞死亡。

蠕动（Reptation）：聚合物分子通过聚合物网络的一种蛇形运动。这一概念对于从理论上理解凝胶中DNA的分离是至关重要的。

三链体（Triplex）：三螺旋。

三螺旋（Triple helix）：由三条DNA链组成的结构。

SBS：合成测序法。依赖于DNA聚合酶引物的延伸反应的保真度的各种DNA测序方法。

SCD：镰状细胞病。一种无法治愈的遗传疾病。

色氨酸（Tryptophan）：20种典型氨基酸之一。

视紫红质（Rhodopsin）：一种蛋白质分子，它对于在眼睛里将光转化为视觉信号具有关键的作用。

始祖生物（Progenot）：地球上所有生物的共同祖先。

噬菌体（Bacteriophage）：一种杀死细菌的病毒。它由核酸（DNA或RNA）构成，位于蛋白质衣壳内。当噬菌体粘附在细菌表面，并将其核酸注入细菌中时，细菌就会发生感染。在这之后不久，该细菌的资源就转化为用于合成病毒核酸和蛋白质。在细菌受到感染的大约20分钟后，细菌膜破裂并溢出大约100个"成品"病毒颗粒，这些病毒颗粒是原始噬菌体的完美复制品。

噬菌体（Phage）：噬菌体（*bacteriophage*）的缩写名称。

十字形（Cruciform）：可以在回文序列中形成的一种DNA结构。

受体（Receptors）：细胞膜内固有的蛋白质分子，负责细胞接收外部信号。这些信号是漂浮在细胞间介质中的其他蛋白质分子。受体的例子包括生长因子受体、B和T淋巴细胞的抗原受体、在肝细胞中的低密度脂蛋白（LDL）受体。

熵（Entropy）：衡量一个系统无序程度的一种量度。

双链断裂（Double-strand break）：双螺旋两条链中的糖磷酸盐主链都断裂。

siRNA：短干扰RNA。一种双链RNA分子，其中两条互补链各由21个核苷酸构成。它决定了RNAi系统的特异性。

ssDNA：单链DNA。

索烃（Catenane）：两个或多个彼此拓扑相连的环形分子。

泰-萨克斯病（**TS病**）（Tay-Sachs disease，TS disease）：一种严重的遗传性脑疾病，导致早夭。

糖（Sugar）：一种化学基团，是核苷酸的组成部分。它与用于食品的糖属于同一类化合物。

糖尿病（Diabetes）：一种疾病，其特征是由于胰腺不能分泌胰岛素而导致血液中糖分积聚。

TF：转录因子。

体细胞（Somatic cells）：身体中除了生殖细胞以外的所有其他细胞。

体细胞突变（Somatic mutations）：体细胞（即身体中除了生殖细胞以外的所有其他细胞）中发生的突变。

拓扑异构酶（Topoisomerases）：一类改变环状闭合DNA的拓扑结构的酶。

拓扑异构体（Topoisomers）：在化学方面完全相同但拓扑结构不同（即结的类型或连环数不同）的DNA分子。

拓扑学（Topology）：数学的一个分支，研究在不进行切割和胶合的各种变形下，曲线和表面的那些保持不变的一般性质。

脱氨酶（Deaminase）：一种从胞嘧啶中除去氨基，从而产生尿嘧啶的酶。

脱氧核糖核酸（Deoxyribonucleic acid）：DNA分子的全名（参见DNA）。

TNF：肿瘤坏死因子。

（同卵或单卵）双胞胎（Twins（identical or monozygotic））：由一个受精卵发育而成的两兄弟或两姐妹。假如在胚胎开始发育之前，受精卵细胞分裂成两个合子，其中每个合子都形成一个独立的胚胎，结果就会成为双胞胎。同卵双胞胎有着完全相同的全套基因，因此总是具有一种性别，而且外貌也很相似。对幼年时就分离的同卵双胞胎所进行的一项全面研究，为基因和外部条件分别发挥的作用提供了大量的信息。

同源重组（Homologous recombination）：二倍体真核细胞中DNA双链断裂的主要修复机制。

T杀手（T-killers）：一类T细胞，这些细胞会直接杀死被细菌或病毒感染的机体细胞，或者被认为是异类的机体细胞。

TS病（TS disease）：泰-萨克斯病，一种严重的遗传性脑疾病，导致早夭。

突变（Mutation）：遗传物质的可遗传变化。突变可能是自发的（即由自然原因引起的），也可能是诱发的（即由人工、辐射、化学物质等引起的）。突变导致DNA的核苷酸序列发生变化。

T细胞（T cells）：负责有机体免疫系统的细胞反应的淋巴细胞。

外切核酸酶（Exonuclease）：一种从核酸的两端开始，一个核苷酸接一个核苷酸地劈开该核酸的酶。

外显子（Exon）：DNA的一个片段，它储存蛋白质氨基酸序列的部分信息。

微观（Micro）：前缀，表示并非由大量原子组成的东西。

物种（Species）：描述性生物学中的主要概念之一，它将生物进行系统化的分类。划分物种所依据的基本原则是：通过杂交能产生具有繁殖能力的后代，那么它们就属于同一物种。例如，驴和马就属于不同的物种，这是因为它们杂交的产物（骡子）不能繁殖（也就是说它们是不育的）。

相（Phase）：物质的三种状态之一（固态、液态或气态）。

相变（Phase transition）：物质从一个相态转变成另一个相态的过程。

腺病毒（Adenovirus）：一种以线性双链DNA作为遗传物质的人类病毒。用一种失活的病毒来将基因以经过基因工程修改的腺病毒DNA的形式导入细胞。

腺嘌呤（Adenine）：是DNA和RNA的组成部分的一个化学基团。它是核酸的四种碱基之一，缩写为A。

线粒体（Mitochondrion）：位于细胞质内的雪茄状物体。它是细胞的动力装置，将食物转化为ATP能量。

限制性内切酶（Restriction endonuclease）：在具有确定核苷酸序列的地方切割双螺旋的酶。它是基因工程的主要工具，常常被称为限制酶（restriction enzyme）。

限制性片段（Restriction fragment）：在限制性内切酶的帮助下从分子中切割出来的一段DNA。

西班牙裔犹太人（Sephardic Jews）：具有西班牙血统的犹太人。

细胞凋亡（Apoptosis）：程序性细胞死亡。第11章中讨论了这一现象及其意义。

细胞重编程（Cell reprogramming）：基因表达程序的直接变化，导致多细胞生物体的一种细胞转化为另一种的细胞，第11章对此做出了解释。

细胞质（Cytoplasm）：除了细胞核以外的细胞内容物。

细菌（Bacteria）：单细胞微生物。细菌的世界异常多样化，并在确保地球上其他生物存在方面发挥着巨大的作用。许多细菌能够在最原始的条件下生存，它们的繁殖只需要含有构成生物分子组成部分的化学元素的最简单分子。因此，为了满足碳的需要，有些细菌只需要石油，它们从空气中获取氮和氧。细菌无处不在：它们导致牛奶或肉汤变酸；它们也栖息在我们体内，帮助我们消化食物（大肠杆菌）；它们还会引起许多传染病。

细菌视紫红质（Bacteriorhodopsin）：某些细菌中的一种蛋白质，在将光能转化为化学能方面起着关键作用。

心脏病发作（Heart attack）：由于血液循环受阻而导致部分心肌坏死。人类的主要死亡原因之一。常常是由于晚期动脉粥样硬化而导致心脏血管内凝血。

新获得的特征（Newly acquired characteristic）：不是通过遗传获得的特征，而是在外部影响下出现的特征。新获得的特征不发生遗传，因为它们没有体现在基因中。例如，无论染发物质的颜色有多奇特，它都不会在未来后代的头发颜色中反映出来。

血红蛋白（Hemoglobin）：一种在血液中传输氧气的蛋白质，使血液呈现红色。

血友病（Hemophilia）：一种严重的遗传疾病，主要症状是患者的血液无法凝结。

缬氨酸（Valine）：20种典型氨基酸之一。

（胸腺嘧啶的）光二聚物（Photodimer（of thymine））：一种特殊的化合物，它是DNA中沿着同一条链上的两个相邻的胸腺嘧啶之一吸收了一个光子后形成的。

胸腺嘧啶（Thymine）：一种化学基团，是DNA的组成部分。它是四种DNA碱基之一，缩写为T。

修复（Repair）：治愈DNA损伤的部位。

选择条件（Selective condition）：在这些条件下，只有那些具有某些特殊性质的细菌才能繁殖。例如，在添加了一种抗生素的培养基中，只有那些携带这种抗生素耐药性基因的细菌才能繁殖。

X射线（X-rays）：波长为10^{-10}米这一量级的短波电磁辐射。

X射线晶体学（X-ray crystallography）：一种通过对晶体物质产生的X射线图样进行特殊处理

以确定其内部结构的方法。这是确定物质结构的最直接、最强大的方法。我们对任何复杂分子（其中包括主要的生物分子，即蛋白质和核酸）结构的认识都是使用这种方法的直接结果。

X射线图样（X-ray pattern）：把照片底片暴露在经晶体散射的X射线中而在底片上形成的图像。

疫苗（Vaccine）：一种含有已使其无害（即已被杀死）的细菌或病毒的制剂。用于传染病的预防接种。

引物（Primer）：一种单链的寡核苷酸（DNA或RNA），通过互补配对与DNA或RNA单链分子结合。引物起的作用是启动作用在DNA和RNA上的聚合酶。

引物延伸反应（Primer extension reaction）：通过DNA聚合酶或逆转录酶在DNA或RNA模板上延伸DNA或RNA引物。

隐性（Recessiveness）：在经典遗传学中，这个概念是指隐性基因仅在纯合子状态下表现出来。

原核生物（Prokaryotes）：单细胞生物，无细胞核。

（遗传）密码（Code（genetic））：将DNA和RNA文本转换成蛋白质（氨基酸）语言的"字典"。

遗传学（Genetics）：关于遗传的科学。

胰岛素（Insulin）：由胰腺分泌的一种蛋白质激素，调节血液中的糖含量。

异亮氨酸（Isoleucine）：20种标准氨基酸之一。

诱变剂（Mutagen）：引起突变的病原体。

杂合DNA（Hybrid DNA）：一种通过基因工程技术将不同的天然DNA片段结合在一起而构成的人工分子。**重组DNA**（recombinant DNA）和**嵌合DNA**（chimerical DNA）这两个术语也具有相同的含义。

杂合子（Heterozygous）：经典遗传学中的一个概念，意思是等位基因的表现形式不同。

载体（Vector）：基因工程术语，是指一个作为运载者的DNA分子（质粒、病毒等）的名称，所需的基因在这个分子中被克隆。

真核生物（Eukaryotes）：具有细胞核的生物。

致癌基因（Oncogene）：一种导致癌症的基因。

致癌病毒（Oncogenic virus）：一种导致癌症的病毒。

致癌物（Carcinogen）：引发癌症的病原体。

质粒（Plasmid）：一种环状DNA分子，与细菌一起繁殖，并能从一个细胞传递到另一个细胞。

终止密码子（Terminating codon）：一种密码子，充当蛋白质链结束的信号。

转化（Transformation）：外来遗传物质侵入细胞而产生的遗传变化。

转录（Transcription）：在一条DNA模板上合成RNA。**逆转录**（Reverse transcription）是在一条RNA模板上合成DNA。

转录因子（Transcription factor, TF）：一种启动某些特定基因的调节蛋白质。TF识别出靠近基因起始处的DNA序列并与之结合。处于结合形式的TF通过与RNA聚合酶接触，向这种酶发送开始转录的信号。

转移（Metastasis）：恶性病变的继发区域。癌症晚期的迹象。

紫外线（Ultraviolet（UV）rays）：一种电磁性质的辐射，肉眼不可见，波长小于400纳米。

组蛋白（Histones）：构成染色体一部分的蛋白质。它们形成核小体的蛋白质核。

阻遏物（Repressor）：一种与启动子和基因本身之间的适当DNA片段结合得非常强的蛋白质。阻遏物通过与DNA结合来阻止RNA聚合酶从启动子到基因的进程，从而阻断mRNA的合成。它起到调节转录的作用。

索引

Z

图字：01-2021-6603号

UNRAVELING DNA: The Most Important Molecule of Life, Revised and Updated, by Maxim D. Frank-Kamenetskii

© 1997 Maxim D. Frank-Kamenetskii

图书在版编目 (CIP) 数据

揭秘 DNA：生命的最重要分子 / (美) 马克西姆 . D. 弗兰克－卡米涅茨基著；涂泓，冯承天译 . -- 修订本 . -- 北京：高等教育出版社，2022.3
书名原文：UNRAVELING DNA: The Most Important Molecule of Life, Revised and Updated
ISBN 978-7-04-054606-4

Ⅰ．①揭… Ⅱ．①马… ②涂… ③冯… Ⅲ．①脱氧核糖核酸 - 普及读物 Ⅳ．① Q523-49
中国版本图书馆 CIP 数据核字 (2020) 第 119018 号

内容简介

作者以简洁而优雅的文笔阐明了 DNA 的基本历史和内部运作机制。当我们呼吁通过 DNA——这种蕴含生命中最深奥秘密的微小分子，对罪犯定罪、克隆生物以及最终治愈癌症时，无疑它将塑造我们的未来。这是一本权威的 DNA 指南，其早期版本在苏联售出了 30 多万册。作者对本版进行了彻底更新，围绕 DNA，本书讲述了人类在艾滋病治疗、心脏疾病预防、人类基因组测序、基因组编辑、癌症治疗等方面取得的激动人心的进展。阅读本书，读者不仅能够获取知识，还可以激发灵感。

出版发行	高等教育出版社
社　　址	北京市西城区德外大街 4 号
邮政编码	100120
印　　刷	北京盛通印刷股份有限公司
开　　本	787 mm × 1092 mm　1/16
印　　张	20
字　　数	230 千字
购书热线	010-58581118
咨询电话	400-810-0598
网　　址	http://www.hep.edu.cn
	http://www.hep.com.cn
网上订购	http://www.hepmall.com.cn
	http://www.hepmall.com
	http://www.hepmall.cn
版　　次	2022 年 3 月第 1 版
印　　次	2022 年 3 月第 1 次印刷
定　　价	69.00 元

策划编辑　　李华英
责任编辑　　李华英
封面设计　　张申申
版式设计　　张申申
插图绘制　　于　博
责任校对　　胡美萍
责任印制　　赵义民

JIEMI DNA:
SHENGMING DE
ZUIZHONGYAO FENZI